中华人民共和国科学技术部

2017 中国科学技术发展报告

2017 CHINA SCIENCE AND TECHNOLOGY DEVELOPMENT REPORT

科学技术文献出版社
SCIENTIFIC AND TECHNICAL DOCUMENTATION PRESS

编委会

编写组

组　长　许　倞　胡志坚

副组长　余　健　林　新　武夷山　王宏广　刘冬梅　郭　戎

成　员　吴家喜　陈敬全　郑玉琪　霍　竹　秦浩源　陈宝明　彭春燕
张明喜　张俊芳　李　哲　康　琪　蔡笑天　陈　志　朱焕焕
张亮亮　赵延东　张文霞　何光喜　薛　姝　马　缨　许　晔
王　革　韦东远　王书华　巨文忠　王伟楠　玄兆辉　陈　钰
孙云杰　邵学清　张九庆　李　津　常玉峰　丁坤善　程如烟
徐　峰　王　玲　李建华　侯琼华　曾　骞　刘　翔　李　非
刘志春　陈其针　姬壮周　乐　佳　李小图　郭丽峰　朱晓暄
戴炳业　程凌华　赵饮虹　高新全　雷瑾亮　税　敏　高文义
赫运涛　张　缨　邢　超

序　言

2017 年，中国共产党第十九次全国代表大会胜利召开。这次大会是在中国全面建成小康社会决胜阶段、中国特色社会主义进入新时代的关键时期召开的一次十分重要的会议。大会把习近平新时代中国特色社会主义思想确立为党的指导思想，提出了新时代坚持和发展中国特色社会主义的基本方略，确定了决胜全面建成小康社会、开启全面建设社会主义现代化国家新征程的目标，对新时代推进中国特色社会主义伟大事业做出全面部署，对加快建设创新型国家提出明确要求。这一系列部署为中国科技创新事业指明了前进方向，赋予了新时代科技创新工作新的历史使命。认真学习、深刻领会党的十九大精神是科技界当前和今后一个时期的首要政治任务，我们要以习近平新时代中国特色社会主义思想为指导，自觉把思想和行动统一到党的十九大精神上来，把力量凝聚到实现党的十九大确定的各项任务上来，全面贯彻落实党的十九大精神，加快建设创新型国家步伐。

党的十八大以来，以习近平同志为核心的党中央对科技创新进行战略性、全局性、长远性系统谋划，形成了从思想到战略到行动的系统部署，大力实施创新驱动发展战略，开启建设世界科技强国新征程。在党中央的坚强领导下，在全国科技界和社会各界的共同努力下，中国科技创新实现历史性、整体性、格局性重大变化，创新型国家建设成果丰硕。

科技创新水平加速迈向国际第一方阵，科技创新进入“三跑”并存、“领跑、并跑”日益增多的历史性新阶段。战略高技术彰显国家实力，基础研究国际影响力大幅提升，涌现出一批以“蛟龙、天眼、悟空、墨子、慧眼”为代表的重大创新成果，在若干领域开始成为全球创新引领者。启动国家实验室建设，世界级创新基地平台加速布局。2017 年，全社会 R&D 支出预计达到 1.76 万亿元，比 2012 年增长 70.9%；国际科技论文总量和被引量居世界第 2 位，发明专利申请量和授权量居世界第 1 位，研发人员全时当量居世界第 1 位；科技进步贡献率从 2012 年的 52.2% 升至 57.5%；国家创新能力排名从 2012 年的第 20 位升至第 17 位。

科技创新有力支撑供给侧结构性改革和民生改善，实现了全面融入、主动引领经济社会发展的历史性跨越。重大专项推动移动通信、集成电路、数控机床、大飞机、核电等重点领域率先实现跨越；“复兴号”实现商业运营，高速铁路里程占全球总里程60%以上；人工智能、大数据、云计算等引领数字经济、平台经济、共享经济快速发展，有力带动实体经济转型升级和新动能成长。19家国家自主创新示范区和156家国家高新区成为区域创新发展的核心载体和重要引擎。科技创新在打赢蓝天保卫战、脱贫攻坚战中发挥重要作用，科技兴林、科技治沙成效显著，在全球率先实现“沙退人进”。建立应对突发急性传染病防控技术体系，成功研制埃博拉疫苗等，在国际传染病防控中彰显了中国力量。

科技体制改革向系统纵深推进，科技管理格局实现了从研发管理向创新服务的历史性转变。企业的创新主体地位进一步增强，在全社会研发投入、研究人员和发明专利的占比超过70%。国家科技计划和资金管理改革取得历史性突破，院士制度、科技奖励、科技军民融合等改革深入推进，出台以增加知识价值为导向的分配政策，深入落实研发费用加计扣除等普惠性政策，科技决策咨询、科技报告、创新调查、资源开放共享等基础性制度加快建立，科研人员获得感大大增强。

科技创新力量由科研人员为主向全社会拓展，开创了大众创业、万众创新的历史性新局面。科技成果转化量质齐升，各类技术交易市场超过1000家，全国技术合同成交额达1.3万亿元。4298家众创空间、3255家科技企业孵化器和400余家企业加速器构成了日益完善的创业孵化生态。科技与金融结合深入推进，国家科技成果转化引导基金引导地方政府、金融机构、民间资本投资规模达247亿元。

科技外交成为国家总体外交战略的重要组成，创新开放合作迈出主动布局的历史性步伐。“一带一路”国际合作高峰论坛、G20杭州峰会、金砖国家厦门峰会留下鲜明的科技创新印记；“一带一路”

科技创新合作扎实推进；首批跨境科研经费拨付试点顺利完成，港澳台科技创新合作迈上新台阶。建立科技合作关系的国家达 158 个，参加国际组织和多边机制超过 200 个，参与多个国际大科学工程和大科学计划，中国成为全球多元化创新版图中日益重要的一极。

当前，中国特色社会主义进入新时代，中国科技创新也进入新的历史阶段。新时代要有新气象，更要有新作为。广大科技工作者要紧密团结在以习近平同志为核心的党中央周围，高举习近平新时代中国特色社会主义思想伟大旗帜，不忘初心，牢记使命，锐意进取，砥砺前行，深入实施创新驱动发展战略，为建设创新型国家和世界科技强国做出新的更大的贡献。

科学技术部部长

二〇一八年二月

前　言

《中国科学技术发展报告》是一部由中华人民共和国科学技术部编写的年度政府出版物。报告主要描述中国科学技术发展战略、政策、体制改革的进展和国家科技计划的主要安排与实施，介绍中国在主要领域的科技发展情况，宣传中国科技战线贯彻落实科学发展观，实施科教兴国战略和可持续发展战略，建设创新型国家所取得的成就，让社会公众更多地了解和理解中国科技发展的全局。

《中国科学技术发展报告（2017）》是中国科学技术发展系列报告的第 11 卷。本书以“总结十八大以来科技成就，迎接十九大胜利召开”为主题，主要反映十八大以来中国的重大科技战略、科技政策、科技活动、科技成就和科技进展（不含香港、澳门和台湾地区的相关情况）。

为加强重大成果和重要进展的宣传，进一步调整优化了有关章节，由原来的 11 章调整为 12 章，在保留原来 11 章的同时，增加了“重点研发计划”。重点突出以下几个方面内容：全面深化科技体制改革，构建高效协同创新体系；国家科技计划体系全面重塑；科技成果转移转化体系建设取得重大突破；深化科技评价激励等制度改革，科技人员积极性、创造性进一步激发；营造有利于创新的政策环境，良好的创新生态正在形成；军民科技协同创新体系加快建立。

在本书的编写过程中，我们得到了各级政府、国务院各部委、行业协会、学术团体、科研机构、高等学校、企业等相关单位和专家的大力协助与支持，在此一并表示衷心的感谢。

编写组

二○一八年一月

目　录

第十章　区域科技发展与地方科技工作

第十一章　科技对外开放与合作

第十二章 科普事业

附　表

支持单位

概 述

党的十八大以来，在党中央、国务院的领导下，全国科技系统深入贯彻新发展理念，全面落实创新驱动发展战略，科技创新整体能力显著提升，科技创新格局发生历史性转变，站上了全新的历史起点，从科技大国迈向世界科技强国。科技发展水平从以“跟跑”为主步入“跟跑、并跑、领跑”并存，科技创新加速突破应用，推动新动能不断成长，促进传统动能改造提升，对供给侧结构性改革的支撑引领作用显著增强。

一、深入实施创新驱动发展战略，开启世界科技强国建设新征程

党的十八大以来，以习近平同志为核心的党中央高度重视科技创新，对实施创新驱动发展战略做出顶层设计和系统部署，十八大提出实施创新驱动发展战略，十八届五中全会把创新作为五大新发展理念之首，在科技创新的实践中逐步形成习近平总书记科技创新新理念、新思想、新战略，从顶层进行了科技创新的谋篇布局。2016 年，党中央、国务院召开全国科技创新大会，发布《国家创新驱动发展战略纲要》（中发〔2016〕4 号），吹响建设世界科技强国的号角。这是党中央、国务院在全面建成小康社会决胜阶段召开的一次重要会议，对实现中华民族伟大复兴的中国梦具有重大而深远的意义。

《国家创新驱动发展战略纲要》是新时期推进创新工作的纲领性文件，是建设创新型国家的行动指南，确立了未来 30 年创新驱动发展的“三步走”战略目标，明确了“坚持双轮驱动、构建一个体系、推进六大转变”的战略布局。实施创新驱动发展战略要以科技创新为核心推动全面创新，坚持把科技创新摆在国家发展全局的核心位置，以科技创新带动和促进管理创新、组织创新和商业模式创新等全面创新，打造创新驱动发展新引擎，大幅度提高科技对经济社会发展的支撑引领能力，使创新成为引领发展的第一动力。创新驱动发展的战略目标是到 2020 年进入创新型国家行列，有力支撑全面建成小康社会目标的实现；到 2030 年跻身创新型国家前列，为建成经济强国和共同富裕社会奠定坚实的基础；到 2050 年建成世界科技创新强国，为中国建成富强民主文明和谐的社会主义现代化国家、实现中华民族伟大复兴中国梦提供强大支撑。实现创新驱动，要科技创新和体制机制创新两个轮子相互协调、持续发力；要建设国家创新体系，建设各类创新主体协同互动和创新要素顺畅流动、高效配置的生态系统，形成创新驱动发展的实践载体、制度安排和环境保障；要实现发展方式从以规模扩张为主导的粗放式增长向以质量效益为主导的可持续发展转变，发展要素从传统要素主导发展向创新要素主导发展转变，产业分工从价值链中低端向价值链中高端转变，创新能力从“跟跑、并跑、领跑”并存、“跟跑”为主向“并跑、领跑”为主转变，资源配置从以研发环节为主向产业链、创新链、资金链统筹配置转变，创新群体从以

科技人员的小众为主向小众与大众创新创业互动转变。

为贯彻落实党中央创新驱动发展战略的部署和习近平总书记系列重要讲话精神，科技工作牢牢把握“八个坚持”。一是坚持把建设世界科技强国作为奋斗目标。二是坚持把创新作为引领发展的第一动力。三是坚持把科技创新摆在国家发展全局的核心位置，把推进科技创新作为治国理政的重要方略。四是坚持把走中国特色自主创新道路作为科技创新的必由之路。五是坚持把依靠科技创新作为打造先发优势的重要手段，塑造更多依靠创新驱动、更多发挥先发优势的引领型发展。六是坚持把科技创新和制度创新双轮驱动作为创新发展的根本动力。七是坚持把构建国家创新体系作为创新发展的基础支撑，从创新主体、创新能力和创新机制等方面整合资源，优化配置，提高创新体系的整体效能。八是坚持把人才作为科技创新的核心要素，充分激发各类人才创新活力和潜力。

二、党的十八大以来科技发展成效显著，支撑和引领供给侧结构性改革

十八大以来，在党中央的领导下，在科技界的共同努力下，中国创新能力从量的积累向质的飞跃、从点的突破向系统能力提升转变，为塑造更多发挥先发优势的引领型发展蓄积强大动能；科技创新与经济社会发展的关系从“面向、依靠”到“深度融合、支撑引领”转变，推动中国迈上向全球产业价值链中高端攀升的通道；创新主体从科研人员的小众向大众创新创业转变，科技创新与“双创”融合共进，汇聚起创新发展的磅礴力量；中国在全球科技创新格局中的位势从被动跟随向积极融入、主动布局全球创新网络转变，成为具有重要国际影响力的科技大国。

◎ 加快科技与经济结合，依靠创新驱动的引领型发展能力不断增强

科技创新加速突破应用，推动新动能不断成长，促进传统动能改造提升，对供给侧结构性改革的支撑引领作用显著增强。“十二五”以来，中国科技进步贡献率已由 50.9% 增加到 55.3%，支撑了中国经济的中高速增长，推动经济结构转型升级，有力地支撑了供给侧结构性改革加快推进。

引领支撑新旧动能转化，有力促进产业转型升级。集成电路制造技术、移动通信、第四代核电高温气冷堆、第三代核电“华龙一号”、高铁、新能源汽车、特高压输变电技术、风能和光伏关键部件和设计制造技术、“数控一代”应用示范工程等，有力带动传统产业转型升级。在超级计算、量子通信等前沿领域达到了国际领先水平，特高压、高铁、核电等领域已经实现对发达国家的赶超，很多全球首台首套重大装备实现了中国制造和中国创造。铁路、电网、大坝、桥梁等

基础设施领域的建设能力居世界首位，形成了完整的标准体系和质量体系。中国移动通信 4G 完整产业链基本形成，国内用户超过 2.5 亿人。高速列车技术实现谱系化、智能化、绿色化发展，高铁总里程达 1.9 万公里，占世界的 55%。风电和太阳能光伏装机容量均居世界第一。新能源汽车产量累计突破 50 万辆，居世界第一。2016 年，高技术产业增加值比上年增长 10.8%，装备制造业增加值同比增长 9.5%，均明显高于规模以上工业增速；装备制造业、高新技术产业占规模以上工业增加值比重分别为 32.9% 和 12.4%，分别比 2012 年提高 4.7 个和 3 个百分点。

新技术、新业态、新产业、新模式对经济发展的贡献日益增强，创新型经济格局正在逐步形成。2016 年中国智能手机销量在世界市场的总占有率超过 20%；新能源汽车销售 51 万辆，位居世界第一；工业机器人销量比上年增长 31%，占全球比重超过 30%。跨境电商、社交电商、智慧家庭、智慧交通、远程教育医疗等新业态快速涌现。2016 年网上零售额达 51 556 亿元，比上年增长 26.2%；在线教育用户数达到 1.4 亿人，年增长率高达 25.0%；互联网医疗用户数达到 1.95 亿人，比上年增长 28.0%。

打造区域创新高地，区域经济增长极加快形成。目前，经国务院批准的国家高新区达 156 家，依托实力较强国家高新区建设的国家自主创新示范区为 17 家，国家自主创新示范区和高新区已成为区域创新发展、产业转型升级的重要引擎。统计范围内的 146 家国家高新区发展势头强劲，发展态势良好，“十二五”期间营业收入保持年均 17.4% 的增长速度；2016 年营业收入达 28.3 万亿元，同比增长 11.5%；工业总产值达 20.5 万亿元，同比增长 10.3%。武汉东湖、湖南长株潭、四川成都等国家自主创新示范区主要经济指标连续数年保持在 30% 左右的增速。北京、上海加快建设具有全球影响力的科技创新中心，京津冀协同创新共同体建设深入推进，长江经济带加快转型升级和创新发展，创新型省份、创新型城市建设成效显现，区域创新改革试验全面启动。国家自主创新示范区和高新区成为区域创新发展的核心载体、产业转型升级的重要引擎。启动中国落实 2030 年可持续发展议程创新示范区建设，推动北京中关村与贵州大数据试验区等开展深入合作。

科技创新为改善民生福祉提供有力保障。农业关键技术攻关取得重大突破，粮食丰产科技工程和渤海粮仓科技示范工程成效显著。自主研发的 3.0 T 超导磁共振系统、全球首个基因突变型埃博拉疫苗、阿帕替尼抗肿瘤新药等为改善民生提供科技支撑。全面推进农业农村科技创新。实施粮食丰产科技工程和渤海粮仓科技示范工程，七大作物育种、粮食丰产增效、化学肥料和农药减施增效等关键技术攻关取得重大突破。种业创新支撑“中国碗装中国粮”，推广示范粮种 3.8 亿亩。积极培育农业高新技术产业，全国农业高新技术企业达到 6800 多家，农业高新技术产业总产值达到 2.2 万亿元。遴选生物种业、农机装备、肉类加工、竹资源 4 个产业开展国家现代农业产业科技创新中心建设试点。国务院办公厅印发《关于深入推行科技特派员制度的若干意见》（国办发〔2016〕32 号），科技特派员达到 73.9 万人，直接服务农户 1250 万户。深入推进科技扶贫精准脱贫，推动建设 638 个星创天地，培训农村创业人才 227 万人，以科技创新助力打赢脱贫攻坚战。

大众创新创业蓬勃发展，全社会创新创业热情空前高涨。以科技创新引领大众创业、万众创新，支持龙头企业、中小微企业、科研院所、高校、创客等多方协同，打造专业化众创空间和创新平台。全国 4200 余家众创空间、3200 余家科技企业孵化器和 400 余家企业加速器，服务创业团队和初创企业近 40 万家，带动就业超过 200 万人。2016 年年初创企业新增招聘岗位数超过 240 万个，对新增招聘岗位的贡献率达到 18.7%。大学生和返乡农民工创业就业人数大幅增加。近年来农民工返乡创业累计超过 450 万人，2016 年登记的大学生创业人数达到 61.5 万人。2016 年，城镇个体经济和私营经济就业人员 20 710 万人，比 2012 年增长 56.9%，年均增长 11.9%。

◎ 科技创新增加源头供给，科技实力迈上新台阶

党的十八大以来，中国国家创新能力建设加强前瞻布局，强化系统部署，以宏伟的创新事业和高水平的创新载体加速创新要素聚集，推动中国科技创新能力实现历史性跨越。在世界知识产权组织发布的全球创新指数中，中国从 2012 年的第 34 位升至 2017 年的第 22 位，是唯一与发达国家经济体创新差距不断缩小的中等收入国家，已经成功跻身全球创新领导者行列。其中，中国在专利申请、实用新型专利、高科技出口、创意产品出口、工业设计、国内市场规模、培训等单项指标上居全球首位。

科技创新投入不断增加。政府对科技创新的支持力度持续加大，市场主体创新发展自觉性明显提高，中国研发投入快速增长，总规模已位居世界前列。2016 年，中国研究与试验发展（R&D）经费支出达到 15 677 亿元，比 2012 年增长 52.2%，年均增长 11.1%；占国内生产总值的 2.11%，比 2012 年提高 0.2 个百分点。财政科技投入不断加大。2016 年，国家一般公共预算中科学技术支出为 6568 亿元，比 2012 年增长 47.5%，年均增长 10.2%。

科技创新人才加速集聚成长，规模宏大的高素质人才大军加快形成。重大科技任务、科研基地、重大科技基础设施等对创新人才发挥了“筑巢引凤”的“虹吸效应”。“千人计划”“万人计划”等重大人才工程深入实施，中央、地方、部门纵横联动，统筹推进各类科技人才发展，形成高端引领、整体发力、系统支撑的新格局，并带动形成中华人民共和国成立以来最大规模留学人才“归国潮”。截至 2016 年年底，中国留学回国人员总数达 265.11 万人，其中十八大以来的回国人数占

70%。一支门类齐全、梯次合理、素质优良的创新人才大军，正在建设世界科技强国的新征程中加速集结、发展壮大。

中国科技创新能力持续提升，经济增长的科技含量明显增加。2016 年，中国专利申请受理数达到 346.5 万件，比 2012 年增长 68.9%，其中发明专利申请受理数达到 133.9 万件，增长 105.1%，发明专利申请受理数已连续 6 年位居世界首位；中国授予专利权数达到 175.4 万件，比 2012 年增长 39.8%，其中授予发明专利权达到 40.4 万件，增长 86.2%。截至 2016 年年末，境内有效发明专利 110 万件，突破 100 万件，每万人口发明专利拥有量为 8.0 件。2016 年，全国技术市场成交金额为 11 407 亿元，比 2012 年增长 77.2%。

◎ 系统持续创新能力显著增强

重大科技任务部署加快推进，蓄积先发引领势能。国家科技重大专项在重要战略领域凝聚和培养一批建制化的科技创新力量，累计申请专利 4.2 万项，已获专利授权 1.1 万项，形成技术标准 8400 多项。部署启动“科技创新 2030—重大项目”，通过国家重点研发计划在信息、海洋、空间等重点领域启动科技项目，实施“非对称”赶超战略，打造局部领先优势，为创新驱动、更多发挥先发优势的引领型发展蓄积强大势能。2016 年，国家重点研发计划共安排 42 个重点专项 1300 多个科技项目，国家科技重大专项共安排 224 个课题，国家自然科学基金共资助 41 184 个项目。

基础研究加速赶超引领，原始创新能力显著增强。中国科学家对国际科学前沿进展和人类知识创造的重要贡献得到国际学术界高度认可，中国已成为仅次于美国的全球第二大高质量科技论文产出国。中国科技工作者在全球首次通过实验观测到量子反常霍尔效应、首次开展星地量子通信实验等。屠呦呦研究员获得 2015 年诺贝尔生理学或医学奖。在战略高技术领域，深空、深海、深地、网络等战略必争领域取得重要突破。神州九号、十号、十一号系列飞船连续发射成功，神舟十一号与天宫二号交会对接，航天员实现空间实验室中期驻留。嫦娥三号探测器成功落月，使中国成为世界上第三个掌握地外天体软着陆技术的国家。成功发射暗物质粒子探测卫星“悟空号”、量子科学实验卫星“墨子号”和全球二氧化碳监测科学实验卫星。“天河二号”超级计算机连续 6 次位居世界超算 500 强榜首。自主研发芯片制造的“神威 • 太湖之光”超级计算机系统运算速度超过 10 亿亿次 / 秒，摘得世界超算 500 强新桂冠。

国家科技创新基地和重大科技基础设施形成新格局，构建重大创新策源地。着眼打造国家战略科技力量，启动国家实验室建设。支持建设北京怀柔、上海张江、安徽合肥 3 个综合性国家科学中心，与已布局建设的 483 个国家重点实验室、346 个国家工程技术研究中心形成冲击世界科技前沿、抢占未来竞争制高点的梯次布局。依托优势医疗机构，建设了32家国家临床医学研究中心，促进卫生与健康技术创新和成果转化。重大科技基础设施建设加快推进，打造科技创新“国之重器”。

技术创新工程深入实施，企业创新能力迈上新台阶。强化企业创新主体地位和主导作用，鼓励企业牵头承担国家重大科技任务。启动国家技术创新中心建设，启动实施创新企业百强工程试点，推动央企考核办法改革，鼓励中小微企业开展协同创新。加快推动产业技术创新联盟培育，搭建开放协作平台。华为、联想、中国中车、中国电科等一批创新型企业进入世界企业500强。在高速铁路、智能终端等领域，中国崛起一批具有全球影响的创新型企业。2016年，中国企业研发资金达12 144亿元，占全社会研发经费支出的比重为77.5%，比2012年提高1.4个百分点。

三、全面深化科技体制改革，构建高效协同创新体系

党的十八届三中全会提出深化科技体制改革的总体思路和要求，中央全面深化改革领导小组先后审议通过一系列重要科技体制改革文件和方案，确立科技体制改革的主体框架和时间表、路线图。科技体制改革坚持问题导向，以政府职能转变引领体制机制创新，取得显著成效。目前，科技改革发展的战略方向和整体布局已经明确，企业创新、资源配置、成果转化、人才发展、收入分配等科技治理重点领域和关键环节的主要制度已基本建立。

推进创新治理重大基础性制度建设，现代科技创新治理体系逐步成型。顺应创新主体多元、活动多样、路径多变新趋势，推动政府管理创新，加快形成多元参与、协同高效的科技创新治理格局。一是国家实验室引领科研组织体制机制变革。党中央、国务院印发《国家实验室组建方案(试行)》，突出科研组织方式和管理体制机制创新，在重大创新领域组建一批突破型、引领型、平台型一体的大型综合性科研基地，打造国家战略性科技创新力量。二是国家科技决策咨询制度加快完善。中共中央办公厅、国务院办公厅印发《国家科技决策咨询制度建设方案》，组建高层次的国家科技咨询委员会，定期向党中央报告国内外科技创新动向，建立高水平科技创新智库体系，加强和改进党对科技工作的领导，提高重大科技决策科学化水平。三是科技资源开放共享实现突破。国务院印发《关于国家重大科研基础设施和大型科研仪器向社会开放的意见》(国发〔2016〕70号)，相关22个部门建立联合推进机制，建成统一的国家网络管理平台，发布共享重大科研基础设施58个，大型科研仪器4.6万台（套），形成开放共享的考核、评价、奖惩、后补助等配套政策体系。四是国家科技报告制度和创新调查制度已全面实行。国务院办公厅转发科技部《关于

加快建立国家科技报告制度的指导意见》，以中央财政科技计划科技报告管理为重点，建成国家科技报告服务系统，已有超过 8.5 万份报告向社会开放服务。科技部、国家统计局印发《国家创新调查制度实施办法》（国科发创〔2017〕96 号），已建立较完善的创新能力调查统计和监测评价报告体系，引导全社会树立创新发展导向。

国家科技计划体系全面重塑。科技计划管理改革取得决定性进展，形成新的国家科技计划体系。2014 年，经中央政治局常委会审议，国务院发布《关于深化中央财政科技计划（专项、基金等）管理改革的方案》（国发〔2014〕64 号），现已基本完成预期改革目标。公开统一的国家科技管理平台已基本建立并常态化运行，初步解决了条块分割、各自为政的问题。近百项科技计划优化整合工作基本完成，国家自然科学基金、国家科技重大专项、国家重点研发计划、技术创新引导专项（基金）和基地人才专项新 5 类科技计划体系基本建立。建立公开统一的国家科技管理平台，强化科技资源统筹配置。简政放权迈开大步，专业机构全面承接国家科技计划具体项目管理，从立项、实施到结题验收的全流程公开透明，并进行痕迹管理，实现“可申诉、可查询、可追溯”。各部门出台了 20 多项配套政策和制度，有效保障了改革的顺利实施和新旧计划体系的平稳过渡。按照进一步完善中央财政科研项目资金管理等政策改革部署，国家社科基金、自然科学基金、高等学校哲学社会科学繁荣计划、重点研发计划等和各地方科研项目资金管理办法相继出台，形成政策组合效应，切实解决科研人员反映的突出问题。

科技成果转移转化体系建设取得重大突破。全国人大修订完成《中华人民共和国促进科技成果转化法》（以下简称《促进科技成果转化法》），国务院发布《实施〈中华人民共和国促进科技成果转化法〉若干规定》（国发〔2016〕16 号），国务院办公厅印发《促进科技成果转移转化行动方案》（国办发〔2016〕28 号），形成从修订法律、制定配套政策到部署具体行动的“三部曲”。在促进科技成果转化“三部曲”工作引领下，高校、中国科学院系统，农业、卫生计生、国土资源等重点行业，以及各地方跟进出台了一批具体落实措施，共同形成了具有中国特色的促进科技成果转化制度体系。加快建设科技成果转化体系，向社会公开发布推广 521 个科技成果包，设立 3 个国家科技成果转移转化示范区，支持全国设立各类技术交易市场超过 1000 家。中央财政设立科技成果转化引导基金、新兴产业创业投资引导基金、中小企业发展基金，加大对科技成果转化和科技创业支持，其中设立 2 批 9 支科技成果转化引导基金，总规模达 173 亿元。

深化科技评价激励等制度改革，科技人员积极性创造性进一步激发。以评价制度和分配政策改革为重点，为科技创新树立正确的用人导向和有效的激励机制，让科技人员“名利双收”。一是改进完善院士制度。经党中央批准，国务院办公厅印发《关于改进完善院士制度的方案》（国办函〔2014〕86 号）。相关部门修订中国科学院院士章程和中国工程院章程，完善院士遴选、规范兼职和待遇、退休退出等具体办法，形成了覆盖“进、管、出”各个关键环节的新制度规范，顺利完成 2015 年两院院士增选工作，院士称号进一步回归学术性、荣誉性本质。二是项目评审、人才评价和机构评估（“三评”）改革取得阶段性成果。按照中央关于人才体制机制改革部署，以构建“三评”改革长效机制为目标，中共中央办公厅、国务院办公厅印发《关于深化职称制度改革的意见》（中办发〔2016〕77 号），对高校教师推行代表性成果评价，破除简单量化，制定完善科技人才评价指导意见、中央级科研事业单位创新绩效评价暂行办法，优化科研项目评审立项流程，评审量减少到改革前的 1/5，切实减轻了科技人员负担。三是科技奖励改革持续深化。在近年来持续提高质量、减少数量、优化结构、规范程序的基础上，制定《关于深化科技奖励制度改革的方案》（国办函〔2017〕55 号），经中央深改领导小组审议通过，推行公开提名制、定标定额等重大改革，强化政府奖的公信力和荣誉性。四是实行以增加知识价值为导向的分配政策。中共中央办公厅、国务院办公厅印发《关于实行以增加知识价值为导向分配政策的若干意见》，稳定提高基本工资收入，加大科研项目绩效奖励，放活科技成果性收入，构建科研人员“三元”薪酬结构，在全社会营造知识创造价值、价值创造者获得合理回报的良性循环。五是实行有别于党政干部的科技人员管理制度。在科研人员出国交流、兼职、领导人员管理、离岗创业等方面推动出台了分类管理政策，突出适度放宽激活，鼓励科技人员充分发挥聪明才智，服务经济社会发展。

营造有利于创新的政策环境，良好的创新生态正在形成。着力完善创新政策体系，加强科普宣传，协同推进市场和社会相关领域改革，不断深化创新开放合作。一是普惠政策落实力度加大。中关村试点政策已向全国推广。修订完善研发费用加计扣除政策和高新技术企业认定办法，降低政策门槛，拓展适用范围，简化操作程序，政策的普惠性、便捷性大幅提高。2015 年，享受两项政策的企业分别达 5.36 万家和 3.23 万家，减免税分别约为 760 亿元和 1150 亿元。科技型中小企业研发费用加计扣除比例从 50% 提高到 75%，加大税收扶持力度。二是知识产权保护和技术标准体系建设取得新进展。强化国家科技计划项目全过程知识产权管理，推动设立 3 家知识产权法院，支持知识产权综合执法，加快修订专利法，实行严格的知识产权保护制度。编制“十三五”技术标准创新规划，建立科技成果标准化快捷通道。三是公平竞争市场环境逐步优化。协调发挥价格形成机制、市场准入负面清单、公平竞争审查制度、产权保护制度、混合所有制等改革对科技创新的牵引和倒逼作用，营造了有利于创新的市场环境。四是科普宣传和创新文化建设取得新成效。《全民科学素质行动计划纲要实施方案（2016—2020 年）》深入实施，发布《中国公民科学素质基准》，2015 年中国公民具备科学素质的比例达到 6.2%。全国科技活动周、科普日等重大科普宣传活动影响不断扩大，国务院将每年 5 月 30 日设为“全国科技工作者日”。创新科技宣传方式，加大科技领域重大文件、重大活动、重大成就和先进人物等宣传力度，科技宣传传播力和引导力显著提升。五是科技创新开放合作打开新局面。积极构建更加主动高效的科技开放格局和机制，已与 8 个主要国家建立创新对话机制，与发展中国家全面建立科技伙伴关系，实施推进“一带一路”建设科技创新合作专项规划，将创新议题引入 G20 杭州峰会议程，成功召开首届 G20 创新部长会议，中国在全球科技创新治理中的话语权显著提升。

军民科技协同创新体系加快建立。制定实施“十三五”科技军民融合专项规划，推动形成全要素、多领域、高效益的军民科技创新融合发展格局。围绕深海、深地、深空、深蓝等领域战略高技术布局，部署军民融合重大科技项目和重点专项，军民共用技术项目一体化论证和联合实施机制进一步完善。加快论证建设一批军民科技协同创新平台，推动军民科技协同创新迈上新台阶。

四、全面贯彻党中央、国务院的重大决策部署，推进“十三五”国家科技创新规划实施

“十三五”时期是全面建成小康社会和进入创新型国家行列的决胜阶段，是深入实施创新驱动发展战略、全面深化科技体制改革的关键时期。科技创新工作认真落实党中央、国务院决策部署，坚持“五位一体”总体布局和“四个全面”战略布局，坚持创新、协调、绿色、开放、共享发展理念，坚持自主创新、重点跨越、支撑发展、引领未来的指导方针，坚持创新是引领发展的第一动力，把创新摆在国家发展全局的核心位置，以深入实施创新驱动发展战略、支撑供给侧结构性改革为主线，全面深化科技体制改革，大力推进以科技创新为核心的全面创新，着力增强自主创新能力，着力建设创新型人才队伍，着力扩大科技开放合作，着力推进大众创业万众创新，塑造更多依靠创新驱动、更多发挥先发优势的引领型发展，确保如期进入创新型国家行列，为建成世界科技强国奠定坚实基础，为实现“两个一百年”奋斗目标和中华民族伟大复兴中国梦提供强大动力。

未来 5 年，科技创新总体目标是国家科技实力和创新能力大幅跃升，创新驱动发展成效显著，国家综合创新能力世界排名进入前 15 位，迈进创新型国家行列，有力支撑全面建成小康社会目标的实现。科技进步贡献率从 55.3% 提高到 60%，知识密集型服务业增加值占国内生产总值的比例从 15.6% 提高到 20%。科技创新能力显著提升，PCT 专利申请量比 2015 年翻一番，研发投入

强度达到 2.5%。

未来 5 年，中国科技创新工作将紧紧围绕深入实施国家“十三五”规划纲要和《国家创新驱动发展战略纲要》，有力支撑“中国制造 2025”“互联网 +”、网络强国、海洋强国、航天强国、健康中国建设、军民融合发展、“一带一路”建设、京津冀协同发展、长江经济带发展等国家战略实施，充分发挥科技创新在推动产业迈向中高端、增添发展新动能、拓展发展新空间、提高发展质量和效益中的核心引领作用：

一是围绕构筑国家先发优势，加强兼顾当前和长远的重大战略布局。加快实施国家科技重大专项，启动“科技创新 2030—重大项目”；构建具有国际竞争力的产业技术体系，加强现代农业、新一代信息技术、智能制造、能源等领域一体化部署，推进颠覆性技术创新，加速引领产业变革；健全支撑民生改善和可持续发展的技术体系，突破资源环境、人口健康、公共安全等领域的瓶颈制约；建立保障国家安全和战略利益的技术体系，发展深海、深地、深空、深蓝等领域的战略高技术。

二是围绕增强原始创新能力，培育重要战略创新力量。持续加强基础研究，全面布局、前瞻部署，聚焦重大科学问题，提出并牵头组织国际大科学计划和大科学工程，力争在更多基础前沿领域引领世界科学方向，在更多战略性领域实现率先突破；完善以国家实验室为引领的创新基地建设，按功能定位分类推进科研基地的优化整合。培育造就一批世界水平的科学家、科技领军人才、高技能人才和高水平创新团队，支持青年科技人才脱颖而出，壮大创新型企业家队伍。

三是围绕拓展创新发展空间，统筹国内国际两个大局。支持北京、上海建设具有全球影响力的科技创新中心，建设一批具有重大带动作用的创新型省市和区域创新中心，推动国家自主创新示范区和高新区创新发展，系统推进全面创新改革试验；完善区域协同创新机制，加大科技扶贫力度，激发基层创新活力；打造“一带一路”协同创新共同体，提高全球配置创新资源的能力，深度参与全球创新治理，促进创新资源双向开放和流动。

四是围绕推进大众创业万众创新，构建良好创新创业生态。大力发展科技服务业，建立统一开放的技术交易市场体系，提升面向创新全链条的服务能力；加强创新创业综合载体建设，发展众创空间，支持众创众包众扶众筹，服务实体经济转型升级；深入实施知识产权和技术标准战略。完善科技与金融结合机制，大力发展创业投资和多层次资本市场。

五是围绕破除束缚创新和成果转化的制度障碍，全面深化科技体制改革。加快中央财政科技计划（专项、基金等）管理改革，强化科技资源的统筹协调；深入实施国家技术创新工程，建设国家技术创新中心，提高企业创新能力；推动健全现代大学制度和科研院所制度，培育面向市场的新型研发机构，构建更加高效的科研组织体系；实施促进科技成果转移转化行动，完善科技成果转移转化机制，大力推进军民融合科技创新。

六是围绕夯实创新的群众和社会基础，加强科普和创新文化建设。深入实施全民科学素质行动，全面推进全民科学素质整体水平的提升；加强科普基础设施建设，大力推动科普信息化，培育发展科普产业；推动高等学校、科研院所和企业的各类科研设施向社会公众开放；弘扬科学精神，加强科研诚信建设，增强与公众的互动交流，培育尊重知识、崇尚创造、追求卓越的企业家精神和创新文化。

第一章

科技体制改革与国家创新体系建设

党的十八大以来，特别是2016年以来，中国加快推进创新驱动发展的顶层设计，中央财政科技计划管理改革取得决定性进展，科技成果转化制度障碍得以破除，科技管理基础制度不断完善，企业技术创新能力不断提升，高校和科研院所的源头支撑能力不断增强，科技创新创业服务体系更加有效地促进大众创业、万众创新，军民科技融合发展呈现新的局面，激励创新的法律法规和政策体系加快完善，科技体制改革的整体性、系统性和协同性大大增强，国家创新体系建设取得重要进展。

第一节 科技体制改革

一、全面推进中央财政科技计划管理改革

公开统一的国家科技管理平台基本建成，“一个制度、三根支柱、一套系统”的基本框架已搭建形成。部际联席会议制度运行良好，特邀咨评委作用充分发挥，全面实行专业机构管理项目机制，国家科技管理信息系统成功上线运行，“全程嵌入式”科技监督和评估体系建成运转，制度初步健全，监督保障作用初显。

新的科技计划体系和项目形成机制初步建立，基本完成近百项科技计划优化整合工作。国家自然科学基金、国家科技重大专项、国家重点研发计划、技术创新引导专项（基金）和基地人才专项新5类科技计划体系基本建立。2016年在信息、海洋、空间、公共安全等重点领域启动42个重点专项1300多个科技项目，着力解决当前及未来发展面临的科技瓶颈和突出问题，为国民经济和社会发展主要领域提供持续性的支撑和引领。自然科学基金会落实中央财政科技计划改革要求，明确在“五大计划”中更加聚焦基础、前沿、交叉、人才、团队，取消、整合了13个项目类型。

科技重大专项实施系统推进。先后印发民口科技重大专项聚焦调整意见，切实推动重大专项瞄准目标、突出重点、聚焦瘦身，体现战略选择与跨越。2017年3月制定《民口国家科技重大专

项管理改革方案》，修订发布《国家科技重大专项组织实施工作规则》，将民口 10 个专项纳入统一的国家科技管理平台，显著提升了组织管理效能。自重大专项实施以来，共申请专利 4.17 万项，授权专利 1.1 万项，形成技术标准 8400 多项，新产品、新材料、新工艺、新装置 1.08 万件，实现新增产值 1.42 万亿元，相关企业实缴税金 1300 亿元。移动通信领域实现了从“2G 跟随”“3G 突破”到“4G 并行”的跨越式发展，世界首台第四代高温气冷堆商业化示范工程建设进展顺利，C919 大型客机首飞成功。

科研项目资金管理制度不断完善。2016 年 7 月，中共中央办公厅、国务院办公厅出台《关于进一步完善中央财政科研项目资金管理等政策的若干意见》（中办发〔2016〕50 号），进一步突出资金管理使用的放权、让利、减负，切实让经费服务于人的创造性活动。各部门出台了 20 多项配套政策和制度，有效保障了改革的顺利实施和新旧计划体系的平稳过渡。国家社科基金、自然科学基金、高等学校哲学社会科学繁荣计划、重点研发计划等和各地方科研项目资金管理办法相继出台，形成政策组合效应。从立项、实施到结题验收的全流程公开透明，并进行痕迹管理，实现“可申诉、可查询、可追溯”。

二、推进创新治理重大基础性制度建设

国家科技决策咨询制度加快完善。2017 年 2 月，中共中央办公厅、国务院办公厅印发《国家科技决策咨询制度建设方案》，组建高层次的国家科技咨询委员会，定期向党中央报告国内外科技创新动向，建立高水平科技创新智库体系，加强和改进党对科技工作的领导，提高重大科技决策科学化水平。

国家实验室引领科研组织体制机制变革。2017 年 3 月，党中央、国务院印发《国家实验室组建方案（试行）》，突出科研组织方式和管理体制机制创新，拟在重大创新领域组建一批突破型、引领型、平台型为一体的大型综合性科研基地，打造国家战略性科技创新力量。

科技资源开放共享实现突破。2015 年 1 月，国务院印发《关于国家重大科研基础设施和大型科研仪器向社会开放的意见》（国发〔2014〕70 号），相关 22 个部门建立联合推进机制，建成统一的国家网络管理平台，发布共享重大科研基础设施 139 个，大型科研仪器 7.3 万台（套），形成开放共享的考核、评价、奖惩、后补助等配套政策体系。

项目管理专业机构改建基本完成，能够依法合规开展科研管理业务，经过 3 年改革过渡期，科技部高技术研究发展中心、中国生物技术发展中心、工业和信息化部产业发展促进中心、中国 21 世纪议程管理中心、中国农村技术开发中心、卫生计生委医药卫生科技发展研究中心、农业部

科技发展中心7家参与改建的单位按照《关于深化中央财政科技计划（专项、基金等）管理改革的方案》（国发〔2014〕64号）提出的要求，积极探索治理结构建设途径，建立了较完善的管理制度体系，显著提升了项目管理能力，采取了扎实有效的廉政风险防控举措，取得了较好的社会信誉，初步实现了项目管理"接得住"。7家单位改建效果显著，全部通过改建评估。

国家科技报告制度和创新调查制度已全面实行。以中央财政科技计划科技报告管理为重点，建成国家科技报告服务系统，已有超过8.5万份报告向社会开放服务。建立国家创新调查制度，创新调查工作进入全面实施阶段，科技部、国家统计局印发《国家创新调查制度实施办法》（国科发创〔2017〕96号），已建立较完善的创新能力调查统计和监测评价报告体系，引导全社会树立创新发展导向。

三、加快推动科技成果转移转化

大力破除科技成果转化制度障碍，科技成果向现实生产力转化的通道进一步畅通。围绕供给侧结构性改革对科技创新供给和支撑能力的紧迫需求，聚焦科技成果转化最先和最后"一公里"问题，完善制度、市场和服务三大体系，加快成果转化步伐。

促进科技成果转化形成"三部曲"。2015年8月修订《促进科技成果转化法》，2016年2月国务院出台《实施〈中华人民共和国促进科技成果转化法〉若干规定》（国发〔2016〕16号），2016年4月国务院办公厅印发《促进科技成果转移转化行动方案》（国办发〔2016〕28号），高校、中国科学院系统和重点行业及各地方跟进出台一批落实办法，促进科技成果转化的制度体系初步形成。加快建设科技成果转化支撑服务体系，向社会公开发布推广521个科技成果包，设立3个国家科技成果转移转化示范区，筹备建设国家技术交易网络平台。

实行股权和分红激励政策，在中关村、东湖、张江示范区及合芜蚌试验区245家单位中开展政策试点的基础上，在全国国有科技型企业中推行股权和分红激励政策。完善股权激励和技术入股有关所得税政策，对股权激励和技术入股所得实行递延纳税等优惠政策，解决科技人员在成果转化当期纳税现金不足问题，大幅降低其税收负担。

促进科技和金融结合，先后分两批在34个地区开展试点，发展科技保险、小额贷款、融资租赁、专利质押融资等新业务。启动实施科技成果转化引导基金，已设立总规模173亿元的9支子基金，开展贷款风险补偿。加大科技信贷投放力度，截至2016年年底，银行业金融机构科技型企业贷款余额为2.3万亿元。启动科创企业首批投贷联动试点。开展创业投资企业和天使投资个人税收优惠试点，进一步鼓励社会资本投入科技创新。

四、深化科技评价激励等制度改革

深化科技评价激励等制度改革，科技人员积极性创造性进一步激发。以评价制度和分配政策改革为重点，为科技创新树立正确的用人导向和有效的激励机制，让科技人员“名利双收”。

改进完善院士制度。经党中央批准，国办印发《关于改进完善院士制度的方案》(国办函〔2014〕86号)。相关部门修订中国科学院院士章程和工程院章程，完善院士遴选、规范兼职和待遇、退休退出等具体办法，形成了覆盖“进、管、出”各个关键环节的新制度规范，院士称号进一步回归学术性、荣誉性本质。

项目评审、人才评价和机构评估（“三评”）改革取得阶段性成果。按照中央关于人才体制机制改革部署，以构建“三评”改革长效机制为目标，2017年1月，中共中央办公厅、国务院办公厅印发《关于深化职称制度改革的意见》（中办发〔2016〕77号），对高校教师推行代表性成果评价，破除简单量化，制定完善科技人才评价指导意见、中央级科研事业单位创新绩效评价暂行办法，优化科研项目评审立项流程，评审量减少到改革前的1/5，切实减轻了科技人员负担。

稳步推进科技奖励制度改革。2017年5月，国务院办公厅印发《关于深化科技奖励制度改革的方案》（国办函〔2017〕55号），改革完善科技奖励制度，建立公开公平公正的评奖机制，进一步增强学术性、突出导向性、提升权威性、提高公信力、彰显荣誉性。2017年7月，科技部印发《关于进一步鼓励和规范社会力量设立科学技术奖的指导意见》（国科发奖〔2017〕196号），建立“信息公开、行业自律、政府指导、第三方评价、社会监督”的监督和服务模式，为社会力量设立科技奖励的规范有序发展指明了方向。

实行以增加知识价值为导向的分配政策。2016年10月，中共中央办公厅、国务院办公厅印发《关于实行以增加知识价值为导向分配政策的若干意见》，稳定提高基本工资收入，加大科研项目绩效奖励，放活科技成果性收入，构建科研人员“三元”薪酬结构，在全社会营造知识创造价值、价值创造者获得合理回报的良性循环。

实行有别于党政干部的科技人员管理制度。在科研人员出国交流、兼职、领导人员管理、离岗创业等方面推动出台了分类管理政策，突出适度放宽激活，鼓励科技人员充分发挥聪明才智，服务经济社会发展。

第二节 全面创新改革试验区建设

为深入实施创新驱动发展战略，党中央、国务院确定在京津冀、上海、广东（珠三角）、安徽（合芜蚌）、四川（成德绵）、湖北武汉、陕西西安、辽宁沈阳 8 个区域开展全面创新改革试验，推进相关改革举措先行先试，着力破除制约创新发展的体制机制障碍。全面创新改革试验区在深化科技体制改革、提升自主创新能力、优化创新创业环境等方面进行了大胆探索，形成了一批支持创新的相关改革举措。为进一步加大支持创新的力度，营造有利于大众创业、万众创新的制度环境和公平竞争市场环境，为创新发展提供更加优质的服务，国务院办公厅出台了《关于推广支持创新相关改革举措的通知》（国办发〔2017〕80 号），将有关改革举措在全国或 8 个改革试验区域内推广。推广改革举措主要包括以下 4 个方面：

科技金融创新方面，推广改革举措有“以关联企业从产业链核心龙头企业获得的应收账款为质押的融资服务”“面向中小企业的一站式投融资信息服务”“贷款、保险、财政风险补偿捆绑的专利权质押融资服务”。

创新创业政策环境方面，推广改革举措有“专利快速审查、确权、维权一站式服务”“强化创新导向的国有企业考核与激励”“事业单位可采取年薪制、协议工资制、项目工资等灵活多样的分配形式引进紧缺或高层次人才”“事业单位编制省内统筹使用”“国税地税联合办税”。

外籍人才引进方面，推广改革举措有“鼓励引导优秀外国留学生在华就业创业，符合条件的外国留学生可直接申请工作许可和居留许可”“积极引进外籍高层次人才，简化来华工作手续办理流程，新增工作居留向永久居留转换的申请渠道”。

军民融合创新方面，推广改革举措有“军民大型国防科研仪器设备整合共享”“以股权为纽带的军民两用技术联盟创新合作”“民口企业配套核心军品的认定和准入标准”。

第三节
企业技术创新

一、企业创新能力

2016 年，全社会研究与试验发展（R&D）经费支出 1.568 万亿元，其中企业占比超过 77.5%，研发人员占比达到 78%，企业获得发明专利授权 19.0 万件，占国内发明专利授权量的 68.7%。持续加强创新型企业试点工作，以创新型（试点）企业为依托，加快培育具有国际先进水平的创新型领军企业。在国家技术创新工程的推动下，企业技术创新主体地位显著增强，创新能力不断提升。创新型试点企业平均研发强度达到 1.79%，远高于规模以上工业企业 0.77% 的水平，培育了一批以华为、中兴、BAT、中车、国家电网等为代表的有技术研发实力、有产业化能力、有国际竞争力的骨干企业。

二、创新资源集聚与国际合作

创新资源开放共享和向企业集聚，以试点战略联盟、产学研合作等多种协同方式加强技术创新合作，为提升企业创新能力和推动产业转型升级提供有力支撑。截至 2016 年年底，依托重点企业在电子信息、生物等产业领域建设国家科技创新平台和基地近 800 家。2016 年 3 月，发展改革委、科技部等部门修订印发《国家企业技术中心认定管理办法》（2016 年第 34 号令），认定国家企业技术中心达到 1276 家。试点产业技术创新战略联盟达到 146 家，集中了 5000 多家企业、高校和科研机构。潜龙二号（图 1-1）、实践十号卫星、量子科学实验卫星“墨子号”等成果都有产学研协同创新的助推。

鼓励企业加强技术创新国际合作，充分发挥企业在“一带一路”国际科技合作中的作用，支持企业到海外设立研发机构，其中重点跟踪的 676 家创新型企业有 20% 设有海外研发机构，中国科学研究和技术服务业对外投资大幅度增长。中国已成为世界专利授权最多的国家，在商标和工业品外观设计申请方面也位居世界第一。中国企业“走出去”参与国际经济技术竞争的意识和能力进一步增强，华为、中兴、京东方和腾讯 4 家中国企业挺进 2015 年国际专利申请量前 20 名，华为 2015 年度国际专利注册数量蝉联全球第一。

图 1-1 潜龙二号

三、技术创新体系

着重构建技术创新体系，布局建设战略性科技力量，抢占前沿竞争制高点。科技部与国资委批复中国中车和青岛市共建国家高速列车技术创新中心；科技部会同财政部、发展改革委等加强国家科技创新基地优化整合，加强对企业技术创新基地平台建设的支持。科技部组建 37 个以龙头企业牵头、优势科研机构参与的“一条龙”科企创新联盟，落实研发经费 1.8 亿元。

紧紧围绕提高重点产业创新能力，产业技术含量和核心竞争力不断提升，企业在一些重要领域实现从“跟跑”为主向“跟跑、并跑、领跑”并存跃升。在高速铁路、核电、第四代移动通信、特高压输变电、杂交水稻、大型液化天然气船（LNG）、北斗导航、电动汽车、支线飞机等领域突破一批重大关键技术，形成一批重大装备和战略产品，有力促进了战略性产业培育和发展，带动产品和装备走向世界。攻克了食品质量安全控制、农产品安全等一批关键技术，新药注册数量大幅提升。

四、科技型中小企业

企业关心的重点创新政策进一步完善和落实。2015 年 1 月，科技部发布《关于进一步推动科技型中小企业创新发展的若干意见》（国科发高〔2015〕3 号），2016 年 2 月修订完善《高新技术企业认定管理办法》(国科发火〔2016〕32 号),2017 年 5 月会同财政部、国家税务总局印发《科技型中小企业评价办法》(国科发政〔2016〕115 号),面向中小企业的技术服务显著加强,以国家高新区为载体认定了 32 个创新型产业集群试点,引导建设了 400 多个区域技术创新服务平台,形成了以运营商和服务为主体的信息化分支服务机构 6000 多个。

2016 年 8 月,财政部、科技部、国资委联合印发《国有科技型企业股权和分红激励暂行办法》(财资〔2016〕4 号),2016 年 9 月,财政部、国家税务总局联合出台《关于完善股权激励和技术入股有关所得税政策的通知》(财税〔2016〕101 号),国家税务总局发布《关于股权激励和技术入股所得税征管问题的公告》(税务总局公告 2016 年第 62 号)和《关于做好股权激励和技术入股所得税政策贯彻落实工作的通知》(税总函〔2016〕496 号),对符合条件的股权激励和技术入股实施递延纳税优惠,有利于激励创新的中长期分配机制初步建立,科研人员创新活力进一步释放。各地为中小企业出台政策措施 74 项,降低创业创新成本,激发创业创新活力。

第四节 高等学校和科研院所的创新

一、高校研发体系

2015 年,高等学校研发经费达 998.6 亿元,比上年增长 11.2%。其中,基础研究为 391.0 亿元,应用研究为 516.3 亿元,试验发展为 91.3 亿元(图 1-2)。全国基础研究经费中,高等学校占 44.5%;应用研究经费中,高等学校占 33.8%。同时,政府资金是高等学校研发经费的最大来源,2015 年,高等学校研发经费中,政府资金为 637.3 亿元,企业资金为 301.5 亿元,国外资金和其他资金共 59.8 亿元,分别占高等学校研发经费的 63.8%、30.2% 和 6%(图 1-3)。

图 1-2 高等学校研发经费分布

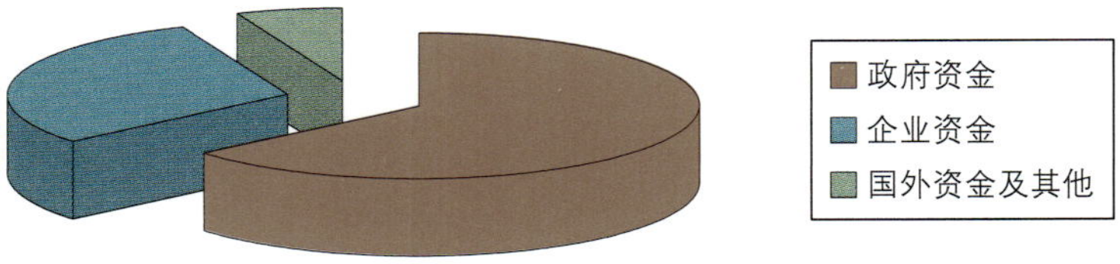

图 1-3　高等学校研发经费来源分布

高等学校研发人员持续增加，2015 年，高等学校研发人员全时当量为 35.5 万人年，比上年增长 6.0%，占全国研发人员的 9.4%。从研究类型来看，高等学校投入基础研究人员 16.4 万人年，应用研究人员 17.2 万人年，试验发展人员 1.9 万人年。全国科学研究人员中，高等学校占 18.4%。高等学校研发人员中，博士毕业人员占 27.5%，硕士毕业人员占 38.7%（图 1-4）。

2015 年，高等学校专利申请量达 23.5 万件，比上年增长 27.8%。其中，发明专利申请数为 13.36 万件。高等学校专利授权量为 13.6 万件，比上年增长 47.4%。其中，发明专利授权量为 5.7 万件。

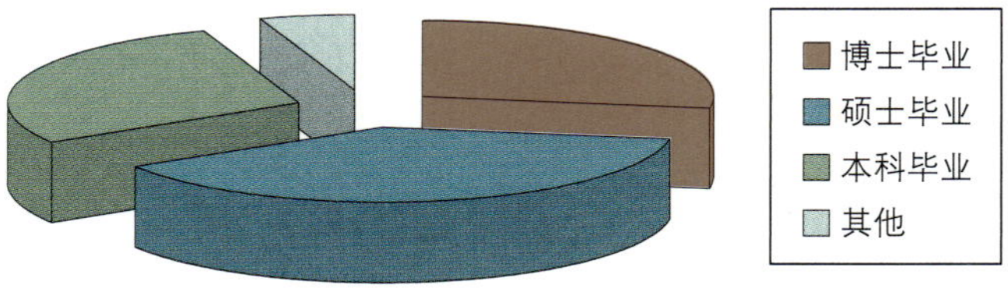

图 1-4　高等学校研发人员学历分布

二、研究与开发机构

2015 年，全国研究与开发机构数量达 3650 个，其中中央直属机构 715 个。研发经费达 2136.5 亿元，比上年增长 10.9%。其中，基础研究为 295.3 亿元，应用研究为 618.4 亿元，试验发展为 1222.8 亿元（图 1-5）。全国基础研究经费中，研究与开发机构占 41.2%；应用研究经费中，研究与开发机构占 40.5%，试验发展经费中，研究与开发机构占 10.3%。同时，政府资金是研究与开发机构研发经费的最大来源，2015 年，研究与开发机构经费中，政府资金为 1802.7 亿元，企业资金为 65.4 亿元，国外资金和其他资金共 268.4 亿元，分别占高等学校研发经费的 84.4%、3.1% 和 12.5%（图 1-6）。

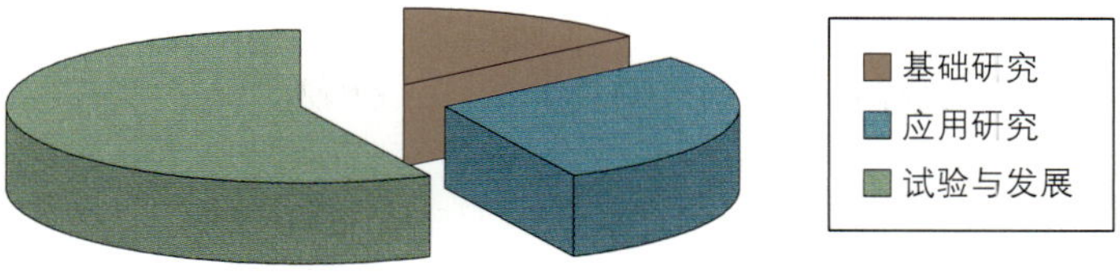

图 1-5　研究与开发机构研究经费分布

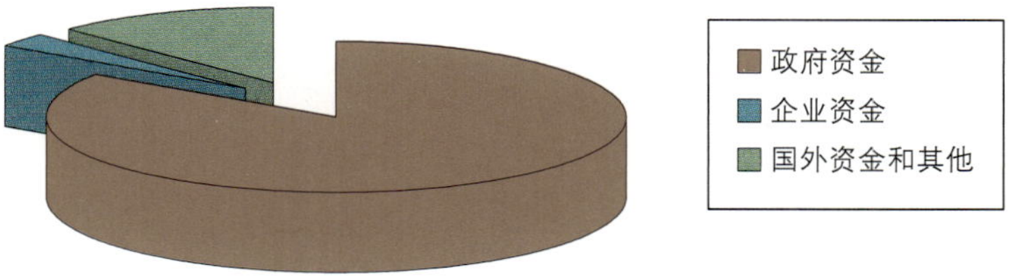

图 1-6　研究与开发机构经费来源分布

研究与开发机构研发人员持续增加，2015 年，研究与开发机构研发人员全时当量为 38.4 万人年，比上年增长 2.7%，占全国研发人员的 10.2%。从研究类型来看，研究与开发机构投入基础研究人员 7.1 万人年，应用研究人员 13.1 万人年，试验发展人员 18.1 万人年。全国科学研究人员中，研究与开发机构占 15.5%。研究与开发机构的研发人员中，博士毕业人员占 16.8%，硕士毕业人员占 33.5%（图 1-7）。

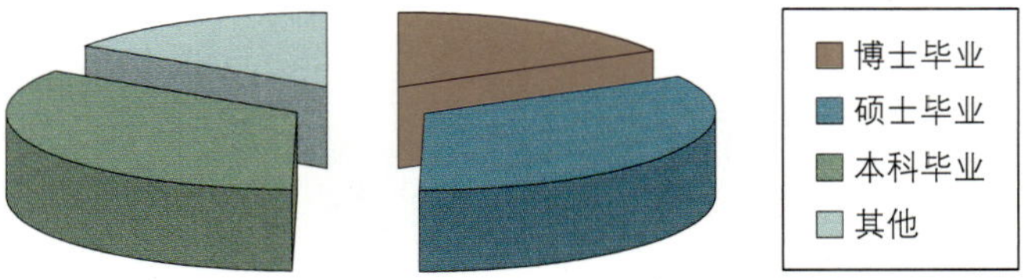

图 1-7　研究与开发机构人员学历分布

2015 年，研究与开发机构专利申请量达 6.45 万件，比上年增长 15.4%。其中，发明专利申请数为 4.5 万件。研究与开发机构专利授权量为 3.4 万件，比上年增长 26.6%。其中，发明专利授权量为 1.92 万件。

三、中国科学院

党的十八大以来，中国科学院按照“三个面向”“四个率先”要求，以科技创新为中心，以“出成果、出人才、出思想”为使命，深入实施“率先行动”计划，全面推进改革创新发展，加快促进重大成果产出，为实施创新驱动发展战略、建设创新型国家和世界科技强国做出了重大创新贡献。

在2017年3月汤森路透发布的第二届“全球最具创新力政府研究机构25强”中，中国科学院居第11位，比去年上升了5位。在国际公认的衡量基础研究影响力的“自然指数”排行榜中，中国科学院连续5年位列全球榜首。习近平总书记在2017年新年贺词中列举的4项重大科技成果中的“中国天眼”“悟空号”“墨子号”3项全部由中国科学院完成（图1-8）。科技部发布的“2016年中国十大科学进展”中，有7项由中国科学院牵头或参与完成。中国科学院多位优秀科学家代表中国获得国际重要科技奖项，例如，王贻芳院士2015年获基础物理学突破奖，曾庆存院士2016年获国际气象组织奖，姚檀栋院士2017年获维加奖。

图1-8　中国天眼——500 m口径球面射电望远镜（FAST）全景

目前，中国科学院共拥有12个分院、100多家科研院所、3所大学、130多个国家级重点实验室和工程中心、210多个野外观测台站，承担50余项国家重大科技基础设施的建设与运行，正式职工6.8万余人，在学研究生5.2万余人。建成了完整的自然科学学科体系，物理、化学、材料科学、数学、环境与生态学、地球科学等学科整体水平已进入世界先进行列，一些领域方向也具备了进入世界第一方阵的良好态势。

四、新型研发机构

近年来，中国的新型研发机构快速发展，在数量规模方面呈快速增长态势，各种形态的新型研发机构数以千计。江苏产业技术研究院、江南现代工业技术研究院、中国科学院深圳先进技术研究院、深圳华大基因研究院、清华长三角研究院、浙江省海洋开发研究院、陕西工业技术研究院、陕西能源化工研究院等机构在组建运行、服务创新和机制创新等方面积极探索，得到了多方面的政策支持，为支撑各地依靠科技创新转变经济发展方式、培育经济发展新动能提供了有力支撑。

这些机构的主要特点体现在以下 5 个方面：第一，实行理事会领导下的院、所长负责制。这些机构的理事会享有决策权，明确了机构的动能定位，决定了机构的发展方向，其成员来自于政府、企业、高校及科研院所等。该制度实现了产学研的有效结合，体现了现代新型研发机构的需求。第二，聚焦国家和区域经济社会发展需求。这些机构的发展具有极强的需求导向性，其要依据国家与区域经济社会发展的需求设计组织结构，明确研发任务，开展研发活动，转化研发成果，形成产业价值。第三，构建创新链与产业链紧密对接的服务体系。这些机构破除了在服务科技创新中，单纯注重某个环节的局限性缺陷，建立了一套从上游创新源头到下游产业化的全产业链对接体系，在创新链上加紧源头创新，在产业链上建立研发成果产业化渠道。第四，建立符合科技发展规律的运行机制。这些机构通过遵循科技发展规律保持机构的组织活力，营造有利于科学研究的评价考核机制和学术氛围。强调产业同科研的联系，注重采纳用户意见，提升研发成果的商业价值。第五，形成面向全球的开放体系结构。这些机构通过面向全球吸纳学科前沿领军人才，以开展与国内外科研院所、大学、企业的研发合作为契机，持续在发展中建立了产学研相结合、聚集国内外前沿资源的创新资源。

案　例　　支持江苏省产业技术研究院改革发展的政策措施

2015 年 5 月，江苏省发布了《关于支持江苏省产业技术研究院改革发展若干政策措施》（苏政办发〔2015〕49 号）。该政策措施主要从 10 个方面对支持江苏省产业技术研究院（以下简称为“产研院”）改革发展，进一步完善技术研发体系，提升产业创新能力，深入实施推动创新驱动发展战略提出的政策措施。

在科技成果权益方面，明确了科技成果的权属、处置和分配方式；在科技成果转移转化方面，为搭建省产研院技术转移的平台，以加速科技成果的集聚和转移转化提出了 3 条政策支持；在财政专项资金方面，进一步从使用范围、用途、创新管理方式 3 个方面明确了财政科技专项资金的使用要求；在专项服务方面，为了推动国家层面的科技创新政策在江苏省产研院“落地”，对主要管理部门，企业与省产研院的合作，以及充分发挥财政资金效能3个方面提出了要求；在科技金融方面，为省产研院开发的技术创办的衍生企业提出了关于创业投资机构和科技贷款支持的2项政策措施；在科技人员管理方面，为科研人员创新创业提出了关于走出去创新、走出去创业和提升科研人员社会认同度3项政策措施；在创办企业方面，为了方便省产研院创办企业，在工商登记方面提出了针对研究所的政策放宽和对衍生孵化企业的政策放宽措施；在税收方面，为通过实施税收优惠政策扶持科技型小微企业发展提出了“个性化”税务服务、延期交税、减免税及享受省级科教单位相关待遇4项政策措施；在引进海外人才方面，为广泛吸纳海外高层次人才，从建立绿色渠道、给予同中国籍公民相应的同等待遇及放宽年龄限制3个方面提出政策措施；在加强国际科技合作方面，为产研院开展国际科技合作，从在国外设立机构方面、国际合作外汇使用方面及加强科技人员国际交流方面提出了3条具体政策措施。

第五节 科技创新创业服务体系

一、技术市场

新修订的《促进科技成果转化法》及其若干规定，优化了新时期科技成果转移转化的制度环境，《促进科技成果转移转化行动方案》（国办发〔2016〕28号）谋划了新时期科技成果转移转化的顶层设计和具体措施。30多个省、市出台了《促进科技成果转移转化行动方案》等地方性配套政策，河北、广东、天津、甘肃、黑龙江、贵州等省市颁布了《促进科技成果转化条例》，调动了全社会科技成果转移转化热情。技术市场服务体系更加健全，科研人员活力进一步释放，技术要素市场化配置速度加快，技术市场流动性和活跃度增强。

2016年，技术市场以促进科技成果转移转化为核心，以体制机制改革和服务体系建设为主线，不断丰富技术转移内涵，提升技术转移理念，探索技术转移新模式，技术市场平稳较快运行，技术交易保持较高增速，30余万项科技成果通过技术市场逐步进入经济社会发展大循环。2016年，全国技术交易呈现放量增长，共达成技术合同320 437项，成交额11 406.98亿元，分别较上年增长4.33%和15.97%，成交额首次突破1万亿元。技术服务合同成交额5851.13亿元，成交额居4类合同首位，同比增长15.66%。技术咨询合同成交额468.33亿元，增幅居4类合同首位，达到

77.99%；技术咨询和技术服务合同成交额占全国技术合同成交总额的 55.4%。

电子信息领域技术交易继续稳居首位。电子信息领域技术交易继续保持高位增长，在 11 类技术领域中居首位。成交金额达到 3312.95 亿元，同比增长高达 32.66%，占全国技术合同成交总额的 29.04%，远远超过居第二位的先进制造（12.63%）和第三位的城市建设与社会发展（12.55%）。

重大技术合同占全国交易总量七成。1000 万元以上的重大技术合同成交 10 658 项，增长 11.15%；成交额 8732.63 亿元，占全国技术交易成交总额的 76.56 %，增长 18.49%。

企业继续保持技术交易主体地位。企业输出和吸纳技术居各类交易主体首位，其中输出技术 218 387 项，成交额 9881.41 亿元，占全国技术合同成交总额的 86.55%；吸纳技术 211 078 项，成交额 8773.18 亿元，同比增长 17.54%，占全国的 76.91%。

二、科技企业孵化器

2016 年，国务院先后发布《关于加快众创空间发展服务实体经济转型升级的指导意见》（国办发〔2016〕7 号）、《关于建设大众创业万众创新示范基地的实施意见》（国办发〔2016〕35 号）、《“十三五”国家科技创新规划》（国发〔2016〕43 号），都对孵化器工作提出具体要求。财政部、国家税务总局下发《关于科技企业孵化器税收优惠政策的通知》（财税〔2016〕89 号），对符合条件的科技企业孵化器和众创空间享受免征房产税、城镇土地使用税、增值税、所得税的优惠政策，2016 年全国孵化器共实现四税减免 2.3 亿元。

“双创”工作进入提质加速期，科技企业孵化器（以下简称“孵化器”）以其完备的孵化服务体系和棋布全国省市区县的庞大规模，已成为“新常态”下发展新经济、培育新动能的重要载体和抓手。截至 2016 年年底，全国科技企业孵化器总数已达 3255 家，较上年增长 28.5%，其中企业性质孵化器 2591 家，占比 79.6%。国家级孵化器总数达 863 家，占全国孵化器数量的 26.5%，其中参与统计的国家级孵化器达 859 家，国家级孵化器内有在孵企业 7.3 万家，占全部孵化器在孵企业的 54.9%；当年毕业企业 7942 家，占全部毕业企业的 52.9%（图 1-9）。孵化器服务收入达 116.8 亿元，占总收入比重达到 37.9%，首次超过房租物业收入（31.6%），投资收入比重也达到 9.3%。孵化器共有孵化场地面积 1.07 亿平方米，比上年增长 23.7%。服务和管理人员队伍 5.4 万人，聘请创业导师 3.2 万人，导师对接和服务在孵企业 8.1 万家，占到在孵企业总数的 61%。全国孵化器全年共开展了 38 期孵化器从业人员初中高级培训，参训人数达到 4743 人，累计参训人数已占到从业人员总数的 28%。孵化器还与 2.3 万家各类中介服务机构签约共同服务创业者，当年对在孵企业开展创业教育活动 6.7 万场，参训达 232.5 万人次。

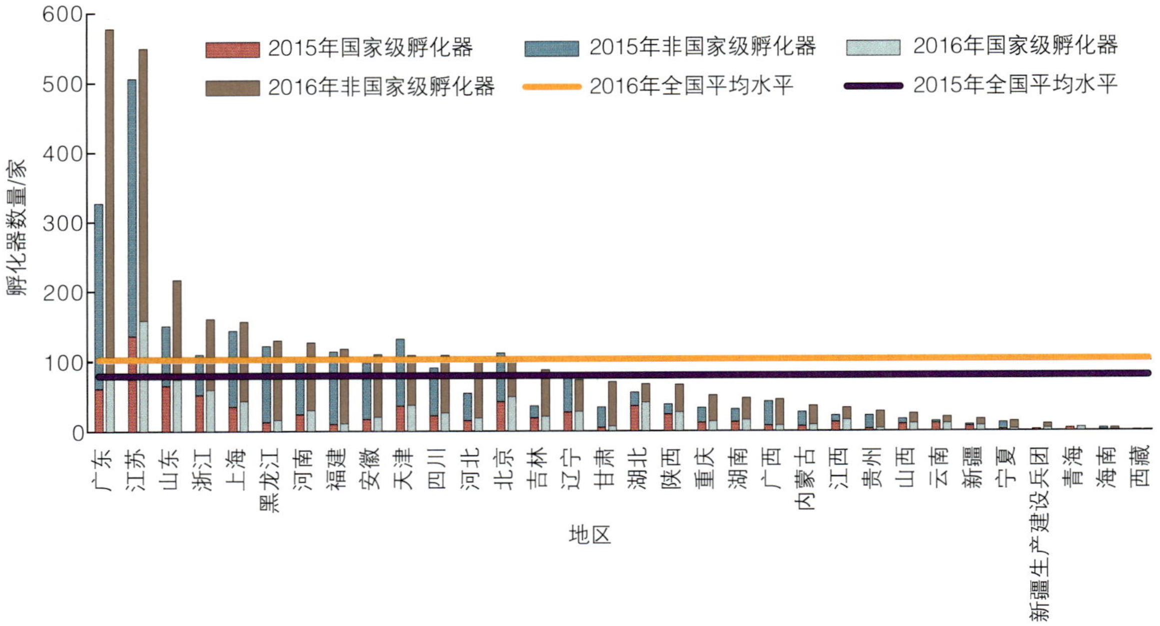

图 1-9　中国各地区孵化器数量

2016 年，孵化器在孵企业研发支出 414.8 亿元，研发经费投入强度（研发经费 / 营业收入）超过 8.7%，共申请专利 13.9 万项，累计拥有有效知识产权 22.3 万项，9032 家在孵企业获得国家高新技术企业资格。截至 2016 年年底，孵化器全部在孵的科技型中小企业达到 13.3 万家，其中当年新增在孵企业 4.8 万家，累计从孵化器毕业的科技企业已达到 8.9 万家，毕业后上市和挂牌企业达到 1871 家，涌现出了软通动力、启明星辰、科大讯飞、分众传媒、美图秀秀、迅雷网络、贝达药业、天合光能、途牛旅游网、以岭药业等知名科技上市企业，其中创业板 100 家，占创业板上市企业的 1/6，新三板 1117 家，占新三板挂牌企业的 1/10。2016 年，全国孵化器吸引 5864 名高校科研院所创业者、1.4 万名大企业离职创业者、3.7 万名连续创业者在其中创新创业，共服务近 1 万家留学人员企业和 2.3 万家大学生企业，吸纳 163 万名科技人员及 2.1 万名留学归国人员和 3.7 万名博士在其中就业，引入 1790 名“千人计划”人才。

随着中国国际地位的不断提升，越来越多的孵化器参与到国际孵化器组织的工作，率先融入全球创新创业网络。目前已有一批孵化器走出国门，在美国、加拿大、欧洲、澳大利亚、以色列、韩国等国家和地区创建海外孵化基地，也有来自美国硅谷及欧洲、以色列、韩国等国家和地区的知名孵化机构来华独资或与国内主体合作创办孵化器，通过深度合作、积极对接全球创新链，为双边孵化、项目合作、技术转移、人才交流等方面提供有力支撑。在企业孵化、技术转移、人才培训等业务方面，中国孵化器的国际地位和影响正在不断提升。

三、大学科技园

为鼓励大众创业万众创新，国务院办公厅2015年以来先后出台《关于发展众创空间推进大众创新创业的指导意见》（国办发〔2015〕9号）、《关于加快众创空间发展服务实体经济转型升级的指导意见》（国办发〔2016〕7号）等文件，推动“双创”工作与产业转型升级有效结合，优化提升创新创业资源配置效率，释放高层次人才创新创业活力，推动大企业和高校院所改革创新。科技部深入贯彻落实党中央、国务院决策部署，制定出台了《专业化众创空间建设工作指引》（国科发高〔2016〕231号），并认定了首批17家专业化众创空间。

哈尔滨工业大学将大学科技园纳入科研系由学校副校长统筹，通过理顺高校内部职能分工、创新考核管理方式，探索了有利于成果转化的管理体制。西南交通大学率先在大学科技园实施职务科技成果混合所有制改革，探索出了“早确权、早分割、共享制”的改革新模式，成为中国科技成果转化的“小岗村试验”。2016年，国家大学科技园园内企业转化、转移科技成果4309项，其中依托高校1985项。

东北大学科技园孵化的东软集团、清华科技园孵化的清华紫光，已经成为引领信息行业发展的上市公司。武大科技园培育的武大吉奥成为地球空间信息领域知名企业，东南大学科技园校友创办的途牛网实现境外上市，部分大学科技园在人工智能、共享经济、航空航天、虚拟现实、物联网等新兴领域孵化成效初显。截至2016年，国家大学科技园在孵企业达到9861家，其中师生自办企业1373家，毕业上市企业172家。在孵企业总收入289.5亿元，在孵企业人数13.2万人。

清华科技园、北大科技园等校友资源已经成为园区高端创业的重要群体。北航科技园、中大科技园等通过邀请校友企业人士担任创业导师、开展创业讲座等，建立了良好的创新创业教育培训模式。湖南大学科技园依托车辆工程学科优势吸引大量校友企业，在推动企业技术创新的同时，促进了车辆工程学科建设和人才培养。截至2016年，国家大学科技园接纳大学生、研究生实习人员151 648人，在孵企业科技活动人员37 660人、研究与试验发展人员25 988人。

115家国家大学科技园中有54家位于高新区内，已经成为带动高新技术产业发展的重要力量。华中科技大学科技园的发展奠定了武汉东湖高新区智能制造产业基础，电子科技大学科技园催生了现代工业港电子信息产业，东北大学科技园直接带动了沈阳三好街（电子信息一条街）的发展，辽宁工程技术大学科技园发挥学校技术优势推动了阜新煤炭行业和辽西阜新液压产业的发展。

四、国家技术转移示范机构

截至 2016 年年底，全国共有国家大学科技园 115 家，拥有园区场地面积 737.8 万平方米，其中孵化用房 385.6 万平方米、研发用房 103.5 万平方米、生产用房 100.5 万平方米；孵化基金总额 14.4 亿元，同比增长 20.3%；管理机构共有从业人员 2775 人，其中大专以上学历占比 94.6%。大学科技园有在孵企业 9861 家，其中当年新入孵企业 2573 家，师生自办企业 1373 家，高新技术企业 954 家；在孵企业共有从业人员 13.2 万人，其中大专以上学历从业人员占比 87.0%。2016 年在园企业接纳应届毕业生就业人员 1.7 万人。截至 2016 年，累计毕业企业 9189 家，其中上市企业（不含新三板挂牌）172 家。

2016 年，115 家国家大学科技园在孵企业承担各级各类计划项目 1858 项，其中国家级项目 80 项；在孵企业申请专利 1.3 万项，其中发明专利 5889 项；专利授权 6699 项，授权发明专利 2479 项，购买国外技术专利 90 项；在孵企业转化科技成果 7084 项，转化高校科研成果 3140 项，总收入 289.5 亿元。

科技部、教育部、中国科学院共同实施“国家技术转移促进行动”以来，已培育覆盖大学、科研院所、企业等的各类技术转移服务机构 453 家（图 1-10）。国家技术转移示范机构通过模式探索与机制创新，技术转移服务整体效能显著提升，逐步发展成为中国技术转移体系的核心力量，为促进科技创新与科技成果转移转化，激发大众创新创业活力，繁荣技术市场，支撑经济社会发展发挥了重要作用。

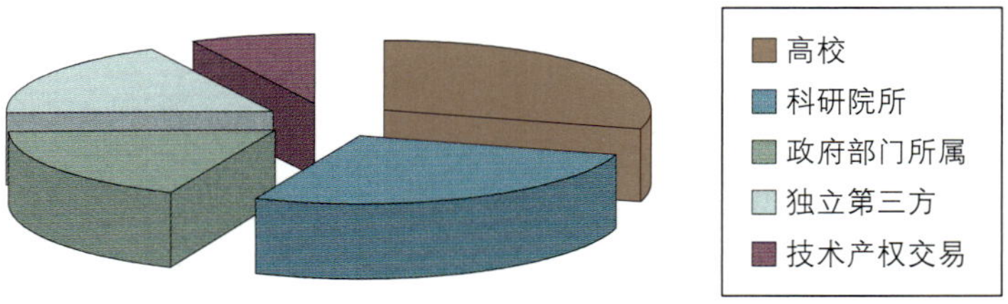

图 1-10　技术转移机构分类

数据显示，高校、科研院所技术转移机构数量占比超过五成。高校技术转移机构中，66 家为依托国家“211 工程”大学的机构，如清华大学、同济大学、浙江大学、西安交大等；科研院所技术转移机构中，中国科学院技术转移机构 46 家，如中国科学院青岛产业技术创新与育成中心、中国科学院北京国家技术转移中心等；政府所属技术转移机构主要包括科技成果转化中心、科技开发中心等。

截至 2016 年年底，示范机构已在全国 30 个省、自治区、直辖市（除西藏）、新疆生产建设兵团和 5 个计划单列市全面布局。其中，创新资源最为丰富，技术转移最为活跃的北京、江苏、上海的示范机构数量居全国前茅，分别为 58 家、45 家和 26 家。从地域分布看，东部地区示范机构 275 家，中部地区 81 家，西部地区 97 家。东部地区以其大学、科研机构数量多、研发能力强、技术交易活跃等优势，示范机构数量明显领先于中西部地区。

2016 年，453 家示范机构中共有 445 家反馈有效数据。数据显示，445 家示范机构共有从业人员 40 063 人，其中获得技术经纪人资格的 4123 人，占机构总人数的 10.3%；大学本科及以上人员 32 897 人，占机构总人数的 82.1%；中级职称及以上人员 21 557 人，占机构总人数的 57.85%。示范机构从业人员结构合理、队伍稳定，为开展专业化服务、实现可持续发展奠定了坚实基础。2016 年，445 家示范机构共促成技术转移项目 131 080 项，促成技术交易额 2625 亿元，较上年大幅增长 46.7%。其中，促成国家公共财政投入项目的转移转化 19 563 项，成交金额 441.2 亿元，同比增长 95.5%；促成重大技术转移项目（1000 万元以上）3076 项，较上年增加 409 项，成交金额 1038.8 亿元，同比增长 74%；促成国际技术转移项目 2536 项，较上年增加 318 项，成交金额 218.6 亿元，较上年增长 2.8 倍；组织技术推广和交易活动 17 261 项次；组织技术转移培训 447 272 人次；服务企业 385 961 家，同比增长 20.2%；解决企业需求 214 282 项，同比增长 13.8%；机构当年获得专利授权 60 611 件。

五、科技评估

2017 年，在持续对重点研发计划、重大专项、技术创新引导专项（基金）、基地和人才专项开展评估的同时，针对科技规划、政策及重大任务实施情况开展了评估工作。主要包括“十三五”科技规划贯彻落实情况年度监测、科技创新政策实施情况评估、科技体制改革任务专项评估、区域全面创新改革试验中期评估和重大改革举措专项评估、项目管理专业机构改建履职尽责等评估，以及重大科学工程、国家实验室和园区监督评估，形成了系列评估报告，提出了优化和完善措施建议。

围绕完善科技监督和评估系统建设，研究形成了监督评估系统需求细化设计方案。根据科技部、财政部、发展改革委共同发布的《科技评估工作规定（试行）》（国科发政〔2016〕382 号），在广泛调研和征求计划管理司局、项目管理专业机构，以及高等学校、科研院所科研管理工作者意见的基础上，研究起草了对国家重点研发计划的评估规范。

第六节 营造大众创业万众创新的政策环境

一、普惠政策

中关村试点政策已向全国推广。修订完善研发费用加计扣除政策和高新技术企业认定办法，降低政策门槛，拓展适用范围，简化操作程序，政策的普惠性、便捷性大幅提高。2015 年，享受两项政策的企业分别达 5.36 万家和 3.23 万家，减免税分别约为 760 亿元和 1150 亿元。科技型中小企业研发费用加计扣除比例从 50% 提高到 75%，加大税收扶持力度。

二、公平竞争市场环境

进一步鼓励知识产权转化应用。引导支持市场主体创造和运用知识产权，以知识产权利益分享机制为纽带，促进创新成果的知识产权化。实施中央财政科技计划（专项、基金等）的全流程知识产权管理，建立知识产权目标评估制度。

健全知识产权管理制度。健全知识产权侵权查处机制，强化行政执法与司法保护衔接，加强知识产权综合行政执法，将侵权行为信息纳入社会信用记录。健全防止滥用知识产权的反垄断审查制度。

进一步加强知识产权保护措施。加大对知识产权侵权行为的惩处力度，提高侵权损害赔偿标准。构建以充分实现知识产权价值为导向的侵权赔偿制度。研究商业模式等新形态创新成果的知识产权保护办法。

完善知识产权服务体系。建立专利审批绿色通道。构建服务主体多元化的知识产权服务体系，培育一批知识产权服务品牌机构。建设若干国家知识产权人才培养基地，推动建设知识产权协同创新中心。

编制“十三五”技术标准创新规划，建立科技成果标准化快捷通道。协调发挥价格形成机制、市场准入负面清单、公平竞争审查制度、混合所有制等改革对科技创新的牵引和倒逼作用，营造了有利于创新的市场环境。

三、大众创业环境

“双创”政策覆盖对象更加多元化。2015 年国务院先后出台了《关于深化高等学校创新创业教育改革的实施意见》(国办发〔2015〕36 号)、《关于改革完善博士后制度的意见》(国办发〔2015〕87 号)、《关于支持农民工等人员返乡创业的意见》(国办发〔2015〕47 号),加强对博士后研究人员、大学生、农民等不同群体的创业指导和创新创业服务。

进一步加大对科技型中小企业的财政支持力度,充分发挥中央财政资金的引导作用,凝聚带动社会资源。2015 年国务院相继出台《关于发展众创空间推进大众创新创业的指导意见》(国办发〔2015〕9 号)和《国务院关于大力推进大众创业万众创新若干政策措施的意见》(国发〔2015〕32 号),要求各级财政要根据创业创新需要,统筹安排各类支持小微企业和创业创新的资金,加大对创业创新支持力度;支持有条件的地方政府设立创业基金,扶持创业创新发展。同时要求发挥中小企业发展专项资金、国家新兴产业创业投资引导基金、国家科技成果转化引导基金的引导作用,引导银行、创业投资等社会资金支持创业企业和早期中小型企业发展。

推动建立创业物理空间。2015 年,国务院先后出台了《关于发展众创空间推进大众创新创业的指导意见》(国办发〔2015〕9 号)和《关于加快构建大众创业万众创新支撑平台的指导意见》(国发〔2015〕53 号),提出了各类科技园、孵化器、创业基地、农民工返乡创业园等加快与互联网融合创新,打造线上线下相结合的众创载体(图 1-11);发展创客空间、创业咖啡、创新工场等新型众创空间,建立“众创、众包、众扶、众筹”等大众创业万众创新支撑平台。2015 年,国土资源部、科技部等 6 部门联合出台《关于支持新产业新业态发展促进大众创业万众创新用地政策的意见》(国土资规〔2015〕5 号),对战略新兴产业、众创空间等用地需求优先安排用地供应,

图 1-11 返乡农民工创业园

并可适度增加年度新增建设用地指标。

推进简政放权，为创业者提供更加便捷的服务。2015 年国务院先后出台了《2015 年推进简政放权放管结合转变政府职能工作方案》（国发〔2015〕29 号）和《关于简化优化公共服务流程方便基层群众办事创业的通知》（国办发〔2015〕86 号），推进工商营业执照、组织机构代码证、税务登记证“三证合一”，清理行政收费，降低创业成本。简化办事环节和手续，优化公共服务流程，为创业创新清障搭台。

第七节 科技军民融合

科技军民融合作为国家创新驱动发展战略、军民融合发展战略的交汇点，是党中央对科技创新发展的战略部署，是提高国防和军队现代化建设水平的重大举措，是推动科技创新和社会经济发展的强大引擎。科技部认真贯彻党中央关于军民融合深度发展的战略部署，会同军地相关部门，全面推进科技军民融合深度发展。

一、编制发布《“十三五”科技军民融合发展专项规划》

科技部、军委科技委会同军地各部门，在开展大量前期研究和调研的基础上，组织专门班子集中工作，历时近一年时间，制定了《“十三五”科技军民融合发展专项规划》（国科发资〔2017〕85 号，以下简称《规划》），提出了“十三五”科技军民融合发展的重大需求、指导思想、基本原则和发展目标，部署了 7 个方面 16 项重点任务，形成了“十三五”科技军民融合发展的顶层设计和总体部署（图 1-12）。经批准印发后，科技部、军委科技委联合召开新闻发布会，通过中央电视台、新华社、解放军报等 20 余家中央和军队权威媒体公开发布《规划》，受到社会各界，特别是科学界和产业界的高度关注，为科技军民融合相关工作的全面推进打下了良好基础。

《规划》明确了推进科技军民融合发展要坚持“战略导向、融合发展，需求牵引、系统推进，联合研发、强基固本，改革创新、双向转移”的基本原则。要求到 2020 年，基本形成军民科技协同创新体系，推动形成全要素、多领域、高效益的军民科技深度融合发展格局。努力实现科技军民融合体制机制取得突破、科技军民融合的引领作用提升显著、军民科技基础资源实现双向开

图 1-12 “十三五”科技军民融合发展专项规划图解

放共享、军民科技成果双向转化运用卓有成效、科技创新人才机制更加完善、科技军民融合试点示范效应凸显、科技军民融合政策制度体系基本完备等发展目标。

《规划》作为“十三五”国家科技创新规划体系的重要组成部分，是科技领域贯彻落实军民融合国家战略的重大举措和关键抓手，为军民部门推动科技军民融合发展，制定相关政策提供了依据和指南。

二、部署实施各项重点工作

加强与军民相关部门的沟通协调。围绕科技军民融合各项工作，积极与军委科技委、军委装备发展部、军委战略规划办、发展改革委、工业和信息化部、国防科工局等军民部门积极沟通协商。通过建立具体的常态化协同工作机制，在重大任务部署，重大项目实施，重大成果转移转化，重大政策协调配套等方面加快推动实现统筹协调。

部署重大军民科技协同创新项目。在国家科技计划组织实施中全面落实军民融合的要求。天地一体化信息网络、网络空间安全、深海空间站、量子通信与量子计算机、脑科学与类脑研究、新一代人工智能等“科技创新 2030—重大项目”，由军地相关部门联合开展论证工作，在战略目标和任务部署中统筹考虑军民科技创新需求，探索军民双方联合部署、联合出资、联合实施、联合管理的军民协同创新模式，着力打造科技军民融合的龙头工程和精品工程。国家重点研发计划在已启动的全部 40 余个重点专项中，针对海洋、网络、空天、新材料等事关国防安全和国家战略的重点领域，已经凝练部署了 20 多个军民融合性重点专项，国家科技重大专项的组织实施中强化军民协同创新、成果转化共用。

图 1-13　绵阳科技城

推动各类科技创新资源的军民统筹应用。目前，中国已经建设了 17 家军民共建国家重点实验室，支持载人航天、探月、二代导航等工程实施。在信息、新材料等领域，组建完成 15 个军民两用技术发展的国家工程技术研究中心。在认定的 13 家国家临床医学研究中心中，有 2 家以军队单位为依托单位。大力促进各类科研基地开展军民共用共享，不断推动提升国家重点实验室开展科技军民融合工作的比例。同时，科技部对地方政府科技军民融合工作加强指导，推动绵阳科技城（图 1-13）、中关村、武汉东湖等成为科技军民融合先行先试的政策示范区。2017 年 4 月，科技部、军委科技委、四川省人民政府联合签署科技军民融合发展战略合作框架协议，为更加深入探索军民地方合作推动科技军民融合打下了重要基础。

第二章 科技资源配置

深入推进科技管理体制改革，优化科技创新资源配置。近年来，中国科技投入持续增长，政府投入聚焦基础前沿和重大项目设施，发挥“四两拨千斤”的作用，同时充分发挥金融资本的作用，大力发展投贷联动、完善资本市场，促进科技创新与创业投资有机结合，引导更多的社会资金投向科技创新。

第一节 科技投入

一、全社会科技投入

◎ 投入总量与强度

2016 年，全国共投入研究与试验发展（R&D）经费 15 676.7 亿元，比上年增加 1506.9 亿元，增长 10.6%，增速较上年提高 1.7 个百分点；R&D 经费投入强度（与国内生产总值之比）为 2.11%，比上年提高 0.05 个百分点（图 2-1）。

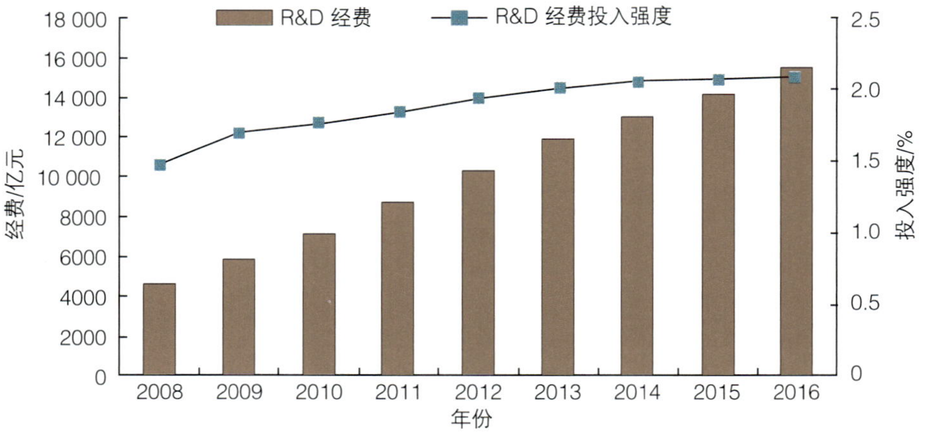

图 2-1　2008—2016 年研究与试验发展（R&D）经费投入情况

资料来源：2008—2015年数据来源于相关年份《中国科技统计年鉴》；2016年数据来源于《2016年全国科技经费投入统计公报》。

◎ 投入结构

在 2016 年全社会 R&D 经费投入结构中，分活动类型看，全国基础研究经费 822.9 亿元，比上年增长 14.9%；应用研究经费 1610.5 亿元，同比增长 5.4%；试验发展经费 13 243.4 亿元，同比增长 11.1%。基础研究、应用研究和试验发展经费所占比重分别为 5.2%、10.3% 和 84.5%。

分活动主体看，各类企业经费支出 12 144 亿元，比上年增长 11.6%；政府属研究机构经费支出 2260.2 亿元，同比增长 5.8%；高等学校经费支出 1072.2 亿元，同比增长 7.4%。企业、政府属研究机构、高等学校经费支出所占比重分别为 77.5%、14.4% 和 6.8%。

分产业部门看，高技术制造业 R&D 经费 2915.7 亿元，投入强度（与主营业务收入之比）为 1.9%；装备制造业 R&D 经费 6176.6 亿元，投入强度为 1.51%。在规模以上工业企业中，R&D 经费投入超过 500 亿元的行业大类有 7 个，这 7 个行业的经费占全部规模以上工业企业 R&D 经费的比重为 60.2%；R&D 经费投入在 100 亿元以上且投入强度超过规模以上工业企业平均水平的行业大类有 9 个。

分地区看，R&D 经费投入超过千亿元的省（市）有 6 个，分别为广东（占 13%）、江苏（占 12.9%）、山东（占 10%）、北京（占 9.5%）、浙江（占 7.2%）和上海（占 6.7%）。R&D 经费投入强度（与地区生产总值之比）超过全国平均水平的省（市）有 8 个，分别为北京、上海、天津、江苏、广东、浙江、山东和陕西。

二、财政科技投入

2016 年，国家财政科学技术支出 7760.7 亿元，比上年增加 754.9 亿元，增长 10.8%，增速较上年提高 2.3 个百分点；财政科学技术支出占当年国家财政支出的比重为 4.13%，比上年提高 0.15 个百分点。其中，中央财政科学技术支出 3269.3 亿元，同比增长 8.5%，占财政科学技术支出的比重为 42.1%；地方财政科学技术支出 4491.4 亿元，同比增长 12.5%，占比为 57.9%。

◎ 中央政府投入

第一，近百项科技计划优化整合工作基本完成，正在从源头上解决重复分散、封闭低效的问题。中央各部门管理的科技计划已整合为总体布局合理、功能定位清晰的新五类科技计划，包括国家自然科学基金、国家科技重大专项、国家重点研发计划、技术创新引导专项（基金）和基地人才专项。与改革前相比，国家目标导向的科技计划更加有效地瞄准重点领域、聚焦重大任务，全链条创新设计、一体化组织实施；立项门槛明显提高，立项数量大幅减少，资助力度显著增强。

第二，组建项目管理专业机构，推动政府部门转变职能。通过竞争择优方式遴选科技部、工业和信息化部、卫生计生委、农业部所属 7 家科研管理类事业单位改造为项目管理专业机构。7 家专业机构已全面承接具体项目管理工作，按照统一的制度规范和工作流程较好地完成了 2016 年度立项工作，也为政府部门从具体项目管理事务中解脱出来、将主要精力用于“抓战略、抓规划、抓政策、抓服务”创造了条件。

第三，公开统一的国家科技管理平台已基本建立，并从 2017 年起开始常态化运行，初步解决了条块分割、资源配置“碎片化”问题。31 个部门通过部际联席会议制度共商科技改革与发展重大事项，深入沟通，凝聚共识，联合推动相关工作，科技创新资源的统筹配置能力大幅度提升；战略咨评委开展的咨询论证工作有效支撑了联席会议的科学决策；项目管理专业机构、监督评估体系、国家科技管理信息系统等为落实重大决策、组织实施国家重大研发任务提供了重要依托。

第四，结合科技计划管理改革，推出了一揽子科研项目管理改革举措。按照“全链条创新设计、一体化组织实施”的要求，鼓励科研单位“组团”申报项目，打破科研“小圈子”，促进创新大协作；推行“预申报 + 正式申报”，减轻科研人员申报负担；严格执行专家回避制度，评审专家通过统一专家库随机抽取，继续推行视频答辩评审，营造良好的公平竞争、择优资助环境；一个指南方向不限定支持一个项目，赋予科研人员更大的技术路线自主权；从立项、实施到结题验收的全流程公开透明，并进行痕迹管理，实现“可申诉、可查询、可追溯”。

第五，以人为本，在“放、管、服”中深化科研资金管理改革。按照党中央、国务院的要求，相关部门起草并由中共中央办公厅、国务院办公厅发布了《关于进一步完善中央财政科研项目资金管理等政策的若干意见》（中办发〔2016〕50 号），与已出台的政策组合发力，在科研项目预算调整、劳务费支出、间接费用分配、结转结余资金使用、差旅会议费标准等方面赋予科研单位和科研人员更大的自主权；明确建立科研财务助理制度，去除繁文缛节，减轻科研人员经费管理方面的负担，切实解决科研人员反映的突出问题。

第六，完成“十三五”重点任务布局。按照新五类科技计划体系谋划“科技创新 2030—重大项目”和国家战略科技力量布局，研究形成了项目立项建议和国家实验室组建方案，经中央审议通过。民口 10 个重大专项 2016 年度重点任务已完成部署。技术创新引导专项（基金）专门设立了面向重大专项成果转化的子基金，规模达到 100 亿元。重点研发计划紧紧围绕“中国制造 2025”“互联网 +”“能源发展战略行动计划”“健康中国”等国家重点战略领域，2016 年立项实施 1300 个科研项目，涉及中央财政资金 320 多亿元，当年拨款额 130 多亿元。

◎ 地方政府投入

第一，地方政府科技投入日益成为重要的科技投入主体。各地按照党中央、国务院的决策部署，结合地方科技工作实际，不断加大科技投入力度，稳步提高科技对经济社会发展的支撑保障能力。例如，江西出台《江西省加大全社会研发投入攻坚行动方案》（赣府厅发〔2016〕85号），进一步加大全社会研发经费投入，强化企业技术创新主体地位，提升创新供给能力。

第二，坚持“双轮驱动”，拆除“高压线”、松开“捆绑索”，释放体制机制创新潜力。下放财政资金预算等权限，扩大间接费支出，劳务费不设比例，放开对横向项目经费及分配的管理，让科研经费更好地为科技人员创新性活动服务。推进以增加知识价值为导向分配政策落实，赋予项目单位更大自主权。

第三，不断完善财政科研资金分配方式。例如，湖南省建立了“以事定钱，钱随事走，集中资金保重点”的资金分配机制，以及项目法与因素法相结合，前资助与后补助相结合，直接投入与间接投入相结合的科技专项经费支持机制。此外，积极改进科技创新计划管理流程，建立了常年申报、分期分批统一受理评审和立项的工作管理机制，方便广大科研人员申报项目。

第四，引导社会资本进入科技创新领域。以天使投资引导基金为例子，积极撬动社会资本投入支持创新创业，着力打造天使引导基金“投资+政策+服务”。截至2016年年底，宁波市天使引导基金投资金额累计已超1.25亿元，引导社会资本投入超过15亿元，基金放大效应达12.2倍；累计跟投项目达150项，涉及新材料、新能源、高端装备制造等战略性新兴产业领域；已投企业中有8家在新三板挂牌，20家在区域性股权交易市场挂牌。

第二节 科技金融

科技部会同中国人民银行、银监会、证监会、保监会等部门继续深入推动科技金融工作；全国各地方科技部门、国家高新区高度重视，不断深化科技金融工作；金融机构积极参与，不断创新金融产品与服务。为促进科技成果转化，支持中小企业创新创业，推动形成多元化、多渠道、多层次科技投入体系，为推进供给侧改革、建设创新型国家提供强大支撑。

一、科技金融工作与政策设计

2006年以来，党中央、国务院及有关部门出台的一系列科技金融政策措施，将中国科技金融工作推向了新的高度；2011 年，科技部会同中国人民银行、银监会、保监会、证监会等部门成立了促进科技金融结合试点工作部际协调指导小组，建立起部际工作沟通机制，共同推进科技金融试点工作；2016 年，《国家创新驱动发展战略纲要》（中发〔2016〕4 号）对科技金融工作做出部署；国务院印发《“十三五”国家科技创新规划》（国发〔2016〕43 号），将“形成各类金融工具协同融合的科技金融生态”作为健全科技金融体系、推动大众创业万众创新的重要措施，面临加大供给侧改革的关键时期，科技部会同中国人民银行、银监会、证监会、保监会等部门相继出台多项政策（表 2-1），科技金融工作发挥更加重要的积极作用。

表 2-1 主要科技金融政策一览（2016）

发文时间	发文机关	文件名称	政策突破点
顶层设计			
2016 年 2 月	全国人大	《中华人民共和国促进科技成果转化法》	打通科技与经济结合通道，从法律层面创新主体转移转化科技成果
2016 年 5 月	中共中央、国务院	《国家创新驱动发展战略纲要》	国家创新驱动发展纲要的系统谋划和顶层部署
2016 年 7 月	中共中央、国务院	《关于深化投融资体制改革的意见》	坚持企业投资核准范围最小化，原则上由企业依法依规自主决策投资行为；探索建立并逐步推行投资项目审批首问负责制；探索建立多评合一、统一评审的中介服务新模式
2016 年 7 月	国务院	《关于印发“十三五”国家科技创新规划的通知》	提出形成各类金融工具协同融合的科技金融生态
2016 年 10 月	国务院	《关于促进创业投资持续健康发展的若干意见》	从投资主体、资金来源、政策扶持、法律法规、退出机制、市场环境等方面提出进一步促进创业投资持续健康发展的指导性意见
部门政策			
2016 年 2 月	银监会	《中国银监会办公厅关于 2016 年推进普惠金融发展工作的指导意见》	要求银行单列信贷计划，确保对小微企业的信贷投放进度；对科技创新创业型小微企业，允许有条件的银行在依法合规、风险可控的前提下，试点探索投贷联动融资服务
2016 年 4 月	银监会、科技部、中国人民银行	《关于支持银行业金融机构加大创新力度 开展科创企业投贷联动试点的指导意见》	首次从国家层面开展投贷联动试点；确定第一批试点地区和试点银行业金融机构名单
2016 年 6 月	发展改革委办公厅、财政部办公厅	《关于做好国家新兴产业创业投资引导基金参股基金推荐工作的通知》	为加快推进国家新兴产业创业投资引导基金设立及运行工作，推荐一批国家新兴产业创业投资引导基金参股基金方案

续表

发文时间	发文机关	文件名称	政策突破点
2016 年 9 月	财政部、国家税务总局	《关于完善股权激励和技术入股有关所得税政策的通知》	对符合条件的“非上市公司股权激励”给予延期到股权转让获得现金收益时再纳税的延期纳税优惠
2016 年 12 月	财政部	《财政部政府和社会资本合作（PPP 专家库管理办法）》	吸引社会资本，推进 PPP 建设
2016 年 12 月	银监会	《中国银监会关于进一步加强商业银行小微企业授信尽职免责工作的通知》	要求国内银行厘清尽职认定标准，对出现风险后的小微企业授信业务，在一定条件下予以免除其全部或部分责任

二、科技金融工作的重要进展

2016 年，科技和金融结合的生态环境日益完善，包括政府在内的各类创新主体促进科技和金融结合的活动行为非常活跃。

◎ 创业风险投资

2016 年，伴随着中国供给侧结构性改革深入推进、“新三板”分层制度完善，“深港通”开闸，创新创业活动高涨，中国创业风险投资（Venture Capital，VC）行业又迎来了丰硕的一年，整个行业在募资、投资、退出方面出现了不同程度的增长。行业机构数达到 2045 家，较 2015 年增加 270 家，增长 15.2%。其中，创业风险投资基金公司 1421 家，较 2015 年增加 110 家，增幅达 8.4%；创业风险投资管理机构 624 家，较 2015 增加 160 家，增幅达 34.5%（图 2-2）。全国创业风险投资管理资本总量达到 8277.1 亿元，较 2015 年增加 1623.8 亿元，增幅为 24.4%；基金平均管理资本规模为 4.05 亿元（图 2-3）。

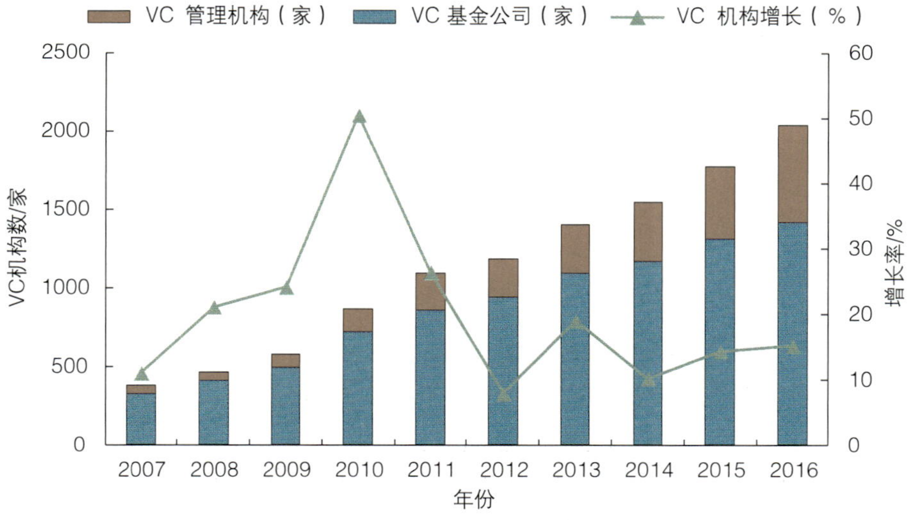

图 2-2　中国创业风险投资机构总量、增量（2007—2016 年）

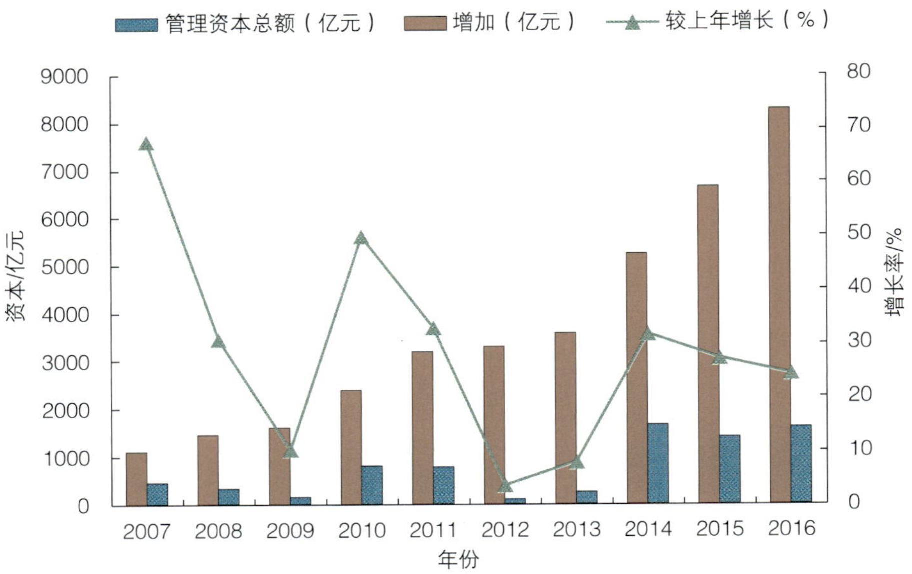

图 2-3　中国创业风险投资管理资本总额、增量（2007—2016 年）

据科技部统计数据显示，截至 2016 年年底，全国创业风险投资引导基金共 448 支，累计出资 518.65 亿元，通过阶段参股、风险补助、投资保障等方式引导带动创业风险投资机构管理资金规模合计 2393.38 亿元，占全国风险投资资金总量的 28.9%。其中，2016 年当年新增创业风险投资引导基金公司 53 家。政府引导基金以地方主导产业为重点投资方向（表 2-2），已经成为缓解中小企业融资难，促进创新创业的重要手段。

表 2-2　部分国家层面引导基金情况一览

基金名称	设立时间	主要情况
国家科技成果转化引导基金	2014 年	截至 2016 年 11 月，转化基金已设立 14 支创业投资子基金，总规模 247.23 亿元，其中转化基金出资 56.65 亿元（按年度分期出资），引导地方政府和社会资本出资 190.58 亿元，转化基金资金放大比例为 1 ： 4.4
国家新兴产业创业投资引导基金	2015 年	总规模 760 亿元，目前，委托国投、盈富泰克等单位作为引导基金的管理机构，决策参股 293 支创投基金
国家中小企业发展基金	2015 年	基金总规模 600 亿元，中央财政出资 150 亿元。目前，国家中小企业发展基金共设立了 4 支直投基金，中央财政出资 49 亿元，总规模达 195 亿元

◎ 银行科技贷款

2016 年，基于科技创新创业企业贷款的高风险性，科技部在《中共科学技术部党组关于贯彻落实党的十八届五中全会精神 深入实施创新驱动发展战略的意见》（国科党组发〔2016〕1号）文中，要求启动实施贷款风险补偿工作，建立科技企业贷款融资的“绿色通道”。2015年12月，科技部还专门出台《国家科技成果转化引导基金贷款风险补偿管理暂行办法》（国科发资〔2015〕417号），对于合作银行发放用于转化国家科技成果转化项目库中科技成果的贷款给予一定的风险补偿。在科技部的推动下，国内多地方、包括江苏省、广东省、北京市、山东省、湖南省、四川省等，都设立了银行贷款风险补偿资金，推动银行贷款支持当地的科技创新和创业。

2016年4月，为了弥补银行贷款支持科技创新的风险损失，银监会会同科技部、中国人民银行联合出台了《关于支持银行业金融机构加大创新力度开展科创企业投贷联动试点的指导意见》（银监发〔2016〕14号），允许国内包括国家开发银行在内的10个银行在北京中关村、武汉东湖、上海张江、天津滨海、西安5个国家自主创新示范区内开展投贷联动试点，为种子期、初创期、成长期的科技创新企业提供资金支持。国家开发银行与北京、上海、武汉、天津、西安5个试点地区签订合作协议，建立差异化支持科创企业制度体系，并开发储备192个科创项目，目前已支持10个项目。中国银行采用“直投＋贷款”和“认股权＋贷款”的投贷联动模式，目前集团内开展投贷联动业务的投资机构共有5家，分别是中银投资、中银国际投资、中银资产管理有限公司、中国文化产业投资基金、中银浙商产业基金。北京银行推出投贷联动专属特色品牌“投贷通”，通过认股权贷款、股权直投、投资子公司三大业务模式，推动投贷联动试点。截至2016年年末，全行开展投贷联动业务126笔，累计为科创企业提供信贷支持12.37亿元，余额11.61亿元，其中，以“贷款＋远期权益”形式为主，共计116笔，金额11.62亿元。

中国金融机构纷纷开设科技支行，积极开展科技贷款业务，不断创新金融产品，满足多元化企业金融需求。银行已为科技企业量身定制包括知识产权质押、股权质押、应收账款质押、订单质押、出口退税质押等在内的多种金融产品。2016年，中国专利质押融资达436亿元。北京银行的“小巨人”，杭州银行的“知贷通”“芝麻贷”，南京银行的“鑫智力”，汉口银行的“投融通”等已成为服务科技企业的特色信贷品牌。北京辖内银行机构推出“节能贷”（节能减排未来收益权质押信贷产品）、“上市贷”（对优质拟上市企业、授信额度随上市进程推进而增加的信贷产品）、“智权贷”（知识产权抵押信贷产品）、“订单贷”（应收账款抵押信贷产品）、“软件贷”（软件著作权质押信贷产品）、“股融通”（股权质押信贷产品）等200余种针对科技企业的信贷产品。深圳有20多家银行机构推出了“孵化贷”“成长贷”“研发贷”“加速贷”“知识产权贷”“集合担保贷”等科技金融特色产品。

◎ 科技保险

从 2006 年起，保监会与科技部密切合作，先后制定了一系列支持科技保险发展的优惠政策。2010 年 3 月，保监会与科技部联合下发《关于进一步做好科技保险有关工作的通知》（保监发〔2010〕31 号），全面推广科技保险业务。2015 年，为进一步促进由财政部、工业和信息化部、保监会三部委联合发布的《关于开展首台（套）重大技术装备保险补偿机制试点工作的通知》（财建〔2015〕19 号），保监会召集中国人保财险、平安财险、太平洋财险等 7 家保险公司成立首台（套）保险共同体。

根据中国人保财险提供的数据显示，截至 2016 年年底，公司政策性科技保险共为 5326 家科技企业提供风险保障逾 9500 亿元，已支付赔款 2.25 亿元，有效地支持了科技企业的正常运转。截至 2016 年年底，专利保险在 63 家地市进行推广，累计为 4450 家科技企业的 10 346 件专利提供风险保障逾 93.83 亿元。

地方专利保险不断创新模式。如"互联网 + 政府统保"的专利保险投保模式；以专利质押为特点的"中山模式"，实行"政府 + 保险 + 银行 + 评估公司"风险共担融资模式，开启了保险助力贷款的新模式。此外，为"双创"科技型企业提供涵盖传统风险、潜在法律风险、无形资产保护和综合金融服务等在内的一揽子产品体系，建立了"保险 + 双创孵化器 + 多家科技型中小企业"的"1+1+N"的"双创"平台运营模式。

◎ 多层次资本市场建设

2016 年，多层次资本市场规模不断壮大，IPO 再次启动，为资本市场带来了更多新的投资标的，对于科技型企业而言则是股权融资渠道再度开放，更多科技型企业可以通过发行股票实现融资。A 股市场当年通过首次公开发行股票，为 240 家企业融资 1600.05 亿元。其中，中小板市场 46 家，筹资额 221.21 亿元；创业板市场 78 家，筹资额 257.64 亿元。中小板、创业板中高新技术企业、战略性新兴产业占比始终较高，其中创业板上市公司中，高新技术企业占比约 90%，战略新兴产业公司占比约 70%，研发强度长期保持在 5% 以上。

2016 年，新三板市场新增挂牌企业 4976 家，挂牌公司定向增发融资 1354.04 亿元，发行优先股融资 20.20 亿元，债券融资 55.75 亿元；区域股权交易市场继续快速增长，在 2015 年的基础上，苏州股权交易中心、宁波股权交易中心等新建市场开始为中小企业提供服务。从不同层次资本市场规模的变化趋势看，中国多层次资本市场厚基础的特征更加明显（表 2-3）。

表 2-3 多层次资本市场规模（2016）

	上证主板	深证主板	中小板	创业板	新三板	区域股权交易市场
公司数 / 家	1223	478	822	570	10 163	>58 000[1]
总市值 / 亿元	284 607	77 728	104 188	57 519	40 558	>11 500[2]
企业平均市值 / 亿元	232.71	162.61	126.75	100.91	3.99	0.20[2]

数据来源：Wind数据库，各市场官方网站。

注：1.按照市场披露2016年年报数据累计；2. 区域股权交易市场的总市值和企业平均市值为企业总资产和企业平均资产。

2016 年，中国债券市场发行债券规模继续增长（图 2-4），2016 年全年发行债券 28 829 支，发行规模 22 万亿元，净融资额达到 16.18万亿元，均较 2015 年有大幅增长。

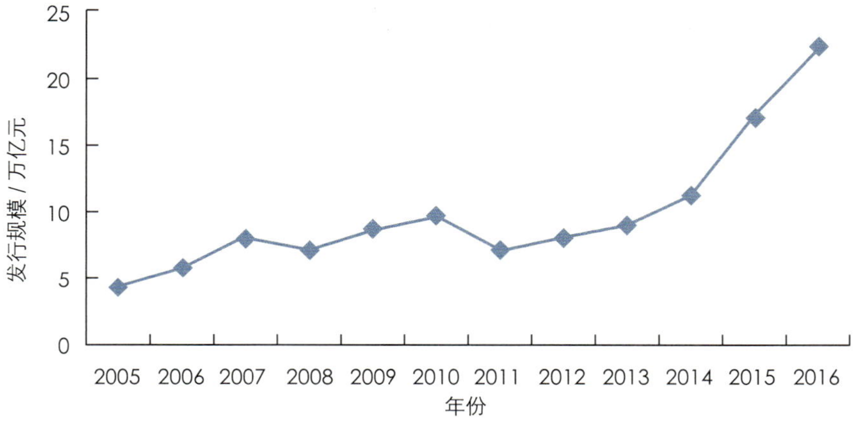

图 2-4 2005—2016 年中国债券发行趋势

数据来源：中央结算公司，《中国债券市场概览（2016年版）》。

债券市场创新不断，当年新推出了 7 种债券新品种，其中绿色金融债、绿色企业债、绿色资产支持证券和“双创”公司债直接或间接为科技型企业提供更丰富的融资渠道和更大量的融资供给。“双创”公司债主要是为满足创新创业公司因技术创新、产品研发、市场开拓等产生的资金需求。沪深市场为“双创”公司债试点积极准备，2016 年，新三板挂牌企业传视影视成功在深交所发行“双创”公司债，单次发行募集资金 2000 万元。“双创”公司债还处于探索阶段，融资规模无法与发行股票相比。但“双创”公司债对于弥补定增放缓、信贷收紧造成的融资缺口具有重要意义，此外，“双创”公司债的期限和利率更适合解决创新创业企业小规模、高频次融资需求。

并购是最活跃的资本市场之一，2016 年中国并购市场增长迅速，其中，境内企业之间的并购和入境并购的数量和金额均出现了明显的下降，而中国企业海外并购则呈井喷态势（表 2-4）。

表 2-4　中国企业并购变化趋势（2012—2016 年）

		2012 年	2013 年	2014 年	2015 年	2016 年
境内并购	数量 / 件	1660	2286	3741	5961	4501
	金额 / 亿元	7981	9557	18 438	25 239	21 853
入境并购	数量 / 件	58	41	51	78	12
	金额 / 亿元	1026	406	706	680	114
出境并购	数量 / 件	191	198	272	382	923
	金额 / 亿元	3823	3319	3636	4409	15 242

数据来源：普华永道，《2016年中国企业并购市场回顾与2017年展望》。

三、促进科技和金融结合试点工作进展

2011 年 2 月，科技部与“一行三会”联合召开“促进科技和金融结合试点启动会”，成立了部际协调指导小组，共同依托国家自主创新示范区、技术创新工程试点省、创新型试点城市和国家高新区等开展科技和金融结合试点工作，并同时确定了中关村国家自主创新示范区、天津市、上海市、江苏省、浙江省“杭温湖甬”地区、安徽省合芜蚌自主创新综合试验区、武汉市、长沙高新区、广东省“广佛莞”地区、重庆市、成都高新区、绵阳市、关中—天水经济区（陕西）、大连市、青岛市、深圳市 16 个地区为首批促进科技和金融结合试点地区。2016 年，经研究，确定在郑州市、厦门市、宁波市、济南市、南昌市、贵阳市、银川市、包头市和沈阳市 9 个城市开展第二批促进科技和金融结合试点。截至 2016 年年底，全国共有 25 个地区被确定为科技金融试点地区。科技金融试点工作全面启动，在试点地区探索科技资源，推动建立多元化、多层次、多渠道的科技投融资体系，形成了政府牵头、科技、财税等多部门共同参与，加强沟通协调、大胆创新实践、扎实开展工作，优化区域创新投融资的环境。

第三节
科技人才队伍

一、科技人才队伍规模与结构

◎ 科技人力资源总量

2015 年，中国科技人力资源保持稳定增长，继续保持世界第一科技人力资源大国地位，总

量达到 7915 万人，比 2014 年增长 5.4%，2010—2015 年的年均增速为 6.7%。其中，大学本科及以上学历的科技人力资源总量为 3421 万人，比 2014 年增长 7.6%。从每万人口中科技人力资源数量来看，2015 年中国每万人口中科技人力资源数为 576 人，比 2014 年增长 4.9%。

普通本专科生和研究生作为中国后备科技人力资源，在“十二五”期间均保持稳定增长。2015 年，中国普通高等教育本专科共招生 737.8 万人，比 2014 年增加 16.5 万人；毕业生 680.9 万人，比 2014 年增加 21.5 万人；研究生招生 64.5 万人，比 2014 年增加 2.4 万人，其中，博士生招生 7.4 万人，硕士生招生 57.1 万人；毕业研究生 55.2 万人，比 2014 年增加 1.6 万人，其中毕业博士生 5.4 万人，毕业硕士生 49.8 万人。

2016 年，高等教育招生和毕业生数量有新的增长。普通本专科招生 748.6 万人，比 2015 年增加 10.8 万人，毕业生 704.2 万人，比 2015 年增加 23.3 万人，在校生达到 2695.8 万人；研究生教育招生 66.7 万人，比 2015 年增加 2.2 万人，毕业生 56.4 万人，比 2015 年增加 1.2 万人，在学研究生达到 198.1 万人。

2016 年中国科技人力资源总量持续平稳增长，初步估计达 8327 万人，比上年增加 412 万人，增幅为 5.2%。

◎ 研发人员（R&D）队伍

中国 R&D 活动人员总量 10 多年来保持稳定增长，数量和质量大幅提升，目前无论是按人头数还是按全时当量统计，中国投入研发活动的人力规模都是全球最高。按人头数统计，2015 年中国 R&D 人员总数为 548.3 万人，比 2014 年增长 2.4%。其中博士 35.7 万人，硕士 80.5 万人，本科毕业生 160.5 万人，分别占总数的 6.5%、14.7% 和 29.3%。

按全时当量统计，2015 年中国 R&D 人员总量为 375.9 万人年，比 2014 年增加 4.8 万人年，增幅为 1.3%。其中，R&D 研究人员在“十二五”期间保持了高速增长态势，2015 年中国 R&D 研究人员总量为 161.9 万人年，较 2010 年增加了 40.8 万人年，年均增长 6.0%，中国 R&D 人员队伍质量得到大幅提升。2016 年中国 R&D 人员全时当量预计为 381 万人年，较 2015 年增加 5.1 万人年，增幅为 1.4%。

2015 年，中国 R&D 人员中从事基础研究的人员总量为 25.3 万人年，占 6.7%；从事应用研究的为 43.0 万人年，占 11.5%；从事试验发展的为 307.5 万人年，占 81.8%。企业、研究机构和高等学校中投入 R&D 的人员总量所占比重分别为 77.5%、10.2% 和 9.4%，其他单位占 2.9%。

“十二五”期间，医药制造业、航空航天器及设备制造业、电子及通信设备制造业、计算机及办公设备制造业、医疗仪器设备及仪器仪表制造业等高技术产业 R&D 人员总量保持持续增长。

从区域来看，R&D 人员仍主要集中在东部地区。2015 年，东部地区 R&D 人员总量为 246.8 万人年，占全国 R&D 人员总量的 65.6%，中部、西部和东北部地区 R&D 人员总量分别为 63.2 万人年、46.8 万人年和 19.1 万人年，占全国 R&D 人员总量的比重分别为 16.8%、12.4% 和 5.1%。

◎ 科技人才队伍发展

中国科学院院士是国家设立的科学技术方面的最高学术称号，2015 年中国科学院院士总人数为 777 人。中国工程院院士是国家设立的工程科学技术方面的最高学术称号，2015 年中国工程院院士总人数为 836 人。

党的十八大以来，以公派留学为引领，自费留学为主体，中国正形成中华人民共和国成立以来最大规模的出国留学潮和留学人才归国潮。2015 年，中国出国留学人员达 52.37 万人，较 2014 年人数增加 6.39 万人，增长了 13.9%；各类留学回国人员为 40.91 万人，较 2014 年人数增加 4.43 万人，增长了 12.1%。2016 年，出国留学和回国人数又有新突破，出国留学人员为 54.45 万人，较 2012 年增长 14.49 万人，增幅为 36.26%；留学回国人员为 43.25 万人，较 2012 年增长 15.96 万人，增幅为 58.48%。截至 2016 年年底，中国留学回国人员总数已达到 265.11 万人，出国留学与留学回国人数比例从 2012 年的 1.46 ∶ 1 下降到 2016 年的 1.26 ∶ 1，逾八成留学人员学成后选择回国发展，留学回国与出国留学人数“逆差”逐渐缩小。

博士后研究人员是中国科研队伍的一支重要力量。1985—2016 年，中国共设立博士后流动站 3029 家，中间经部分学科调整、合并后，2016 年年底博士后流动站为 3010 家。1994—2016 年，中国共批准博士后科研工作站 3507 家，因部分工作站设站条件发生变化进行调整后，2016 年年底为 3396 家。近年来，中国博士后招收规模稳步增长，2015 年、2016 年新进站博士后分别为 16 694 人和 18 244 人，出站博士后分别为 9216 人和 10 599 人。截至 2016 年年底，中国已累计招收博士后 168 305 人，累计出站博士后研究人员达到 98 622 人（图 2-5）。

2015 年，中国公有机构及企事业单位科技领域专业人员达到 2488.7 万人，比 2014 年增加了 21.2 万人，增长 0.9%。2015 年，公有经济企事业单位科技领域 5 类专业技术人员中，教学人员 1289.6 万人，占 51.8%；工程技术人员 644.8 万人，占 25.9%；卫生技术人员 437.0 万人，占 17.6%；农业技术人员 72.2 万人，占 2.9%；科学研究技术人员 45.1 万人，占 1.8%。

高技能人才是当前中国经济社会发展急需的资源。统计数据显示，中国高技能人才队伍无论是数量上还是结构上，还难以满足经济社会发展的需要。截至 2015 年年底，中国技能劳动者总量为 1.65 亿人，占就业人员的 21%；高技能人才总量 4501 万人，占技能劳动者比例为 27%；掌握“高、精、尖”技术的高技能人才数量较少。

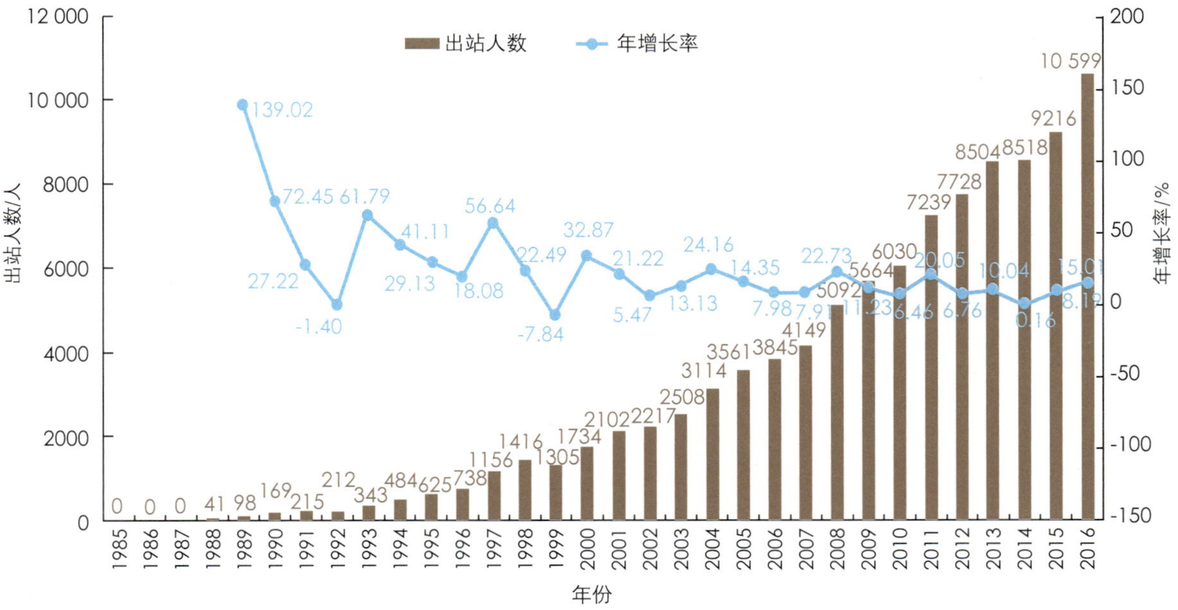

图 2-5　1985—2016 年博士后研究人员出站人数统计

为落实《国家中长期人才发展规划纲要（2010—2020 年）》（中发〔2010〕6 号）部署，加快农村实用人才带头人和大学生村干部示范培训，各地探索出了“村庄是教室、村干部是教师、现场是教材”的培训模式。截至 2015 年年底，共培训 5.3 万多人。国家大力实施农村实用人才培养“百万中专生计划”，依托各级农业广播电视学校和农业职业院校，累计培养了 100 多万名具有中专以上学历的农村实用人才。农业部会同相关部门启动实施了新型职业农民培育工程、现代青年农场主计划，每年分类型分产业培育新型职业农民 100 万名、现代青年农场主 1 万人。

二、创新型科技人才培养和引进

“十二五”时期，中国深入实施人才强国战略，将人才发展与国家经济社会发展需要相结合，突出人才发展的“高精尖缺”导向，创新人才发展模式，大力培养和引进创新型科技人才，科技人才队伍得到较快发展和提升。

◎ 全面推进科技人才培养

以重大人才工程为抓手，培养高层次科技人才。通过深入实施国家“万人计划”，大力实施“创新人才推进计划”“百千万人才工程”“长江学者奖励计划”和中国科学院“百人计划”等，形成中央、部门、地方上下协同的梯次培养机制，引领和带动中国高层次科技创新人才队伍建设。

加强青年科技人才培养。“十二五”期间，教育、科技和其他各类人才工程项目不断加大对青年人才的培养支持力度。2015 年，国务院办公厅颁发《关于改革完善博士后制度的意见》（国办发〔2015〕87号)，进一步改革完善博士后制度，吸引国外优秀青年人才来华从事博士后研究。完善国家公派留学制度，健全中青年高层次创新型人才培养选拔机制，培育青年科技人才后备力量。结合国家重大任务实施，培养科技领军人才和团队。

创新科技人才教育培养模式。推进高等学校双一流建设(建设一批世界一流大学和一流学科)，实施高等学校创新能力提升计划，深入推进产学合作协同培育人才、科教结合协同育人，持续开展工程师教育培养工作，推进高校创新创业教育，托举青年科技人才成长，持续深入开展科学道德和学风建设宣讲教育。

加强国家科技计划和科研基地的人才培养职能。国家科技计划深化改革，加大对科技人才的支持力度。国家自然科学基金设立六大类基金项目支持科技人才，注重创新团队和学科交叉，着力培育原始创新能力。重大专项集中全国优势力量进行联合攻关、协同创新，建设了一批创新平台和产业化基地，集聚了数十万的科研大军，造就了一支高素质的创新创业队伍，成为中国科研人才的聚集高地。新整合形成的重点研发计划从2016年启动，它聚焦国家重大战略需求，形成全链条、一体化设计，定位于重大社会公益性研究及重大科学问题、重大共性关键技术和产品、重大国际科技合作等，按照重点专项组织实施，加强跨部门、跨行业、跨区域研发布局和协同创新，对于培养高层次创新型人才将起到重要作用。国家重点实验室体系成为促进项目、基地和人才有机结合，开展高水平基础研究、聚集和培养人才、开展广泛学术交流的重要基地。国家工程技术研究中心围绕促进传统产业升级改造和新兴产业崛起，不断增强自主创新能力和工程化能力，加强科研开发、技术创新和产业化基地建设，培养了一大批工程技术人才队伍。

加强高技能人才培养。完善高技能人才培训制度，培养专业技术技能人才；加大教育与科技人才培养投入，壮大科研后备力量；开展万名专家服务基层行动；推进企业新型学徒制试点。通过实施国家高技能人才振兴计划，完成了80个国家级高技能人才培训基地和100个国家级技能大师工作室项目建设任务。

加强西部和基层一线科技人才培养。进一步整合优化中国科学院“西部之光”人才培养计划，实施“三区”科技人员专项，推进科技特派员制度建设，实施万名农技推广骨干培养计划，建设院士（专家）工作站。

深化国家高新区人才培养。国家高新区良好的创新环境和完善的服务平台有效地激励和吸引创新人才不断向国家高新区汇聚，使国家高新区成为创新创业活动持续生长的沃土。截至2015年年底，国家高新区企业年末从业人数达1746.5万人，其中从事科技活动人员318.5万人，占全部从业人员总数的18.2%。

◎ 实施更加开放的人才引进政策

深入实施人才引进计划。继续大力实施国家海外高层次人才引进计划（国家“千人计划”），推进实施长江学者奖励计划、高等学校学科创新引智计划（“111 计划”）等人才引进计划，在更大范围、更深层次推动科技人才国际化。同时，改进完善外籍高层次人才引进管理与服务，优化留学回国科技人员服务体系，建设人才管理改革试验区，聚集海内外高层次人才。

加大外国高层次人才和急需紧缺人才引进力度。2016 年 3 月，中共中央印发《关于深化人才发展体制机制改革的意见》（中发〔2016〕9 号），将“扩大人才开放”作为五项基本原则之一，要求更大力度实施海外高层次人才引进计划，完善海外人才引进方式，构建具有国际竞争力的引才用才机制。在引进人才方面，中国进一步围绕国家重大战略部署，突出“高精尖缺”导向，完善外国人才管理服务体制，2016 年相继出台《关于进一步完善外国专家短期来华相关办理程序的通知》（外专发〔2015〕176 号）、《关于加强外国人永久居留服务管理的意见》（中办发〔2015〕62 号），引进人才签证准入、绿卡居留等政策法规实现新突破；全面推行“外国人来华工作许可”一站式办理，极大地简化外国人来华工作的流程。相关部门共同制定并推动《关于加强新形势下引进外国人才工作的意见（送审稿）》，各地纷纷制定进一步加强引进外国人才智力工作的意见，建立健全外国人才使用激励机制，鼓励外国人才平等参与中国科技计划、科技奖项评选等，完善外国人才建言机制。为加强外国高层次人才和急需紧缺人才引进，实施的具体政策措施包括推进国际合作联合实验室建设、聘请外国专家、开展对外合作办学、加大公派出国留学支持、实施因公出国（境）培训重点项目推荐优秀人才到国际组织任职、吸引出国留学人员回国创新创业等。

三、国家重大科技人才工程

在中央人才工作协调小组的领导下，按照高端引领、整体开发的思路，以高层次科技创新创业人才为重点，中央、部门和地方组织实施了一系列重大科技人才计划，形成了定位清晰、覆盖重点、梯次设置、分工明确、有效衔接的科技人才计划体系。在国家层面，中央以国家“千人计划”“万人计划”为统领，示范引导各类科技人才计划，统筹国际国内两种人才资源。其中，国家“千人计划”面向海外，重在引进、使用；国家“万人计划”面向国内，重在发现、培养和使用。两个计划并行实施，协同推进，共同构成中国高层次人才开发体系的两大支柱。部门落实中央统一部署，按照领域和行业需求，大力推进创新人才推进计划、国家百千万人才工程、国家杰出青年科学基金、长江学者奖励计划、百人计划，以及海洋、环境、交通等领域人才计划。为适应新形势下人才发展的需要，对科技人才计划进行了优化整合，启动实施科技人才专项。

◎国家“千人计划”

国家“千人计划”构建了覆盖创新人才长期项目、创新人才短期项目、创业人才项目、青年项目、顶尖人才与创新团队项目、外专项目、新疆西藏项目、文化艺术人才项目的人才引进体系，为各类海外人才提供了专项经费支持、事业发展平台、生活便利措施、自由流动支持、金融财税政策优惠、特殊服务待遇、精神激励等全方位服务支撑。截至 2016 年年底，共有 12 批 6077 余名入选国家“千人计划”的海外高层次人才回国（来华）工作，其中包括多位发达国家的科学院院士等世界顶尖科技领军人才。国家“千人计划”有效弥补了国内高层次人才培养的“短板”，带动形成了中华人民共和国成立以来最大规模的海外人才归国潮，成为最具国际影响力的国家引才品牌。为支持专家回国（来华）后尽快开展工作，帮助解决生活工作方面遇到的实际困难，海外高层次人才引进工作小组有关部门制定出台了一系列配套政策文件，明确了国家“千人计划”专家的工作支持条件和生活待遇，确保海外人才“引得进、留得住、流得动、用得好”。

◎国家“万人计划”

国家“万人计划”分 3 个层次、6 个类别。第一层次为杰出人才。第二层次为领军人才，分为科技创新领军人才、科技创业领军人才、哲学社会科学领军人才、教学名师 4 类。第三层次为青年拔尖人才。截至 2016 年年底，已分两批遴选出 2521 名高层次人才，在调动国内人才积极性方面发挥了重要作用。对于入选的“万人计划”专家，国家通过给予荣誉激励、科研经费、政策支持、加强联系服务等予以重点支持。“万人计划”专家充分发挥示范带动作用，在中微子物理、量子反常霍尔效应、铁基超导等方面取得一系列重要创新成果，为中国科技整体水平和国际影响力的持续提升做出了突出贡献。

◎与科技相关的其他重大人才工程

创新人才推进计划：创新人才推进计划（以下简称“推进计划”）于 2012 年正式启动，截至 2015 年年底已遴选批复 4 批，共选出科学家工作室首席科学家 3 名，中青年科技创新领军人才 1081 名，科技创新创业人才 733 名，重点领域创新团队 255 个，创新人才培养示范基地 123 个。“推进计划”紧紧围绕国家对高端和急需紧缺科技人才的需求，建立科学的遴选标准，实行严格的遴选程序，加强人才的培养和使用，引导科技人才在服务国家服务社会中发挥作用。4 年来，“推进计划”在高端和急需紧缺科技人才培养、人才体制机制创新、人才政策环境营造等方面发挥了重要作用，成为高层次科技人才队伍培养的主渠道。

百千万人才工程：百千万人才工程已成为中国选拔培养高层次创新型领军人才的重要平台。截至 2015 年年底，百千万人才工程累计选拔国家级人选 5300 多名，其中，当选中国科学院、中国工程院院士的有300多人，全部在65岁以下。百千万工程入选人才可以获得多方面的支持，包括：支持入选人才通过竞争承担国家或省部级重大科研项目、重大科技计划和重大工程项目，对符合条件的国家级百千万人才工程人选，国家自然科学基金、国家杰出青年科学基金等在同等条件下优先立项，已承担重点项目的，完成项目任务后优先给予持续滚动支持；支持入选人才自主组建创新团队，在选题立项、科研管理、人才配置等方面给予更多自主权；做出突出贡献的，可优先纳入中国杰出专业技术人才、中国青年科技奖获得者等国家科学技术和人才奖励选拔推荐。

长江学者奖励计划：长江学者奖励计划坚持“育引并举”，面向海内外延揽中青年学界精英，加强高等学校高层次人才队伍建设；鼓励和支持高校大力吸引培养一批具有国际影响的学科领军人才，推动高校成为集聚高层次人才的战略高地。“十二五”期间，支持高校聘任长江学者特聘教授796人、讲座教授234人、青年学者211人，先后有86名长江学者当选中国科学院、中国工程院院士。通过计划实施，培养集聚了一批具有国际影响的学科领军人才，取得了一批重要教学科研成果，引导东部地区人才向中西部和东北地区流动，优化了人才布局结构，极大地推动了高校高层次人才队伍建设。

国家杰出青年科学基金：国家杰出青年科学基金（以下简称“杰青基金”）支持在基础研究方面已取得突出成绩的青年学者自主选择研究方向开展创新研究，旨在促进青年科技人才成长，吸引海外人才，培养造就进入世界科技前沿的优秀学术带头人。“十二五”期间，“杰青基金”资助992名青年学者，占申请总人次的9.80%，取得了良好成效。通过计划实施，培育了一支高水平的学术领军人才队伍，促进了具有国际影响力的原创成果不断涌现。

率先行动“百人计划”：2015年，中国科学院为贯彻落实习近平总书记提出的“四个率先”要求，对“百人计划”进行重新定位，启动实施率先行动“百人计划”，设置学术帅才、技术英才和青年俊才3个项目，坚持引进培养杰出人才与青年优秀人才有机结合、引进培养科研人才与工程技术人才有机结合，强调各类优秀人才的协同发展，努力建设国家创新人才高地。中国科学院通过“百人计划”，面向国际科技前沿和国家重大战略需求进行前瞻布局，形成了一批如量子通信、干细胞、脑科学、微小卫星等的高水平创新团队，取得了一批重大原创成果和关键技术突破。

四、科技人才政策与人才环境建设

十八大以来，中共中央、国务院着力推进深化人才发展体制机制改革，破除束缚人才发展的思想观念和体制机制障碍，解放和增强人才活力，形成具有国际竞争力的人才制度优势和人才环境，最大限度激发人才创新创业活力，把各方面优秀人才集聚到党和国家事业中来，聚天下英才而用之。2016 年 3 月，中共中央印发的《关于深化人才发展体制机制改革的意见》（中发〔2016〕9 号），明确深化改革的指导思想、基本原则和主要目标，从管理体制、工作机制和组织领导等方面提出改革措施，这是当前和今后一个时期全国人才工作的重要指导性文件。各地各部门落实上述《关于深化人才发展体制机制改革的意见》，在科技人才的评价激励、收入分配、流动与国际化、创新创业等政策方面进行了改革和创新。

◎ 科技人才评价激励政策

创新科技人才评价机制，树立正确的科技人才评价导向，建立科技人才分类评价标准和方式，强化用人单位评价自主权，开展科技人才分类评价试点，深化职称制度、院士制度和科技奖励制度改革。2016 年 11 月 1 日，中央深改领导小组会议审议通过《关于深化职称制度改革的意见》（中办发〔2016〕77 号），提出健全职称制度体系，完善职称评价标准，创新职称评价机制，促进职称评价和人才培养使用相结合，改进职称管理服务方式。完善院士增选机制，规范院士学术兼职和待遇，实施院士退出机制。深化科技奖励制度改革，完善推荐制度、强化奖励导向，改进评审机制、强调学术评价，完善监督制度、引导科研风气。

◎ 科技人才收入分配政策

完善科研人员工资制度，落实科技成果转化激励政策，实行以增加知识价值为导向的收入分配制度。健全岗位绩效工资制度，建立高层次人才特殊津贴，探索实行协议工资和项目工资。完善科技成果处置和收益分配制度，明确单位在促进科技成果转化中的主体责任，提高科技成果完成人奖励和报酬的比例，鼓励科技成果出资入股确认股权，保护职务发明人合法权益。2016 年 11 月，中共中央办公厅、国务院办公厅印发了《关于实行以增加知识价值为导向分配政策的若干意见》，提出发挥市场机制的作用，使科研人员的收入与岗位的责任、工作的业绩和实际的贡献紧密联系。

◎ 科技人才流动与服务保障政策

深化事业单位人事制度改革，由身份管理向岗位管理转变，完善岗位绩效，推动职称评聘合一，构建社会化的社会保险体系。健全科技人才流动机制，允许企业科技人才到科研院所和高校兼职，积极引导各类人才向基层一线流动，引导和支持科技人才服务企业，引导和鼓励科技人才服务“三区”。加快科技人才流动服务保障体系建设。搭建创新型科技人才服务区域和行业发展的平台，探索人才和智力流动长效服务机制。

◎ 科技人才国际化政策

《关于深化人才发展体制机制改革的意见》提出，要树立全球视野和战略眼光，扩大人才开放，充分开发利用国内国际人才资源，主动参与国际人才竞争，完善更加开放、更加灵活的人才培养、吸引和使用机制，不唯地域引进人才，不求所有开发人才，不拘一格用好人才。有关部门和地方加大政策力度，面向全球引进首席科学家等高层次人才，加强外国人永久居留服务管理、探索建立技术移民制度，完善留学人员服务体系，完善海外人才引进方式；推进国际合作研究和人才交流，对科研人员因公临时出国实行分类管理，支持中国科学家在国际科技组织任职，扩大科技人才对外交流与合作。

◎ 科技人才创新创业政策

激发全社会创新创业活力，推动大众创业、万众创新，鼓励科技人员和大学生创业，支持创新创业公共服务，加强财政资金引导，完善创业投融资机制，营造有利于创新创业的良好氛围。政策鼓励科研人员创办企业转化成果，扶持博士后创新创业，支持专业技术人员在职创业、离岗创业。深入实施大学生创业引领计划、离校未就业高校毕业生就业促进计划，为大学生创业提供财税、金融及代理服务，发挥大学科技园创新创业的重要载体作用，培养学生创新创业实践的能力，鼓励和支持大学生创业。完善科技人员创业股权激励机制，扶持创新创业服务机构发展，加强技术市场人才队伍建设，扶持农村科技创新创业，完善科技人员创业激励与服务机制。

◎ 人才发展的法制和社会环境持续改善

近年来，中国制定和修订了一系列法律法规，科技人才发展的法制环境和尊重知识、鼓励创新的社会文化环境得到优化。《促进科技成果转化法》(2015 年修订实施)、《国家科学技术奖励条例》(2013 年修订实施)、《事业单位人事管理条例》(2014 年)、《事业单位领导人员管理暂行规定》(2015 年)、《科研事业单位领导人员管理暂行办法》《高等学校领导人员管理暂行办法》《公立医院领导人员管理暂行办法》(2017 年 1 月）等文件相继出台，科研诚信体系建设、科学传播和科普工作得到加强，鼓励创新的社会文化环境逐步形成。

五、地方科技人才发展

中国 R&D 人员主要集中在长三角、珠三角和环渤海三大经济圈，江苏、广东、北京、山东、浙江和上海的 R&D 人员总量及 R&D 研究人员总量排在全国前列。中部地区的湖北、河南、安徽和西部地区的四川等地也是中国 R&D 人员分布较多的地区。近年来，各地方党委、政府积极贯彻中央人才工作部署，践行人才优先发展理念，不断创新人才发展体制机制，在人才培养引进、评价激励、流动服务等方面进行大胆探索创新，出台了一系列人才政策措施。

◎ 地方科技人才政策

推进人才管理体制改革。各地加强和改进党对人才工作的领导，健全党管人才领导体制和工作格局。全国31个省市区、15个副省级城市和新疆生产建设兵团全部成立了人才工作领导小组。例如，上海市委、市政府发布了《关于进一步深化人才发展体制机制改革加快推进具有全球影响力的科技创新中心建设的实施意见》（“人才30条”），实施更加积极、开放有效的海外人才引进政策。

完善人才引进培养措施。各地方以培养人才、吸引人才、用好人才为主要抓手，逐步完善人才培养引进使用机制。例如，北京市出台《关于引进全球顶尖科学家及其创新团队的实施意见》，引进“高精尖缺”人才。

促进科技人才流动政策。部分地方采取有力措施，打破各个主体之间的藩篱，借助人才交流平台，充分整合彼此间“人才、资源、信息、技术”等创新要素的优势，实现深度合作。例如，山西省出台《关于实施科技创新的若干意见》，建立更为灵活的科技人才及团队双向流动机制。

完善科技人才分类评价。部分地方逐步构建起层次清、标准高、易操作的创新人才分类评价制度，提高科技人才分类评价的科学化水平。例如，江苏省公布《深化全省职称制度改革总体方案》。

激励科技人才创新创业。各地方纷纷出台优惠政策，大力推动科技人员创新创业。例如，河北省出台了《关于支持鼓励科技人员创办科技型企业的实施办法》《关于加快科技服务业发展的实施意见》等一系列服务科技人才创新创业的政策。

支持科技人才开展国际科技合作。为探索构建具有国际竞争力的引才用才机制，部分地方积极组织科技人才开展国际合作交流。例如，浙江省推进本省与以色列、芬兰、捷克、葡萄牙等国家的国际联合产业研发计划，奖励5个海外并购（新设）研发机构，资助25名海外工程师。

◎ 地方科技人才计划

围绕落实《国家中长期人才发展规划纲要（2010—2020年）》（中发〔2010〕6号）和地方科技经济社会发展需求，各地方积极实施重大科技人才工程和计划，形成了条块结合、梯次衔接、上下互动的人才计划体系，区域性人才计划总计达到300余项。“十二五”期间，各地省级层面新启动实施了130余项科技人才工程和计划，重点从加强海外人才引进，扶持领军人才与团队、青年人才、创业人才、高技能人才等方面，努力培养造就高水平创新型科技人才队伍。高校、科研院所等用人单位也积极探索实施各具特色的人才支持计划。

积极引进海外高层次人才。在国家“千人计划”的引领下，一些省市推进实施地方“千人计划”，围绕本地区重点产业发展，大力引进能够突破核心关键技术、解决企业技术难题的海外高层次人才回国或来华创新创业。例如，广东省连续 6 年实施“珠江人才计划”，面向全球引进一流创新创业团队，截至 2016 年共引进 5 批 117 个创新创业团队和 89 名领军人才，省财政共投入 33.45 亿元，汇聚各类高端人才近千人，其中包括 4 名诺贝尔奖获得者、2 名诺贝尔奖评委、1 名欧盟最高科学奖“笛卡尔奖”获得者、39 名欧美发达国家院士。

加强培养本地高层次创新型科技人才。各地方充分挖掘本地人才潜力，通过人才计划加强对本地高层次科技人才培养，着力提升人才创新能力，优化人才发展环境，激发人才创新活力。例如，湖北省实施“高端人才引领培养计划”，目标是通过 5 年在政策和资金上的连续支持，造就一批创新能力卓越、引领作用突出、团队效应显著的中青年科技创新领军人才队伍，截至 2015 年年底，已有 2 人入选中国科学院、中国工程院院士，7 人成为两院院士有效候选人，1 人入选西班牙外籍院士，约 15 人入选国家各类重点人才工程。

跨区域吸引高层次科技人才。各地方在全国范围内配置人才资源，通过人才计划吸引急需紧缺的高层次科技人才，促进人才跨区域流动；同时，加强区域协同创新，构建科技人才一体化发展机制；通过院士工作站、特聘专家、候鸟人才等创新人才引进方式，柔性引才引智。例如，贵州省实施“特聘专家”政策，并建立“引进高层次人才和改善科研条件特助经费”专项，用于改善引进高层次人才的学习、工作和生活条件。“特聘专家”可享受政府特助经费 30 万～ 50 万元，用人单位提供不低于 15 万～ 30 万元的配套资金，高等院校、科研院所、企业等可聘“特聘专家”担任单位领导职务。

加快扶持创新创业人才。各地方大力鼓励和支持大众创业、万众创新，出台创新创业人才计划实施办法，加快集聚具有较强创业创新能力的高层次人才。例如，甘肃省开展“高层次人才科技创新创业扶持行动”，重点扶持国内外高层次科技人才团队与本省企业共同研发转化具有自主知识产权、能够形成产业规模、市场前景和预期效益好的重大科技创新创业项目，孵化和培育一批高成长性的高新技术企业。

大力支持青年拔尖人才。“十二五”期间，一些地方实施各具特色的青年拔尖人才支持计划，选拔和培养一批优秀青年科技人员。例如，陕西省实施“青年科技新星培育专项计划”，面向不超过 35 周岁、获博士学位或具有副高级以上的专业技术职称的优秀青年科技人才予以重点支持。入选人才在培育周期内可获得科技项目资助，享受“三秦人才津贴”，申报国家各类科技计划项目和科技奖励时获得优先推荐。

推动人才服务农村和边远地区。中国正处在全面建成小康社会的决胜阶段，农村经济社会发展任务艰巨繁重，在国家相关政策指导下，各地方积极推动各类科技创新创业人才和单位整合科技、信息、资金、管理等现代生产要素，深入农村基层一线开展科技创业和服务。例如，新疆实施“边远贫困县市科技人员专项支持计划”，从现代农业、工业、服务业以及农村环保、信息化等行业选派科技人才1700余人次，以科技特派员的形式，到35个国家和自治区扶贫开发工作重点县，开展科技创新创业和科技服务；培训280余名科技服务人员和科技创新创业人员；为310个边远贫困地区转化和推广一批科技成果、培育和发展一批特色品牌、打造一批科技扶贫示范户，推动县域经济社会发展。

第四节
科技创新基础能力

2016年，科研条件建设工作重点围绕落实《国务院关于国家重大科研基础设施和大型科研仪器向社会开放的意见》（国发〔2014〕70号，以下简称“70号文”）推进科研设施仪器开放共享，加强国家科技资源共享服务平台建设与运行及做好科技资源调查、标准化等基础性工作展开。

一、落实70号文推进科研设施仪器开放共享

◎科研设施与仪器开放共享政策制度日益完善

2014年年底国务院70号文发布以来，各地方和部门修订完善了90多个关于科研设施与仪器开放共享的政策文件。例如，教育部发布了《关于加强高等学校科研基础设施和科研仪器开放共享的指导意见》（教技厅〔2015〕4号），北京、江苏、广东等21个省级政府出台了促进科研基础设施和大型科研仪器向社会开放的实施意见或实施方案，营造了良好的开放政策环境。各高校和科研院所也加快制定出台科研设施与仪器开放制度。据不完全统计，70号文发布前全国有530余家科研单位制定了900多项科研设施与仪器开放制度，70号文发布后有1560余家单位新制定了1900多项开放制度，基本覆盖了全国主要的高校和科研院所，涵盖科研设施仪器管理共享的各个环节。

◎ 科研设施与仪器网络管理服务体系基本形成

一是建设了科研设施与仪器国家网络管理平台，研究制定了《科研设施与仪器管理单位在线服务平台建设运行管理规范》和《科研设施与仪器国家网络管理平台管理单位数据报送规范》。国家网络管理平台具备科研设施与仪器信息集成发布、运行服务记录采集、监管和评估等功能，初步实现了对科研设施与仪器开放服务的全链条管理。各地方、部门和科研单位纳入国家网络管理平台开放共享的重大科研基础设施有 139 个，原值 50 万元以上的大型科研仪器有 7.3 万台(套)，约占全国高校和科研院所大型科研仪器总量的 86%。

二是各部门、地方和单位也积极开展仪器服务平台建设。一方面，有关部门建立了部门级仪器管理平台。如中国科学院建立了"中国科学院仪器设备共享管理平台"，目前已在全院 104 个研究所成功应用，上线仪器设备达到 7000 余台（套），系统用户数达 3.5 万人。另一方面，各地方都建立了省市级仪器管理平台，将本地区科研单位设施仪器统一纳入平台对外开放。例如，江苏省建有"江苏省大型科学仪器设备共享服务平台"，集聚本省域大型科学仪器、专业测试机构、分析测试方法、资深行业专家等优质资源，截至 2016 年年底，有入网单位 528 个，入网仪器 6800 台（套）（含 50 万元以下）；湖北省建有"湖北省大型科学仪器协作共用网"，并建立 17 个市州区域级分中心，截至 2016 年年底共纳入 405 家单位，2479 台（套）50 万元以上的科研仪器。此外，大部分高校和科研院所建立了法人单位在线服务平台，对外提供实时在线服务。如中国农科院建立了"中国农业科学院科研设施与仪器在线服务网络平台"，集聚了全院 50 万元以上科研仪器 904 台（套）。据不完全统计，目前全国拥有科研设施与仪器的高校和科研院所超过 70% 建立了在线服务平台。国家网络管理平台和各级各类仪器服务平台通过统一的数据标准规范实现了互联互通和协同服务，共同构成了跨部门、跨地方、多层次的网络服务体系（图 2-6）。

◎ 开放服务为科技创新创业提供了有力支撑

一是有力保障了重大科研项目的顺利实施和重大成果产出。中国科学院武汉物理与数学研究所核磁共振中心联合深圳先进技术研究院脑认知与脑疾病研究所、中国科学院生物物理研究所等单位，通过应用先进的核磁共振实验技术，首次证实了大脑皮层下快速处理威胁刺激信息的神经环路的存在，更好地解释了动物的某些不需要学习的对天敌或其他危险而产生的本能恐惧反应，相关科研成果发表在《自然·通讯》上。上海交通大学深海技术试验中心为工业和信息化部高技术船舶科研项目"岛礁（总长 300 米级）中型浮式结构物关键技术研究"提供了岛礁浮式结构物系泊试验服务，为岛礁浮式结构物系泊技术的研究提供了大量的数据支撑和验证。上海光源已成为多个学科领域前沿研究和高技术发展不可或缺的实验平台，2016 年有多个用户成果入选国家自

图 2-6　中国科学院仪器设备共享管理平台

然科学奖二等奖、中国十大医学科技新闻、中国高校十大科技进展及美国化学会“十大科研成果”。清华大学北京电子显微镜中心 2015—2016 年服务国家级科研项目 21 项，在高温合金、高铁动车关键材料等研究领域发挥了重要作用，支撑相关团队在《先进材料》《纳米通讯》等高影响力的国际学术刊物发表论文 51 篇。

二是重大科研基础设施基本形成了与国际接轨的开放机制。同济大学上海汽车整车风洞中心积极与多个国际知名风洞进行了大量技术对标合作，确保风洞在总体技术指标和操作流程上保持世界一流水平；不断扩大开放共享服务力度，服务对象已涵盖国内主要汽车整车企业及其一级零部件供应商和主要高铁企业，对外开放共享率达 97% 以上，累计完成试验项目 2933 项，测试车辆共计 3174 辆，全面支撑了中国自主品牌汽车整车和零部件企业自主研发及合资品牌车企研发本土化（图 2-7）。上海光源从 2009 年对国内用户开放试运行以来，始终坚持积极、主动、创新的共享理念，以国家战略需求为导向，促进科技创新产出重大成果。目前，上海光源的 13 线 14 站已全部对外开放，90% 以上机时供外部用户使用。2015—2016 年，共收到用户课题申请 4039 份，累计为用户提供实验机时超过 85 140 小时，用户遍布全国 510 家单位，实验人员达 11 833 人次。

三是开放服务的市场化运作成效初步显现。北京科技大学在不涉及产权转移的情况下，成立北京科大分析检验中心有限公司作为仪器设备开放共享的专职运营机构，以市场化的运营管理模式，面向社会提供检测和研发服务。上海牵翼网自 2015 年 7 月开通至今，集聚了 1400 家实验室近 2 万台（套）科研仪器，实现了“检索、咨询、下单、物流（样品、报告）、评价、创新券补贴、实时数据分析”全流程在线交易，服务总规模突破 2 亿元。江苏金册网集聚了全国 1000 多家资质全、服务优、价格惠的检测机构，上线仪器设备 9670 台（套），为企业提供“一站式”检测服务，目前已完成超过 32 万项的检测项目，成为中小企业检测需求与科研仪器的桥梁。

图 2-7　正在上海地面交通工具风洞中心进行测试的国产汽车

二、着力加强国家科技资源共享服务平台建设与运行

党的十八大以来，科技部、财政部会同有关部门加强国家科技基础条件平台运行管理，促进科技资源开放共享。目前，已在 28 个领域形成国家科技资源共享的服务平台。国家科技基础条件平台绩效考核与奖励补助有效推动了科技资源整合与公共服务，初步形成资源体量较大、优势明显且运行管理规范的科技创新支撑保障体系，在科技创新和公共服务供给方面发挥了重要作用。

◎ 推动全国近千家高校院所参与科技资源开放共享，跨部门、跨区域整合多个领域科技资源

目前，已累计整合农业、气象、地震、人口健康、海洋等领域 71 大类科技资源数据，数据总量超过 1.6 PB；整合农作物种质、微生物菌种、标本、林木种质、标准物质、水产种质、实验细胞、家养动物种质等资源超过 3500 万份，抢救性地保护和整理出一批珍稀标本、模式标本和国家级保护动物标本。整合各类野外观测研究实验台站 81 个，样地及实验试验场近 700 万平方米，各类材料产品及构件试样超过 12 万件；整合外文印本文献订购 2.6 万余种、标准文献 170 万份；整合计量科技资源近 7842 项，应急分析测试资源信息 15 161 项；数字科普资源达到 9 TB 等。资源集聚效应日益显著，为科技资源开放共享打下坚实基础，建设形成了一批在领域内有较高知名度的科技平台研发服务品牌。

◎ 开放共享服务量增长显著，服务对象不断扩展，为科技创新和经济社会发展提供科技资源支撑保障

自平台实施绩效考核与后补助以来，平台科技资源服务能力稳步提升，用户总数年均增长约 10%，用户单位数量年均增长约 5%，2016 年服务企业超过 20 万家。平台年均服务国家重大科技专项、国家重大工程项目（课题）及各级各类科技项目（课题）逾万项，年均支撑科技论文及论著产出过万篇 / 部，支撑大量产出标准及专利。寄生虫种质资源共享服务平台建立了重要寄生虫八大实物库和数据库，系统制定人体、动物和植物所有寄生虫虫种资源的描述规范和保藏规程；发现了 10 个媒介新种、1 种线虫新种和 1 种罕见寄生虫虫种，在国际上首次揭示并完成了尖吻蝮蛇舌形虫的生活史，建立多种寄生虫的免疫学、分子生物学检测和鉴定技术 28 项，获得 19 项授权专利，制定公布了 3 项检测鉴定标准，广泛应用于公共卫生、食品安全和动物检疫领域。

◎ 围绕国家重大科技工程、民生需求和经济社会发展重大需求开展专题服务，基础支撑作用凸显

国家科技资源共享服务平台已为大飞机研制、青藏高原生态评估、石漠化治理、防灾减灾等重大科研任务和重大工程提供了大量科技资源支撑和技术服务。国家地球系统科学数据共享服务平台等多个平台通过整合东北区域粮食生产和黑土资源有关科学数据开展专题服务，为东北黑土区水土流失综合治理提供有效支撑。国家材料环境腐蚀野外科学观测研究平台为载人航天工程、岛礁建设、大型水利水电工程等大型工程的建设和运行，以及“大型飞机”“高档数控机床与基础制造装备”等国家重大专项提供专题服务。国家农作物种质资源共享服务平台等多个平台围绕民生科技的需求开展联合专题服务，筛选名、特、优农作物种质资源，提高农作物育种效率，加

快新品种培育进程。国家人口与健康科学数据共享服务平台通过三级医疗卫生服务科技网将数据资源、科技成果及医疗技术推送农村，有效降低农村医疗转诊率。国家水产种质资源共享服务平台支撑开展破解鱼类性别决定机制、绘制鲤鱼全基因组精细图等科研工作，为研究脊椎动物基因组进化和基因衍化机制提供了宝贵的数据和模型，为开展全基因组选择育种，培育品质优良的鲤鱼新品种奠定了坚实基础。

三、积极做好科技资源调查、标准化等基础性工作

◎ 深入开展科技基础条件资源调查，摸清资源家底

2016 年，科技部、财政部联合开展科技资源调查，通过对 4000 多家高等学校、科研机构及企业所属重大科研基础设施、大型科研仪器、国家级科研基地、科学数据库、生物种质资源等科技条件资源的调查，掌握了中国科技资源的存量和动态变化情况。

2016 年共调查了 39 项大科学装置，建设投入经费总额为 125.88 亿元。参与调查的单位原值 50 万元以上的大型科学仪器设备总量 7.4 万余台（套），较上年增长 20.4%，原值合计 1055.8 亿元，较上年增长 21.5%。2008—2015 年，大型科研仪器数量年均增长率为 16.9%，原值年均增长 17.4%。参加调查的国家级研究基地总量为 1020 个，拥有的大型科研仪器总量为 25 521 台（套），原值总额为 290.1 亿元。生物种质和实验材料资源库总量为 433 个，其中植物种质资源库 247 个，植物标本库 17 个，动物标本库 16 个，动物种质资源库 77 个，人类遗传资源库 2 个，微生物菌种库 66 个，岩矿化石标本库 2 个，其他库 6 个。433 个保藏机构的保藏总量为 2484.8 万份（株 / 号），年度提供资源的总份（株 / 号）数为 339.9 万，年提供资源总分次为 402.8 万，年度承担的科研项目总量为 3639 项。

科技资源调查数据为中国加强科技资源管理提供了重要的决策支持。利用资源调查数据库和查询系统，开展了中央级科学事业单位修购专项、国家科技重大专项、国家重点实验室等新购仪器设备查重评议工作，累计减少重复购置经费 100 多亿元，优化了科学仪器设备资源配置。科技资源调查还为 70 号文的出台和落实、科技平台建设规划制定、中央引导地方科技发展专项资金安排等工作提供了数据支撑。

◎ 建设中国科技资源共享网，形成科技资源共享的信息门户系统

2009 年，科技部、财政部开通了中国科技资源共享网，该网站是中国科技资源信息汇集与发布的中心、科技成果展示的窗口、科技资源共享服务的门户、科技资源合作交流的枢纽，也是科技资源管理与监督的重要工具。共享网实现了全国科技资源导航与检索、搜索引擎、绩效评估监

测和用户单点登录等功能，整合了部门、行业和地方的科技基础条件资源信息，完成科技部、财政部认定的 28 家国家科技资源共享服务平台的资源整合，整合元数据共 900 余万条，涉及子平台及服务单位（机构）数量近千个，初步形成了面向科技人员和社会公众的网络信息服务体系。

共享网的年度用户访问量近百万人次，通过共享网及各平台为万余家单位和个人提供服务，通过信息服务带动实体资源服务的种类达到 100 余类。此外，通过组织每年一届的“共享杯”大学生科技资源共享服务创新大赛，竞赛学生可通过共享网获取国家科技平台的科技资源，极大地宣传了科技共享理念，参赛学生和提交作品逐年增多，有力拓展了科技平台影响力；通过共享网承担的 70 号文调查工作，共收集 2016 年度全国 255 家国家重点实验室和 177 家企业国家重点实验室的科研基础设施和仪器情况、资源管理与开放共享制度建设等信息，为国家重大科研基础设施和大型科研仪器的开放工作提供了有效支撑。

◎ 推进科技平台标准化工作，完善开放共享制度体系

标准化工作体系不断完善。全国科技平台标准化技术委员会（SAC/TC486，以下简称“平台标委会”）于 2009 年 5 月正式成立，主要负责国家科技基础条件平台建设、管理和服务等领域的标准化工作，秘书处设在国家科技基础条件平台中心。近年来，平台标委会相继制定了《全国科技平台标准化技术委员会章程》《全国科技平台标准化技术委员会秘书处工作细则》《全国科技平台标准化技术委员会印章管理办法》等规章制度，保障平台标委会各项工作顺利开展。2015 年，根据工作需要，平台标委会在 6 个内设工作组基础上，又增设了科技评估标准化工作组。

围绕科技基础条件平台建设运行和科技资源共享，组织开展标准的体系研究、制修订和宣贯培训。已立项 24 个标准，正式发布了《科技平台　元数据标准化基本原则与方法》《科技平台　服务核心元数据》《科技平台　大型科学仪器设备分类与代码》《科技平台　科技资源标识》等 14 个国家标准。此外，积极组织标准培训、宣贯及技术咨询，有效地提高平台标准化研制水平，促进已发布标准的推广实施。

有效支撑了科技资源开放共享。一方面，将信息化标准作为重点，根据平台门户信息系统“中国科技资源共享网”建设和服务的需求，研究发布了资源核心元数据，服务核心元数据及其注册维护规范等国家标准，实现了平台门户统一通畅的数据汇交和信息导航检索，保障了各领域平台分散异构数据库的互联互通、信息共享和业务协同，推动了信息共享带动实物共享。另一方面，对已收集整理的科技资源进行标准化整理和数字化表达，解决了科技资源类型多样、分类复杂、异构性强及整合难度大等困难，提高了科技资源描述质量。

四、地方科技资源共享工作蓬勃发展

地方科技资源共享是中国科技资源共享体系的重要组成部分。近年来，在国家科技资源共享服务平台工作的带动下，地方科技主管部门围绕科技、经济和社会发展需求，制定完善相关政策制度，加大科技基础条件建设力度，搭建综合性科技资源共享平台，优化平台建设运行机制，有效整合集成区域内科技基础条件资源，为全社会科研活动特别是中小企业技术创新和创业团队服务，有力支撑了区域科技及经济社会发展。

◎ 综合性科技资源共享服务平台建设成效显著

近年来，在国家政策和国家科技基础条件平台建设的带动下，地方平台建设蓬勃发展，打造了具有影响力的平台品牌，凝练出具有鲜明特色的平台工作模式，如北京的首都科技条件平台、上海研发公共服务平台、黑龙江科技创新创业共享服务平台、陕西省科技资源统筹中心等。

地方平台密切联系区域技术创新及经济社会发展需求，积极整合集成大型仪器设备、科技文献等科技资源，据不完全调查统计，截至2015年，地方平台共整合大型科学仪器设备11.8万台(套)，仪器原值为595.1亿元。从科技资源共享服务平台集成的仪器数量及原值来看，北京首都条件平台集成的仪器台（套）数及原值在全国范围内遥遥领先，上海和山东的仪器台（套）数及原值排名靠前。

◎ 创新运行服务机制推进科技资源共享服务

地方平台通过顶层设计、上下联动，不断优化科技资源共享服务机制，将科技资源优势转化为服务创新优势。以首都科技条件平台为例，2014年年底，70号文出台后，首都科技条件平台进一步推动平台采取信息公开、有偿服务、奖惩结合等措施不断完善以科技资源开放共享和对外服务。通过制度创新促进首都科技资源开放共享，形成了首都科技条件平台的资源优势。通过建立研发实验服务基地、领域中心和工作站，形成“小核心大网络”的资源开放和服务体系。在研发实验服务基地不改变仪器设备所有权的基础上，引入体系内、独立法人、公司化运作的专业服务机构，作为研发实验服务基地的核心运营载体，开展科技资源的市场化运营与服务。采取后补贴方式提高财政资金使用效率。北京市科委每年安排约8000万元的财政科技经费，其中约5000万元以后补贴方式对高校、科研院所科技资源的开放共享和服务情况予以奖励，约3000万元用于支持小微企业和创业团队，利用开放的科技资源进行创新创业活动。

◎ 依托创新券等方式增强对科技资源开放共享的激励

近年来，相关地方不断加大对平台的专项投入，推进科技资源开放共享成为地方财政科技投入的重要方向，主要支持方式包括平台建设专项经费、科技项目经费、运行补助奖励、创新券等多种方式。

据不完全统计，共有24个省（自治区、直辖市）对科技资源开放共享相关工作有专门的经费投入。其中，北京的经费投入最多，为9240万元，超出其他地区；在全国范围内，北京、上海和天津的经费投入超过了4000万元。截至2015年，已有9个省（自治区、直辖市）实施创新券政策，并且出台了专门的政策制度，推进创新券实施。有6个省（自治区）相关地级市层面实施了创新券政策。

地方将科研仪器设备共享、检验检测等资源共享服务列入创新券服务的重要内容。例如，北京市和上海市规定，创新券的使用范围主要是加盟本市科技资源共享服务平台的科技资源服务，这些综合性服务平台都集聚了地方大量的科研仪器设施等科技资源信息，也是各地方推进科技资源开放共享的重要载体。

根据初步统计，仅京沪鲁浙4个省市已共向近万家中小微企业及创新团队发放创新券7.6亿元，利用仪器开展的检验检测、合作开发等服务占50%以上，累计为企业节约仪器购置成本达数十亿元。在创新券政策激励下，4个省市对外开放共享的科研仪器不断增长，相较于70号文发布前，增加的仪器数量超过2万台。2015年，山东省科研仪器设备的利用机时达到583万小时，较创新券政策实施之前提高了11%。

第三章
科技重大专项

2015 年和 2016 年，分别是国家科技重大专项（以下简称“重大专项”）“十二五”收官和“十三五”开局之年，也是重大专项进入决胜攻坚阶段的起步之年。2016 年 6 月 3 日，习近平总书记、李克强总理等党和国家领导人参观国家“十二五”科技创新成就展重大专项展区，对专项进展给予高度评价。两年来，在党中央、国务院的统一领导下，在刘延东副总理的直接领导和大力推动下，科技部会同发展改革委、财政部（以下简称“三部门”）及各相关部门，以规划编制为主线，以管理改革为重点，聚焦标志性成果、创新推进督导模式，重大专项各项工作顺利推进，一批重大成果不断涌现。

第一节 总体情况

一、主要工作

2015 年 1 月和 2016 年 6 月，刘延东副总理先后主持召开重大专项组织实施推进会，充分肯定了专项实施取得的成效，深入剖析了当前存在的问题，全面部署了年度重点任务。按照国务院的总体部署，结合重大专项工作实际，三部门按照“服务前移”的思路，扎实推动各专项落实重点任务。

◎ 着力抓好“十三五”谋篇布局

2015 年，重点工作是谋划布局“十三五”重点任务。按照国民经济和社会发展“十三五”规划编制的统一部署，三部门会同各专项，坚持目标导向，落实“聚焦目标、突出重点、加快推进”的要求，以规划编制为抓手，广泛听取各方面意见和建议，研究确立今后 5 年的攻关重点和任务布局。

2016 年，《国家科技重大专项（民口）“十三五”发展规划》经过两年起草及多轮多方征求意见，于 2016 年 12 月 7 日经国务院第 157 次常务会议审议通过，12 月 30 日以科技部、发展改革委、财政部三部门的名义联合印发。作为指导重大专项决胜阶段各项工作的纲领性文件，《国家科技重大专项（民口）“十三五”发展规划》从维护国家安全、支撑供给侧改革、强化前瞻布局、提升企业创新能力、培育战略创新力量和深化科技体制改革 6 个方面分析了重大专项“十三五”面临的新形势、新挑战及重大需求，明确了重大专项“十三五”发展的指导思想，提出了坚持创新发展服务国家大局、坚持战略引领加强系统布局、坚持深化改革创新实施机制、坚持聚焦调整突出主攻方向、坚持企业主体完善创新生态 5 条实施原则，确定了总目标及各专项发展思路、目标和重点任务，提出了具体保障措施。

◎ 认真做好重大专项督查和验收抽查

2015 年 7—12 月，科技部会同发展改革委、财政部，组织成立了评估总体专家组和 10 个专项监督评估组，开展了 2015 年度重大专项监督评估。2015 年重大专项监督评估工作，进一步突出了重点，创新了方式方法，提高了规范化和专业化水平。监督评估专家组共赴 18 个省（自治区、直辖市）的 60 家承担单位进行了实地调研，考察了 68 个示范工程、17 个平台和 6 个基地，召开了 67 场座谈研讨会，并开展了问卷调查、技术就绪度评价和专利分析。在此基础上，研究形成了 2015 年重大专项监督评估总报告和民口 10 个重大专项监督评估报告。

2016 年，完成了 2015 年度监督评估总结和整改。依据监督评估工作情况，系统总结了专项组织实施的进展、成效和存在的问题，提出了改进建议。同时，对监督评估中发现的问题，逐项分析，查找原因，提出了相关整改措施，以及下一步工作考虑。在组织开展重大专项督查工作中，根据国务院办公厅《关于组织有关部门开展专项督查的通知》的要求，结合重大专项 2015 年监督评估整改落实督查工作安排，2016 年 5—8 月，组织对民口 10 个重大专项实施情况进行了督查。科技部万钢部长和王志刚书记亲自带队，督察组先后赴山东、浙江、河北、天津、上海、北京、云南、江苏和内蒙古 9 个省（自治区、直辖市），对民口重大专项的 26 个重点项目（课题）开展了实地督查，了解核实专项实施进展、重点问题的解决情况和有关建议，研究形成了《国家科技重大专项实施进展情况督查报告》并报送国务院办公厅。

为进一步强化任务验收工作管理，2015 年年初，科技部组织对 9 个专项的 107 个项目（课题）进行了任务验收工作抽查，发现了验收准备、验收程序、验收质量和结论、立项和合同书审查等方面存在的问题，并向各专项牵头组织单位进行了反馈，督促各专项进一步加强管理，提升重大专项项目（课题）任务验收工作的规范性、合理性和科学性。2015 年 4—8 月，财政部组织开展了 2015 年民口科技重大专项财务验收抽查工作。共组织了 80 位财务、技术和管理专家分为 10 个专家组，通过会议审查、电话 / 书面问询或实地核查等形式对分布在北京、上海等 24 个省（自治区、直辖市）的 94 个项目（课题）的财务验收情况进行了抽查，在充分沟通、认真核实的基础上，提出了 10 个专项的验收抽查报告和 1 个总报告，督促牵头组织单位落实监管责任，更好地保障重大专项的组织实施。

◎ 着力推进落实重大专项管理改革

2015 年，根据 64 号文件精神，重大专项作为整合后的五类科技计划之一，要纳入统一的国家科技管理平台进行管理，三部门会同各专项高度重视、积极推进重大专项管理改革工作。选择宽带移动通信、转基因、新药创制、传染病防治 4 个重大专项，在优化管理流程、专业机构改建、信息平台建设等方面进行管理改革探索。

2016 年，《民口国家科技重大专项管理改革方案》于 2 月 2 日经国家科改领导小组第十五次会议审议通过。依据管理改革方案，三部门研究提出了重大专项工作规则的修订建议，经多次征求部门意见，《国家科技重大专项组织实施工作规则》于 2016 年 12 月 30 日正式印发，明确了管理改革后重大专项组织管理的总体要求。在推进管理改革措施落实方面，一是 2016 年 4 月三部门印发《关于编制重大专项 2017 年度计划有关要求的通知》，要求各专项在 2017 年任务部署中落实各项改革重点举措。二是 2016 年 7 月印发《关于做好重大专项改革过渡期有关具体管理工作的通知》，明确了重大专项管理改革过渡期具体的指南发布、立项审批程序、合同签订、验收组织、经费划拨等相关工作要求。三是落实专业机构管理要求。按照专业机构管理的统一要求，结合重大专项管理特点，研究提出了《国家科技重大专项管理任务委托协议（试行）》，将组织具备委托条件的专项签订协议，进一步明确各方责任。

◎ 创新重大专项推进工作机制

2016 年，为保障各专项能够产出与重大专项的战略定位、战略目标及国家投入相匹配的标志性成果，完成各项既定任务，顺利实现预期战略目标，重大专项在组织实施工作机制上进行了积极探索和创新。

成立项目推进工作组。形成了由三部门、各专项、专业机构的业务骨干及专家代表组成的推进工作机制，并制定了工作规则。12 月 12 日，科技部党组书记王志刚专门召开推进组工作动员会进行动员部署。从运行情况来看，推进组以标志性成果凝练、路线图编制和更新、指南审核、综合平衡、成果转化等工作为抓手，在简化程序、形成合力、提升效率等方面发挥了积极作用。

组织开展重大专项标志性成果凝练与三院咨询工作。2016 年 9 月，组织各专项按照与重大专项战略定位、战略目标和国家投入相匹配的原则，梳理实施全周期已经取得和预期取得的标志性成果 65 项。委托中国科学院、中国社科院、中国工程院及咨评委专家对成果开展了第三方咨询。三院的咨询报告，充分肯定了专项实施进展和成效，进一步明确了专项的主要任务、目标和问题，并提出了建议。

编制项目推进工作路线图。基于标志性成果凝练及第三方咨询意见建议，并结合各专项前期梳理的问题清单和团队基地建设情况，会同各专项编制完成了《国家科技重大专项工作推进路线图》（第一版），凝练了标志性成果65项，技术问题321项，管理问题56项，并提出了下一步重点推进的工作和调整建议，实现了从无到有的突破，作为后续任务部署推进的重要依据。推进工作路线图呈报国务院后，刘延东副总理高度肯定了路线图的工作并做出了重要批示。

◎ 系统总结宣传“十二五”成效经验

为落实好万钢部长“讲好重大专项故事，凝聚重大专项精神”的有关要求，三部门主动加强了对各专项新闻事件的跟踪关注和典型案例的总结凝练，拓展信息收集方式及范围，通过宣传鼓舞士气、振奋精神，为专项实施营造良好环境。

做好“十二五”实施成效总结。梳理凝练重大专项“十二五”进展成效、总结实施经验和当前存在问题，起草形成《关于国家科技重大专项“十二五”实施进展情况的报告》，上报党中央、国务院。制作视频汇报短片《“十二五”国家科技重大专项巡礼》，编纂印发《国家科技重大专项（民口）重要技术成果精编（第二辑）》。

组织参加“十二五”科技创新成就展。牵头协调组织10个民口和4个军口重大专项参与国家“十二五”成就展，设置重大专项总况、民口10个重大专项及3个军民融合专项展区，展区面积约3600平方米，展品超过200件，展览期间累计吸引观众8万余人，得到了党和国家领导人的充分肯定和观众的一致赞许。同时，积极协调重大专项参与香港、澳门、绵阳、深圳巡展，起到了积极的宣传效果。

做好重大专项工作和成果宣传。主动联系中央媒体，在传统媒体、新媒体上积极介绍专项实施进展。在两会、全国创新大会等重要时间节点，针对性地策划主题宣传活动，协调新华社记者对重大专项成效、典型人物进行采访并形成系列报道，营造良好氛围。邀请6位重大专项总师在中国科协年会上做主题报告，宣传推广重大专项实施成效，树立重大专项品牌效应。编印重大专项动态、重大专项工作快报，加强简报、专报、研究报告及网站新闻等信息报送工作，及时反映重大专项组织实施工作动态及重大进展。

◎ 积极推动重大专项成果管理和转化

三部门不断加强重大专项知识产权管理。2015年，跟踪了解各专项知识产权工作进展，加强与知识产权局的沟通合作，推动重大专项专利优先审查工作，加强专利分析和预警。2015年重大专项专利预警分析题目占国家知识产权局全年题目总量的50%。组织完成了第17届专利奖的推荐工作。在专利成果推广方面，初步研究提出了《国家科技重大专项专利成果推广工作方案》。

开展重大专项成果转移转化重大问题研究。2016 年，先后赴上海、浙江、陕西、辽宁、山东 5 省市，对重大专项成果转化和产业化情况进行实地调研。通过座谈研讨、面访调查，听取地方科技管理部门和一线科研人员的意见建议。同时，从专项成果转移转化成效与经验、存在的问题与障碍、有关建议等角度，梳理了近 3 年重大专项监督评估的有关发现。结合国外成果转移转化和重大科技项目管理的经验做法，探讨加快重大专项实施、推进专项成果市场化和产业化的路径，提出了加强成果转移转化的有关建议，研究形成了《重大专项成果转移转化重大问题研究报告》。

推动设立重大专项成果转化子基金。为进一步推动重大专项成果转化，充分发挥中央财政资金撬动社会资本的杠杆作用，保障重大专项战略目标的顺利实现，科技部会同有关部门和单位研究提出了《关于设立国家科技重大专项成果转化基金的初步方案》，积极推动在“国家科技成果转化引导基金”中设立重大专项成果转化子基金。2016 年年底基金已正式获批成立，首期规模 100 亿元，由国家开发投资公司管理。基金将重点投资于民口国家科技重大专项中具有较高创新水平和市场竞争力、有望形成新兴产业、有利于保障专项目标实现的项目与成果，通过市场化手段加速重大专项成果转化与产业化。

◎ 做好人才引进、国际交流等工作

结合重大专项组织推进，继续抓好海外高层次人才引进和国际合作有关工作，为专项实施营造良好环境，夯实基础。

抓好海外高层次人才引进工作。继续做好第十一、第十二批“千人计划”入选人才通知发放、合同签署备案工作，督促各专项完善引进人才管理，为入选专家提供相关保障。组织开展第十三批“千人计划”国家重点创新项目平台人才评审推荐工作，2015 年和 2016 年分别组织开展了第十二批和第十三批“千人计划”国家重点创新项目平台答辩评审和推荐工作，共引进 18 位“千人计划”专家（累计引进专家 262 人）。组织召开“千人计划”专家座谈会，组织工作和引才质量均得到中央组织部人才局好评。

依托重大专项实施开展国际交流合作。大力推动集成电路装备专项与荷兰、比利时等国的合作交流，推动宽带移动通信专项与欧盟的深度合作、核电专项与印尼在高温堆方面的合作等，充分利用国际资源完成好专项任务，并促进专项成果“走出去”。油气开发专项落实“一带一路”倡议，致力提升分享海外油气资源的核心竞争力，形成了中国在中西非裂谷、非洲尼日利亚、中东伊朗、中亚土库曼等海外五大油气合作区。中德进一步加强水污染治理合作，共同举办水专项合作研讨会，两国政府部门、研究机构、大学和企业的 100 多位代表参会交流。转基因专项推动转基因大豆走出去，已在阿根廷完成五代种植试验。传染病防治专项支持的埃博拉病毒诊断试剂用于西非实战，实现境外开展疫苗临床试验零的突破，援非抗埃实现“零感染、打胜仗”的目标。

二、任务部署

（一）2015 年度任务部署

◎ 任务安排

2015 年，除油气开发专项无新立项计划外，其余 9 个重大专项新立项项目（课题）253 项，2015 年新立项项目（课题）数量按承担单位性质分布情况见表 3-1。

表 3-1　2015 年新立项项目（课题）数量按承担单位性质分布情况

单位性质	课题数量 / 个	占比 / %
企业	162	64.03
科研院所	58	22.93
高等院校	23	9.09
其他	10	3.95
总计	253	100

2015 年继续引导专项资源向作为创新主体的企业集聚，新立项项目（课题）由企业牵头承担 162 个，约占新立项项目（课题）数量的 64.03%。

◎ 资金投入

2015 年国家科技重大专项新立项项目（课题）中央财政投入总额约 67.87 亿元，地方、企业和社会投入 107.03 亿元，总经费为 174.90 亿元（表 3-2）。

表 3-2　2015 年新立项经费来源情况

经费来源	金额 / 亿元	占比 / %
中央财政	67.87	38.80
地方投入	26.07	14.91
企业自筹	80.96	46.29
总计	174.90	100

2015 年新立项中央财政投入按承担单位性质分布见表 3-3，企业作为创新主体，承担经费约占新立项中央财政投入的 64.03%。

表 3-3　2015 年新立项中央财政投入按承担单位性质分布情况

单位性质	经费投入 / 亿元	占比 / %
企业	43.46	64.03
科研院所	15.77	23.24
高等院校	6.47	9.53
其他	2.17	3.20
总计	67.87	100

（二）2016 年度任务部署

◎ 任务安排

2016 年，除水污染治理专项无新立项计划外，其余 9 个重大专项新立项项目（课题）214 项，2016 年新立项项目（课题）数量按承担单位性质分布情况见表 3-4。

表 3-4　2016 年新立项项目（课题）数量按承担单位性质分布情况

单位性质	课题数量 / 个	占比 / %
企业	139	64.95
科研院所	42	19.63
高等院校	27	12.62
其他	6	2.80
总计	214	100

2016 年继续引导专项资源向作为创新主体的企业集聚，新立项项目（课题）由企业牵头承担 139 个，约占新立项项目（课题）数量的 64.95%。

◎ 资金投入

2016 年国家科技重大专项新立项项目（课题）中央财政投入总额约 164.96 亿元，地方、企业和社会投入 505.63 亿元，总经费为 670.59 亿元。2016 年新立项项目（课题）经费来源分布情况见表 3-5。

表 3-5　2016 年新立项经费来源情况

专项	金额 / 亿元	占比 / %
中央财政经费	164.96	24.60
地方投入经费	27.37	4.08
企业自筹经费	478.26	71.32
总经费	670.59	100

三、重点突破

2015 年和 2016 年，重大专项在关键共性技术攻关、重大战略产品研发、示范工程建设和成果转化应用方面，取得显著进展。各专项按照《国家科技重大专项（民口）“十三五”发展规划》的布局，紧紧围绕“满足国家战略需求和支撑产业发展”的主线，坚持“问题导向”和“目标导向”，在全面落实重大专项管理改革各项要求的基础上，加快组织实施，紧密围绕推进路线图部署重点任务，集中优势力量和资源开展协同攻关，取得了阶段性成效，提升了相关领域的自主创新能力，为培育发展新动能、维护国家安全、建设生态文明和改善民生提供了重要的科技支撑。

◎电子与信息领域

“核心电子器件、高端通用芯片及基础软件产品”专项在 2015 年和 2016 年围绕专项总体目标，聚焦瘦身、优化任务部署、创新组织实施模式，在关键任务研发和产业化及组织实施方面取得了重要的进展。中国信息技术产业的自主可控和创新能力得到明显提升 ：“十二五”期间，专项培育聚集国产 CPU、操作系统关键基础软硬件研发人才队伍，推动 CPU、操作系统与计算机整机的深度融合，建立自主可控关键软硬件相互衔接，互相支撑产业体系和生态环境，自主创新能力和产业能力大幅提升。一批关键技术和产品达到国际领先水平，超级计算机 CPU 架构设计达到国际领先水平 ；采用全国产 CPU 处理器的“神威 · 太湖之光”超算整机在世界超算 TOP 500 排名中列第一。一批重点产品进入实装应用，实现产业化，海思半导体的智能电视 SoC 芯片打破垄断、出货超过 1000 万片 ；基于上海兆芯 ZX-C 芯片的 II 代整机于 2016 年年初实现了量产，形成万套销量，在党政办公、涉密等领域中得以实际应用 ；阿里 YunOS 的智能终端装机量已过亿 ；中国航信基于国产基础软件的民航客票交易系统实现了在国航、首都航空、西藏航空的应用。

“极大规模集成电路制造装备及成套工艺”专项实施以来，集成电路技术水平取得了长足进步，创新能力和产业实力显著增强，与国际先进水平的差距逐步缩小。2015 年和 2016 年，集成电路装备专项，集成装备、材料与工艺全面进入 14 nm 时代 ：PVD、PECVD、刻蚀机等 6 种关键设备完成 14 nm 节点研发，并有刻蚀机、LPCVD、单片退火 3 种 14 nm 节点关键设备已进入中芯国际 14 nm 研发线进行验证，首次实现国产设备与进口设备的同步验证；14 nm 工艺研发线基本建设完成，发布 0.1 版基线工艺（PDK），28 nm 高 k 金属栅工艺（HKMG）成功流片；抛光液等多款产品已实现在 14 nm 技术节点应用。至此专项第一次在 14 nm 节点上实现了先进工艺、装备、材料协同发展的新局面，研发综合实力迈上新台阶。另外，专项为《国家集成电路产业推进纲要》实施奠定了坚实的技术基础。通过专项技术攻关，大幅提升了国内集成电路制造、装备和材料企业的竞争能力和消化能力，为新形势下实施重大产业整合与海外并购建立了深厚的实力条件。集成电路专项的实施推动中国集成电路产业形成了创新链、产业链、金融链“三链融合”协同发展的良好生态环境，探索出了一条科技、产业、金融有效协同的新模式。截至 2016 年年底，专项支持的技术及产品重大成果，已获国家重点新产品 5 项，国家科学技术进步奖二等奖 1 项，国家技术发明奖二等奖 1 项，省部级科学技术奖一等奖 4 项，二等奖 3 项，三等奖 3 项。通过专项支持引导，已涌现出一批具备一定国际竞争力的骨干企业，并培养出一支世界水平的核心技术团队，包括新增院士 3 名。

“新一代宽带无线移动通信网”专项在 2015 年和 2016 年全面支撑了宽带移动通信技术研发与产业化,移动通信发展实现了从“2G 跟随”“3G 突破”到“4G 同步”的跨越,已形成涵盖系统、芯片、终端和仪表等较为完整的产业链，实现了从算法、关键技术、标准、产品到应用的全链条多项关键技术的突破，有力推动了 TD-LTE-Advanced 的标准化、产业化和国际化，中国在移动通信领域的创新能力、产业实力显著提升。截至 2016 年 12 月底，国内累计完成 TD-LTE 基站建设约 146 万个，TD-LTE 4G 用户数达到 5.35 亿户；TD-LTE 全球商用网络数量达到 102 张，基站出货量累计 190.5 万个，用户数达到 9.93 亿（含使用 TDD+FDD 混合组网商业用户），TD-LTE 芯片出货超过 6.84 亿套片。5G 方面，中国率先提出 5G 概念和技术路线，完成 5G 愿景与需求研究,并发布了《5G 无线技术架构白皮书》和《5G 网络技术架构白皮书》,确定了 5G 技术试验频率。依托专项，全面启动 5G 技术研发试验，已完成第一阶段主要 5G 无线和网络关键技术的性能和功能测试，各关键技术通过验证。中国提出的 5G 网络架构、灵活系统设计、编码方案等技术被国际标准采纳,确立了中国在 5G 前期研究中的优势。截至 2016 年年底,专项共申请专利 10 216 项,为 TD-LTE 技术发展和产业化提供重要技术支撑。在专项支持下,“第四代移动通信系统(TD-LTE)关键技术与应用”项目荣获 2016 年度国家科学技术进步奖特等奖。

◎能源与环保领域

“大型油气田及煤层气开发”专项在理论认识、关键技术和装备研制等方面取得重大进展。

陆上油气勘探在深层古老油气系统理论认识方面取得原创新进展，为深层油气资源的发现提供了科学依据；深层碳酸盐岩储层预测与改造技术取得突破，快速建成年产能达 110 亿立方米的安岳大气田，平均单井日产量百万立方米以上；深井、超深井、非常规油气钻井和压裂装备研制取得重大进展；流花 16-2/20-2 深水油田、陵水 17-2 深水气田开发技术方案通过专家审查，标志着中国深水油气田进入自主开发的实施阶段；涪陵、长宁—威远页岩气示范工程建设进展顺利，部分成果达到国际先进水平。工程技术和装备跨越式发展，自主研发 G3i、EILog、3000 型大型压裂装备和长输管道一批重大工程技术装备，基本实现国产化，逐步走向海外市场。海洋油气勘探开发突破深水成藏理论认识和海上稠油热采试验，奠定中国海洋深水油气田规模开发基础；海外油气勘探开发实现国内成熟技术成功应用到海外勘探开发重大跨越，显著提升中国在国际能源市场核心竞争力。2016 年专项共申请专利 468 件（其中发明专利 219 件），申请软件著作权 41 项，编制标准和规范 18 件；相关成果获国家科学技术进步奖二等奖 1 项，省部级奖项 30 项。

“大型先进压水堆及高温气冷堆核电站”专项完成 CAP1400 通过 IAEA 通用反应堆安全评审，CAP1400 自主化燃料定型组件样件研制成功，AP1000 三代核电燃料组件用核级锆材正式投料生产，CAP1400 屏蔽主泵样机装入试验台开展鉴定试验，具有自主知识产权的核电关键设计软件包(COSINE)开发完成公开测试版，反应堆保护系统平台 NuPAC 完成核安全局和美国核管会的取证。CAP1400 反应堆压力容器、蒸汽发生器、堆内构件、控制棒驱动机构、汽轮机、发电机等主要设备均已按计划完成研制。高温气冷堆核电站示范工程（以下简称“示范工程”）进入安装调试高峰阶段，完成压力容器、金属堆内构件等主设备到货安装，实现除盐水系统、110 kV 倒送电及主控室等调试工作。燃料装卸全尺寸热态试验及全尺寸乏燃料贮罐跌落试验验证完成。大型乏燃料后处理厂关键工艺及设备样机研制取得积极进展。

“水体污染控制与治理”专项坚持“减负修复”阶段目标，在继续攻克污染负荷削减关键技术的基础上，加大面源污染控制、有毒有害污染物控制、水体生态修复、示范流域水环境监控技术和饮用水净化等关键技术研发力度。截至 2016 年年底，突破了钢铁、石化等典型行业全过程污染控制、城市低影响开发和黑臭河流治理、河湖水生态修复、流域水环境监管、饮用水安全保障等一批关键技术，形成了涵盖 1000 余项核心技术的水污染治理、水环境管理和饮用安全保障技术体系，授权国内外专利 1400 余项，有力推动了太湖贡湖湾、淮河贾鲁河、巢湖十五里河等综合示范区水质改善；建成了太湖、淮河流域水质水量水生态联合调度和松花江水环境综合预警等一批业务化运行管理平台；研制了磁性树脂污水深度处理材料、超滤膜组器系列产品、FMBR 农村分散式污水处理装置等一批关键设备和材料，形成了多家环保产业联盟，累计实现产值近 80

亿元。形成了《河流型流域水生态功能分区技术规范》《湖泊型流域水生态监测技术指南》等标准规范 20 余项，支撑了太湖等流域水质改善和饮用水达标，为“水十条”、海绵城市建设等国家战略的出台和实施提供了全方位支撑。

◎生物医药领域

“转基因生物新品种培育”专项在原创性产品研发与产业化应用、重要基因克隆和关键技术创新等领域取得显著成效。转基因动植物新品种培育及产业化稳步推进。2015 年，培育抗虫棉新品种 23 个，推广 2786 万亩，减少农药使用 2.7 万余吨，实现经济效益 27 亿元。储备了一批具有重要产业化前景的重大产品。2016 年，培育抗虫棉新品种 21 个，累计推广 1365 万亩，减少农药使用 1.3 万余吨，实现经济效益 13 亿元。利用华恢 1 号、T1C-19 和 T2A-1 抗虫水稻，选育出 23 个综合性状超过区试标准的优良转基因抗虫杂交稻组合；转基因抗除草剂杂交旱稻“香 125S/Bar68-1”比对照增产 8% 以上。基因克隆和转基因技术取得新突破。克隆功能基因 630 个，获得动植物重要经济性状基因 146 个，其中重大育种价值新基因 30 个，如抗玉米茎腐病基因 qRfg2 能使玉米对茎腐病的抗病率提高约 10%；利用 CRISPR/CAS9 创制双等位基因替换的 CD163 基因编辑猪，对蓝耳病具有显著抵抗作用。小麦遗传转化技术取得重大突破，转化效率提高到 20% 左右。生物安全技术保障能力进一步增强。进一步完善转基因生物环境和食用安全评价技术体系。2015 年研制评价新技术和新方法 35 项，制定环境、食用和饲用安全评价技术标准和规程 6 项。2016 年研制新技术和新方法 27 项，技术标准 14 项，标准物质 29 个，检测试剂盒 / 试剂条 19 种。形成了高精度、高通量和高效率转基因生物安全评价和检测监测的技术体系，提高了中国生物安全保障能力。

“重大新药创制”专项组织实施进展顺利，成功研制出一批具有自主知识产权的创新药物并获得新药证书，初步部署和形成了完整的产品线，新药研发的创新性和质量明显提升。根据年度执行情况调查统计表初步统计，2015 年新药专项支持课题获得新药证书和生产批件 13 件；申请发明专利 1230 件；专利授权 756 件。2016 年获得新药证书和生产批件 4 个；累计申请发明专利 1228 件（其中，国内发明专利 812 项，国际发明专利 416 项）；专利授权 818 件（国内发明专利 484 项，国际发明专利 334 项）；正在制定或完成各项标准 573 项，具体包括国际标准 11 项，国家标准 157 项，行业标准 51 项，地方标准 10 项，企业标准 344 项。全球首个获批的口服治疗外周 T 细胞淋巴瘤药物——西达本胺，标志着中国拥有了完全本土化研究的原创新药；成功研制的世界首个 Sabin 株脊髓灰质炎灭活疫苗和首个 EV71 疫苗获批上市，有效服务于疾病防控需求。新药专项实施以来，除带动中国生物医药技术水平和创新能力显著提升外，专项成果同时带动产业发展并取得重大经济效益。通过应用专项成果产生一系列直接效益，其中新增产值 1 514 801 万元，出口额 7138 万美元，净利润额 302 183 万元，实交税金总额 168 986 万元。

“艾滋病和病毒性肝炎等重大传染病防治”专项聚焦传染病防控关键领域，集中优势资源，取得显著成效。一是突发急性传染病应对能力达到国际先进水平，初步建立了 72 小时内鉴定 300 种已知病原及未知病原的筛查技术体系，突破了一批国际前沿水平的防控技术，突发急性传染病防控能力总体达到国际先进水平，为有效应对甲型 H1N1 流感、H7N9 禽流感、中东呼吸道综合征、寨卡热等重大突发疫情发挥重要支撑作用。自主研发的埃博拉病毒诊断试剂用于西非实战，实现境外开展疫苗临床试验零的突破，援非抗埃实现“零感染、打胜仗”的目标。基于专项的科技支撑，重大突发疫情实现了从被动应付到主动应对的转变，为社会经济可持续发展提供了强有力保障。二是重大传染病防控技术能力显著增强。突破一批制约三病诊防治的关键技术，形成一批具有国际水平的“中国方案”，为降低三病两率提供科技支撑。2007—2014 年，艾滋病年病死率由 5.8% 下降到 3.1%；乙肝感染率由 6.9% 降至 4.6%，5 岁以下儿童乙肝表面抗原携带率降至 1% 以下，并将重症乙肝病死率由 84.6% 降至 56.6%；结核分枝杆菌检测时间由 4 ～ 8 周缩短至 6 小时以内。传染病防治专项“十二五”期间共获得国家级科技奖 19 项。

◎先进制造领域

“高档数控机床与基础制造装备”专项在关键装备和关键技术方面均取得重大成果和技术突破，目前数控机床专项实施方案确定的十大标志性设备中已完成 9 项，明显缩小了中国装备制造业与国际先进水平的差距。在中国提出的用于检测五轴联动机床精度的 S 形试件标准通过国际标委会审定，成为中国在高档数控机床设计、检测领域的首项标准；世界最大的 25 m 数控立柱移动立式铣车床正式投入使用；国产首条全伺服高速自动冲压线全线贯通；世界最大的 15 000 t 大型液压成形装备完成设备调试，并成功制造出 3.35 m 直径铝合金火箭整体箱底样件。截至 2016 年年底，国产高档数控系统累计销售 1000 余套，国内市场占有率由专项启动前的不足 1% 提高到了 5% 左右；中档数控系统累计销售 50 000 多台（套），实现了批量生产，国内市场占有率从 10% 提高到 25%，为实现中国数控技术的跨越式发展提供了有力支撑。数控机床与基础制造装备行业技术水平明显提升。37 种数控机床与基础制造装备主机达到或接近国际先进水平，为核电、大飞机等重大专项和高技术船舶国家重点工程提供关键制造装备，多项关键技术和装备有力支撑和保障国家安全。此外，专项课题累计申请发明专利 3956 项，立项国家及行业标准 407 项，研发各类新产品、新技术 2951 项，新增产值约 706 亿元；在行业研究机构、重点企业建设了 18 项创新能力平台，在重点用户处建立了 48 个示范基地；共培养人才 5512 人，其中博士 2256 人。

第二节
重要科研进展与成果

一、核心电子器件、高端通用芯片及基础软件产品

◎基于国产 CPU 超级计算机

基于国产 CPU 超级计算机性能达到国际先进水平。上海高性能集成电路设计中心在“十一五”已取得的成果和技术基础上，突破异构众核处理器架构技术、异构众核处理器验证技术和基于 28 nm 先进工艺的众核处理器物理实现技术，研发超高性能异构众核处理器，应用于国产高性能计算机系统中。“神威 · 太湖之光”超级计算机系统全部采用上海高性能集成电路设计中心研制的申威 26010 异构众核处理器，实现系统峰值运算速度超过 100 PFlops。在 2016 年的第 47 次和第 48 次 TOP 500 全球超级计算机排名中，该机器在速度、性能和绿色指标上两次达到世界第一。基于“神威 · 太湖之光”超级计算机的应用“全球大气非静力云分辨模拟”获得 2016 年度戈登贝尔奖，实现了中国在这一领域零的突破。

◎采用国产 CPU 和操作系统、面向党政办公领域的桌面计算机

采用国产 CPU 和操作系统、面向党政办公领域的桌面计算机实现基本可用。在 CPU 及专用工艺方面，兆芯与国内工艺厂华力合作，已完成 ZX-B 最新批次的试流片生产；支持国密算法的 ZX-C+ 及配套高速 I/O 芯片组 ZX-100 已经完成研发、流片、内部测试验证及系统验证，处于量产状态；针对未来技术研究项目，2016 年开展了 28 nm SoC 及配套 I/O 扩展芯片架构的研究与设计。目前已经完成了设计、仿真验证，并进行了验证流片，新架构的单核性能比 ZX-C 系列处理器可提升近 30%。在操作系统方面，围绕 CPU/OS 软硬件协同和用户体验提升，开展了一系列适配优化工作，已完成基础版 V2.0 的发布。

在产业链方面，与金山、福昕、数科、万达、太极、华宇、上海长城等软件厂商和集成商合作，形成一套完善的解决方案。经电子四院测试，兆芯 ZX-C 与 Intel i5 在用户体验方面性能相当。2016 年 11 月，兆芯开先 ZX-C 系列处理器获得第十八届中国国际工业博览会金奖。在产品应用推广方面，2016 年 5 月，开天 M6100 台式机和昭阳 CF03 笔记本入围上海政采电子集市；2016 年 12 月，上海市给予首台（套）政策支持。2016 年度已经陆续销售国产机器 8000 多台。

◎智能终端 SoC 芯片

智能终端 SoC 芯片实现规模化应用。深圳海思半导体有限公司成功研制出智能电视核心芯片 Hi3751，该芯片是全球首款集成 4K×2K MEMC 技术的智能电视 SoC 芯片，国内首款支持 4K×2K UI 30FPS、支持 H.265 的智能电视 SoC 单芯片。截至 2016 年年底，已量产 4 款 TV SoC 芯片，累计发货超过 1000 万片。深圳创维 -RGB 电子有限公司采用该芯片研发了 42 ~ 65 寸 G8200 系列高端超高清智能电视产品，在全景动态补偿（MEMC）、高码率 4K 解码、2K 转 4K 处理技术上处于国际先进水平，打破了 MTK 的市场垄断。

◎ 云计算基础软件平台

由用友软件股份有限公司承担的"面向大型行业应用的共性云计算基础软件平台研制与应用"课题，突破了元模型驱动的设计器开发、可视化集成开发环境 UAP Studio、存储虚拟化在分布式文件系统的扩展性与高可用性、计算资源虚拟化云管理平台软件系统等关键技术。申请专利 27 项，软件著作权 7 项。用友云计算基础软件系统产品在制造、流通与服务、医疗、金融、电信、政府、教育、汽车等行业中有良好的表现，基于本成果的软件和服务收入累计实现 10 亿元。

◎国产基础软件在民航客票系统成功应用

中国民航信息网络股份有限公司牵头研发的基于安全可靠基础软件的民航客票交易系统，在专项的支持下实现了基础软件的国产化，使民航客票交易系统由最早的复制跟随发展到引领创新，并实现了国产化民航客票交易系统在国航、首都航空、西藏航空的应用示范，系统运转稳定，累计为国航、首都航空、西藏航空处理来自全球的电子客票 4000 余万张，验证了国产基础软件可以用于全国民航领域核心实时交易系统。

二、极大规模集成电路制造装备及成套工艺

◎装备技术研发迈上新台阶

已有 3 种 14 nm 节点关键设备（刻蚀机、LPCVD、单片退火）开始进入中芯国际 14 nm 研发线，首次实现国产设备与进口设备的同步验证；PVD、PECVD、离子注入机、氧化炉、CMP、清洗机等 14 nm 关键设备完成技术研发。10/7 nm 刻蚀机开始进入客户验证，PVD、PECVD、ALD、清洗机等 10/7 nm 设备，完成单元技术研发。国产 12 英寸（1 英寸 =2.54 cm）关键装备实现从无到有的突破，打破受制于人的被动局面。刻蚀机、PVD、离子注入机等 15 种 28 nm 前工序关键设备完成大线验证，取得连续订单，正在逐步扩大实现规模销售。国产刻蚀机产品的技术进步，迫使美国宣布取消该产品对中国的出口审查。国产化学机械抛光（CMP）设备（图 3-1）研制成

功并实现销售。

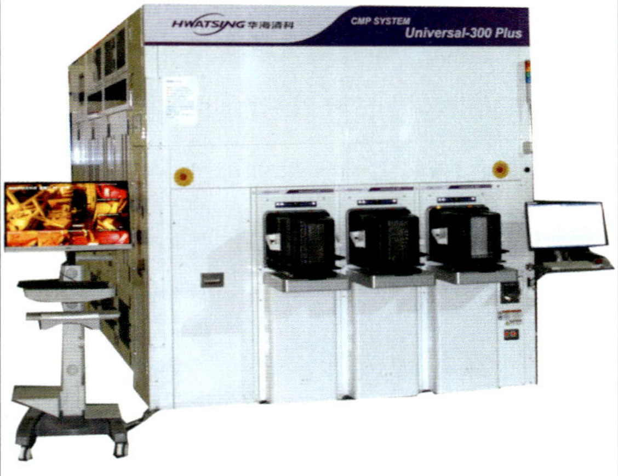

a　300 mm CMP System Universal-300

b　300 mm CMP System Universal-300 Plus

图 3-1　国产化学机械抛光设备

◎光刻机继续攻坚克难

2016 年，90 nm 单工件台光刻机完成研制及内部工艺测试，进入上海研发中心正在进行产品级工艺考核；NA 0.75 光刻投影物镜交付上海微电子装备（集团）股份有限公司用于国产整机集成；光刻机双工件台系统样机研发项目通过专项验收；浸没式光刻机工程技术研发及光学系统部件产品研发全面启动；极紫外光刻（EUVL）小视场曝光系统实现图像曝光，分辨率达 32 nm。

IC 前道扫描光刻机取得技术突破并实现自主销售。在集成电路专项的支持下，由上海微电子装备(集团)股份有限公司(SMEE)承担自主研发并拥有完全知识产权的“90 nm 光刻机 α 样机研发”项目产品 90 nm 扫描光刻机研制取得了技术突破。借助集成电路装备专项 90 nm 光刻机研发经验与技术成果，SMEE 成功研制了前道 I-line 扫描光刻机，已正式交付用户，实现了自主市场销售。该款光刻机可用于 IC 前道领域 280 nm 关键层和非关键层的工艺制程。

◎制造工艺为加速启动先进工艺线建设奠定技术基础

28 nm 成套工艺技术持续开发与改善，28 nm 高 k 金属栅工艺（HKMG）成功流片，14 nm 研发线基本建设完成，发布 0.1 版基线工艺（PDK），5/7 nm 先导工艺研发开始布局。在专项布局的 55/40/28 nm 三代工艺完成研发实现量产的基础上，2016 年，中芯国际、上海华力等龙头企业纷纷开始进入了扩充产能启动的密集期。

14 nm 关键工艺模块开发。2016 年，中芯国际集成电路新技术研发公司在研究开发新结构器件模块、鳍部形成及浅沟隔离工艺模块、高 k / 金属栅工艺模块、源漏掺杂及退火工艺模块、低温选择性外延技术、浸没式多重曝光技术、局部互连工艺、超低 k 材料相关工艺取得重要突破，建立了一条鳍型器件开发的 Mini-Line 微型产生线。核心器件性能已达到业界最新标准 90% 以上，核心器件可靠性测试全部通过。2016 年全年申请发明专利 547 项，其中国外专利 87 项。

90 nm 嵌入式 NVM 金融卡工艺与应用 IP 平台。上海华虹宏力半导体制造有限公司基于前期 8 寸（1 寸 =3.33 cm）生产工艺技术基础，开发了具有自主知识产权的 90 nm 嵌入式 NVM 金融卡产品制造工艺，同国内相关单位一起实现了金融 IC 卡芯片的设计、制造和封装一体的完整产业链。

◎封装测试产业技术进入世界先进行列

12 英寸影像传感器封装技术（CIS）、晶圆级封装技术（WLCSP）、硅通孔（TSV）等核心技术进入国际先进水平，技术成果转化成效显著，2016 年销售收入呈现爆发式增长，总额超过 60 亿元；长电科技跻身世界封测企业排行榜前三，封测产业规模进一步扩大。基于硅通孔、倒装和裸露塑封的指纹芯片系统级封装技术。2016 年累计生产 4000 片圆片和 600 万颗封装产品、实现销售收入 5800 万元、利税 900 万元。2017 年已达成 9000 片月出货，可实现年封装产量 10 万片和 6000 万颗封装产品，实现销售收入超过 4 亿元。

◎关键材料取得规模化市场应用

300 mm 硅片项目完成 1 万片产能研发线建设，开展了单晶棒试制和切、磨、抛、外延等工艺开发。抛光液、靶材、化学试剂、特气等关键材料从专项前仅供应 6 英寸生产线跨越至满足 12 英寸 14 nm 节点工艺要求，部分品种成为 8/12 英寸集成电路生产线基线产品，实现了重大技术跨越。

三、新一代宽带无线移动通信网

◎ 5G 关键技术

5G 研发成效明显，已全面启动 5G 技术研发试验，目前已完成第一阶段主要 5G 无线和网络关键技术的性能和功能测试，各关键技术通过验证，进入第二阶段工作。目前，中国在大规模天线、新型多址、新型多载波、高频段通信、信道编码、超密集组网、低时延高可靠及网络切片、移动边缘计算等 5G 关键技术方向取得技术突破。中国提出的 5G 网络架构、灵活系统设计、编码方案等技术被国际标准采纳，确立了中国在 5G 前期研究中的优势。

5G 技术研发试验。中国 5G 技术研发试验于 2016 年 1 月全面启动，在 2016—2018 年开展，分为关键技术验证、技术方案验证和系统方案验证 3 个阶段。试验完成了大规模天线、新型多址、新型多载波、高频段通信等 7 个无线关键技术，以及网络切片、移动边缘计算等 4 类网络关键技术的测试，充分验证了上述关键技术在支持 Gbps（每秒千兆比特）用户体验速率、毫秒级端到端时延、每平方公里百万连接等多样化 5G 场景需求的技术可行性。

5G 高频原型机。在 2016 世界移动通信大会上，中兴首次展示了 5G 高频原型机（图 3-2）。中兴推出的 5G 高频原型机，采用 BBU+AAU 方式实现收发，可实现双流传输，达到了单用户峰值吞吐率 10 Gbps+，支持 Beam tracking，能根据信道质量自适应切换波束，LOS 覆盖良好，NLOS 覆盖明显下降。

图 3-2　5G 高频原型机

◎ LTE-Advanced 多模终端芯片和元器件

手机终端芯片作为中国移动通信产业链的薄弱环节，在专项的支持下，海思、展讯等手机终端芯片企业加速关键技术研发，2016 年全面突破 16 nm 设计工艺，实现 16 nm 芯片规模商用。LTE-Advanced 多模芯片技术。2016 年，展讯在已有 LTE 多模技术基础上，重点在 16 nm 工艺、无线数据处理能力等方面突破了系列关键技术，开发出 16 nm 工艺的 64 位八核 LTE 单芯片 SC9860。LTE-Advanced 元器件在专项三支持下，企业努力突破专利和新工艺新材料壁垒，在一体化、平台化方面缩小与国际先进水平的差距。

◎ 面向 TD-LTE/TD-LTE Advanced 的测试技术和仪表

面向 TD-LTE/TD-LTE Advanced 的测试技术和仪表不断获得突破，开发的支持 LTE 及 LTE-Advanced 的信号源及无线信号分析仪、LTE-Advanced MIMO 矢量信号分析仪等成果，满足了中国通信元器件的研发和生产测试需求。LTE/LTE-Advanced 的信号源及无线信号分析仪，达到与国外仪表相同的测试精度和功能。支持 3G 和 4G 通信协议，也支持 5G 部分协议测试，2016 年年底已经完成与华为的 5G 基站初步测试。

◎ TD-LTE 系统设备

在专项的支持下，中国在 TD-LTE 系统设备研发领域，处于国际领先位置。华为、中兴、大唐、上海贝尔等国内企业均推出了面向商用的成熟产品，除有效支撑国内中国移动的 TD-LTE 商用网络的建设，还大规模应用到美国 Sprint、俄罗斯 Osnova、沙特 STC、澳洲 Optus、日本软银、印度 Bharti Airtel、英国 UKB 等商用网络，有力地带动了中国信息通信产业的发展。目前，基于 TDD 的多天线和 MIMO 增强技术、多载波聚合、多点协作技术、自优化网络等 TD-LTE 增强技术成果，以及分布式基站、软基站技术的研究和应用，使中国 TD-LTE 基站的体积、重量、性能、容量、功耗、可靠性及产品系列化等方面具备更强的市场竞争力。

◎ 基于无线的物联网应用技术

面向工业无线网络协议 WIA-PA 突破组网协议、时间同步、调度算法等一系列核心技术，有效促进了 WIA-PA 的技术成熟，已被 IEC 批准为正式标准 IEC 62601，成为全球工业无线网络领域的三大主流标准之一。其产品已在石油、化工等行业得到应用，推动了中国仪表行业产业升级和工业领域的节能减排。研发的面向地质灾害监测预警的传感器网络系统，提高了灾害监测系统的信息化程度，改善了人工巡检和数据采集的落后状况，大大缩短了灾害预测时间，系统技术达到国内领先水平。

四、高档数控机床与基础制造装备

◎ 国产中高档机床

中高档机床水平持续提升，国产装备国际竞争力不断增强。目前，大型汽车覆盖件自动冲压线等 10 多类设备已达到国际领先水平，完全可实现进口替代。高速龙门五轴加工中心等 20 多类产品基本达到国际先进水平，具备替代进口产品的水平。精密卧式加工中心形成并具有自主知识产权的柔性制造系统核心技术。高速、复合等高档数控加工中心已完成阶段性研发。国产高端冲压装备突破国外技术垄断，接连斩获福特汽车等海外整车工厂订单。齐重数控在数控机床专项支持下，实现首台 25 m 数控立柱移动立式铣车床研制成功（图 3-3）。

图 3-3　25 m 数控立柱移动立式铣车床

◎ 高档数控系统功能部件

高档数控系统打破国外技术垄断，功能部件实现批量配套。2016 年持续开展国产高档数控系统第三方试验测试及可靠性增长技术研究工作，华中数控研制的高档型数控系统通过第三方与国外同类产品的比对测试，在功能、性能、可靠性方面全面达到国际先进水平。目前，国产高档数控系统已与 10 多类 600 多台高档数控机床实现了配套，并在重点军工企业实现小批量应用，仅在沈飞公司就有 30 多台国产数控系统配套机床使用，实现了国产高档数控系统在航空航天等国防军工领域应用“零的突破”。截至 2016 年年底，国产高档数控系统累计销售 1000 余套，国内市场占有率由专项启动前的不足 1% 提高到了 5% 左右；中档数控系统累计销售 50 000 多台（套），实现了批量生产，国内市场占有率从 10% 提高到 25%，为实现中国数控技术的跨越式发展提供了有力支撑。

◎ 重点领域配套国产装备

重点领域配套国产装备取得重要突破，国家战略需求满足度实现大幅提高。航空制造装备领域：系统布局，关键制造装备逐一实现进口替代，重点研发了大型龙门及立式五轴加工中心、大型龙门高速铣床等关键装备，解决了飞机整体壁板、结构框等大型构件铝合金高速切削、钛合金强力切削加工急需。航天制造装备领域：突破封锁，国产制造装备示范应用初显成效，研制了大型强力旋压机、搅拌摩擦焊设备等大型特种制造装备，其中自动钻铆系统、大型贮箱成套焊接装备的示范应用，为中国长征五号运载火箭首飞成功提供了有力支撑。汽车制造装备领域：大力协同，核心制造装备自主保障能力稳步提升，数控锻压成形设备的产业化成效显著，其中汽车大型覆盖件冲压设备达到世界先进水平。汽车发动机关键零部件的制造设备实现了示范应用，精密卧式加工中心在汽车壳体生产线中替代了进口设备等。

◎关键及共性技术研究

关键及共性技术研究不断加强，机床设计制造能力得到显著提升。数控机床专项确定的十大关键技术和可靠性设计与性能试验技术、多轴联动加工技术等 12 项关键技术的成熟度较专项启动前有了很大提升。数字化设计技术研究成果在高精度数控坐标镗床、立式加工中心等产品设计上进行实际应用；多误差实时动态综合补偿和嵌入式数控系统误差补偿等软硬件系统在多个企业、多个产品上进行了示范应用，数控机床精度提高了 20%。

五、大型油气田及煤层气开发

◎古老海相碳酸盐岩和深层油气勘探

古老海相碳酸盐岩和深层油气勘探重大技术取得重大进展，深化碳酸盐岩－膏盐岩组合成藏特征认识，建立了台地蒸发岩沉积模式及台地咸化环境烃源岩发育模式与潜力，四川盆地川中震旦系新增探明储量 1527 亿立方米，塔里木盆地罗斯 2 井白云岩潜山气藏提交天然气预测地质储量 291.37 亿立方米、哈拉哈塘油田鹰山组新增预测石油地质储量 3391 万吨。建立了前陆冲断带多构造变形层结构，厘定了克拉苏构造带、准西北缘逆掩推覆带、英雄岭构造带三类富油气构造带油气富集机制。深化了渤海湾盆地以超压－流体－储集性为核心的成藏富集机制。2016 年累计新增三级储量 4.35 亿吨油当量。

◎高含水、低渗透油田和复杂天然气藏开发技术

高含水、低渗透油田开发技术取得持续进展，复杂天然气藏安全高效开发和中深层稠油开发技术实现了突破。高含水油田开发技术形成了精控压裂、个性化细分等薄差层有效动用挖潜技术，在 2016 年大庆油田累积增油 23.36 万吨，新增产值 38 245 万元。低渗超低渗油田开发技术创新形成以“单河道中心轨迹法”和“叠置河道交合面积法”为核心的辫状河储层构型分析技术；初步形成了以岩石物理建模、高精度速度场和叠前弹性反演等关键技术为核心的致密砂岩储层有效预测技术，助推了苏里格气田 230 亿立方米。中深层稠油开发技术开展多介质蒸汽驱、改

善 SAGD 开发效果技术、注空气火烧油层和吞吐、水平井汽驱、人造泡沫油等驱油理论研究及应用基础研究，形成以驱替为主的新一代的稠油开发技术。复杂天然气藏开发技术形成了超高压有水气藏储层应力敏感性与水浸耦合的试井理论模型及产能预测方法。

◎ 深井超深层钻井技术和非常规油气钻井技术

深井超深层钻井技术和非常规油气钻井技术取得进展，提升了复杂井况快钻能力和非常规油气有效开发能力。研制了四单根立柱 9000 m 钻机（图 3-4），比常规钻机起下钻时间减少 20%；发明了精细控压钻井成套工艺装备，深部缝洞型碳酸盐岩水平井水平段延长 210%；研制了 1000 m 信息钻杆，地面无中继传输距离达到 200 m；形成超深缝洞型碳酸盐岩和复杂盐下砂岩油气藏高效钻井工艺方法，钻井成本分别降低 37.8% 与 63.7%；形成高密度、高温大温差的安全钻完井工作液技术，事故复杂时效同比降低 56.4%；整体上形成了 7000 m 复杂超深井钻井关键工艺与装备。

图 3-4　四单根立柱 9000 m 钻机

◎ 海洋油气勘探开发和海洋深水工程技术

海洋油气勘探开发技术持续发展、海洋深水工程技术有突破，支撑中国海洋油气勘探开发迈上新台阶。海洋地震勘探初步形成了宽方位采集设计技术、观测系统炮检距均匀性、方位角均匀性及综合质量因子评价技术，建立了莺歌海盆地边缘区油气垂向运移通道的形成机制新模式和混合沉积三端元岩石分类及命名标准。在莺歌海盆地高温高压领域，成功推动了 LD10-3-1 井钻探，在中新统梅山组发现（差）气层 49.9 m，新增天然气三级地质储量 341 亿立方米。海洋稠油开发初步形成了海上油田整体加密后油藏精细描述技术，与以前的油藏精细描述技术相比，其在垂向上由单油组级别上升至单砂体级，平面上由亚相级别上升至微相级，微相符合率由 80% 上升至 85% 以上。深水油气田开发工程完成了弃井切割装置和连续循环装置的结构设计优化改进，连续循环装置完成了陆地试验并进行了海上平台井口的现场试验应用，初步形成具有自主知识产权的深水油气开发工程技术体系。

◎ 海外油气勘探开发技术

海外油气勘探开发技术自主创新取得重大进展，为海外油气风险勘探和复杂油气田开发提供了技术支持。海外油气勘探深化南美安第斯前陆盆地斜坡带油气成藏模式、塔吉克大型逆冲叠合盆地双层构造结构等方面的认识，完善了复杂断块识别与评价、基于“两宽一高”叠前基岩地震储层预测、缝洞型碳酸盐岩储层预测、盐下湖相碳酸盐岩储层预测、低阻油层测井识别和多因素勘探部署优化等关键技术，2016 年实现海外新增石油储量油气可采储量 9603 万吨油当量。重油超重油开发明确了超重油隔夹层地质成因，建立了隔层地质模型，揭示了隔夹层空间分布规律，形成了两类超重油油藏改善开发效果和提高采收率的技术对策。研究成果应用于委内瑞拉 MPE3 超重油区块冷采实践，2016 年实现年产超重油 920 万吨，实现中方分红 3.2 亿美元。

◎ 非常规油气勘探开发技术

页岩气、煤层气和致密油等非常规油气勘探开发技术取得关键突破，促进了非常规油气开发产业的持续发展。页岩气勘探与开发初步创建了复杂构造区页岩气富集成藏理论，应用于新区、新层系页岩气的调查取得重大突破；初步建立了海相页岩气资源评价参数体系，完成了 5000 型电动压裂装备应用可行性分析，形成了电驱压裂装备整体设计技术。煤层气勘探与开发开展深层煤层气储层精细研究和煤系多目的层井震联合反演、沉积微相与储层展布规律研究，有效支撑示范区产量持续增长，最高日产气量近 600 万立方米，2016 年产气量达 13.5 亿立方米。

煤矿区煤层气抽采形成煤层气与煤炭协调开发技术体系，进一步完善煤层群开采条件下煤层气立体高效抽采模式，形成了地面水平分段压裂井煤层气抽采、地面采动区井卸压煤层气抽采等关键技术。2016 年两淮矿区煤层气利用量达到 3.0 亿立方米，利用煤层气发电量 4.6 亿千瓦。年度瓦斯超限控制在 10 次，两淮矿区杜绝了瓦斯、煤尘爆炸事故，取得了良好的经济和社会效益。

致密油勘探与开发建立了致密油可采资源评价关键参数，形成致密油甜点地震预测与测井评价技术，初步评价致密油地质资源量为 113 亿～ 125 亿吨，新增探明储量 3248.31 万吨。

六、大型先进压水堆及高温气冷堆核电站

◎ CAP1400 通过 IAEA 通用反应堆安全评审

CAP1400 通过了国际原子能机构（IAEA）的通用反应堆安全评审（GRSR）。评审结论认为：CAP1400 PSAR，总体达到 IAEA 安全法规标准的最新要求。IAEA 通用反应堆安全评审的顺利完成，标志着 CAP1400 进一步获得国际权威机构的认可，为 CAP1400 在更高层次上参与国际竞争奠定了坚实的基础。

◎ CAP1400 自主化燃料定型组件样件

CAP1400 自主化燃料定型组件样件顺利下线，其基于世界先进堆芯和燃料运行与安全技术要求，是国内首个使用全锆合金骨架的组件，具有完全自主知识产权和高燃耗水平、热工裕量大等特点。定型组件样件研制过程中，攻克了格架激光焊接、管座一体化精密铸造等技术难关，为下一阶段先导组件研制打下了坚实基础。

◎ 压水堆燃料组件用核级锆材

AP1000 三代核电燃料组件用核级锆材正式投料生产。国核锆业建成了国内首条完整的核级锆材产业线，其生产技术体系、质量保证体系和管理体系满足国家核安全法规和西屋质量技术标准，实现了 AP1000 核级锆材国产化和自主化，填补了国家空白。

◎ 压水堆数字化仪控系统

反应堆保护系统平台（NuPAC）通过 NRC 和 HAF601 许可，成为中国首个通过 NRC 评审的核电站安全级数字化仪控系统设备，具备完整的自主知识产权，满足示范工程进度要求。COSINE 软件课题完成一阶段开发。通过课题研发形成了涵盖核电厂系统、严重事故、燃料、组件、堆芯及中子动力学等核心计算分析能力的软件包，覆盖了国际同类软件 80 余项功能。发布了 COSINE 软件取证工作计划，工程验证评估工作按计划进行。

◎ 压水堆 CAP1400 屏蔽电机主泵试验台

CAP1400 屏蔽电机主泵试验台顺利通过竣工评审。试验台的建设依据及标准符合设计要求，工程质量达到设计标准，已具备竣工的条件；可以满足 CAP1400 屏蔽电机主泵的测试精度要求、规范要求和试验条件，可以进行样机及产品试验。

◎高温堆示范工程建设

示范工程除极少数 BOP 设施尚在施工外，主体工程转入安装调试阶段。土建安装方面：完成 2 台反应堆压力容器吊装；完成首台金属堆内构件吊装；发电机定子吊装就位。截至 2016 年年底，正在进行首堆陶瓷堆内构件安装，现场建安工作有序开展。调试启动方面：110 kV 倒送电一次成功；主控室可用目标实现，示范工程调试工作稳步推进。示范工程首批预备操纵员高水平完成操纵员取证考试。

◎高温堆关键设备研制

反应堆压力容器：高温堆示范工程反应堆压力容器为世界上最大的核反应堆压力容器，攻克了大锻件制造、卷板及马鞍形坡口焊接等诸多技术难题，目前 2 台反应堆压力容器均已完成制造及示范工程现场吊装。

金属堆内构件：高温堆示范工程金属堆内构件为大直径薄壁壳体，制造难度大。在设备制造过程中攻克了底座内肋板全焊透、大直径薄壁筒体翻转变形等技术难题，2 台设备目前已完成制造及示范工程现场吊装。

蒸汽发生器：作为工程重大难点，蒸汽发生器制造技术难点已基本解决。目前蒸汽发生器壳体、换热单元已完成制造，正在进行内件总装工作。

主氦风机：高温堆示范工程主氦风机采用磁悬浮电磁轴承，目前 2 台主氦风机电机、风机已制造完毕，准备开展台架试验。

◎高温堆试验验证

截至 2016 年年底，高温堆分项已完成除蒸汽发生器外所有示范工程关键主系统、主设备的试验验证，包括主氦风机、燃料装卸系统、数字化控制保护系统等，全面验证了示范电站关键系统、关键设备性能，并响应与安全评审有关的工程验证要求，为安全评审提供了有效的数据支持。

◎高温堆燃料元件生产线

通过中核北方燃料公司、清华大学核研院及华能石岛湾公司的共同努力，燃料元件生产线顺利建设完成，开始燃料元件正式生产。截至 2016 年年底，完成约 65 000 个燃料元件的生产，燃料产能符合预期，满足示范工程装料需求。

◎高温堆基础研究

球床堆球流运动规律三维球流实验台架已基本加工或购置完成，辐射防护系统顺利建造。对影响高温堆安全审评的重要安全问题进行深入研究和客观评价，获得球床等效导热系数、事故下粉尘排放行为、石墨腐蚀及扩散特性等第一手的关键基础数据，为核安全审评提供技术基础和依据。

七、水体污染控制与治理

◎重点行业水污染全过程控制技术

突破重点行业水污染全过程控制技术系统与应用，引领有色、造纸等行业低成本综合控污，支撑重污染行业污染减排和流域水质改善。针对有色、造纸等重污染行业，构建废水污染高效减排全过程控制技术系统。突破 10 项电解锰清洁生产与关键装备制造技术，成功研发智能化机器人成套设备，建成了电解锰（5000 t/ 年）、电解锌（10 000 t/ 年）示范工程，削减锰、锌电解出槽阴极板挟带液 77%、82% 以上，削减清洗废水 80% 以上，含锰、氨氮废水及硫酸铵、硫酸锌结晶物全部回用，获中国有色金属工业科学技术进步奖一等奖。突破制浆造纸高浓度废液资源化与毒性污染物源头减排等关键技术，并建设化学法制浆水污染源头控制、化机法制浆过程近“零排放”、废纸制浆及造纸过程水污染控制关键技术三条产业化示范线，各类生产指标达到国际先进水平。与传统生产方法相比，优化集成的造纸废水深度处理技术出水 COD 保持在 60 mg/L 以下，色度小于 30 倍，废水减排量均达到 50% 以上，运行费用每年可节约 1000 多万元，极大地推动造纸行业全面达标排放。建成山东华泰纸业废纸制浆及造纸过程水污染控制关键技术示范线（图 3-5）。

图 3-5　纸业清洁生产示范线

◎城镇水污染控制与水环境综合整治整装成套技术

重点研发循环氧化沟改造多级 AO 脱氮除磷工艺，解决了巢湖流域污水处理厂普遍存在低碳高氮磷的问题。编制了《城镇污水处理厂污泥处理　稳定标准》（报批稿），列入 2016 年工程建设行业标准规范制定修订计划，推动中国污泥稳定化处理设施的建设和规范运行；重点推动污泥板框压滤脱水技术、深度脱水污泥直接入窑焚烧处置等示范工程建成运行和评估验证。形成“源头削减－过程截留－末端净化”的排水管网优化与面源污染控制综合集成技术，推动苏州城市重污染河道污染控制与水质维持示范工程、同里古镇河道水质修复与调控示范工程等建成运行。

◎畜禽养殖废弃物资源化及农田种植面源污染控制关键技术

突破了基于无害化微生物发酵床生态养殖的废弃物全循环技术、畜禽废弃物高效厌氧－生物菌肥制备关键技术、养殖业循环式自养脱氮耦合反硝化除磷深度处理技术等关键技术，开发了“低温热水解＋干式厌氧发酵”畜禽粪便资源化和能源化的新工艺及核心装置的设计，形成规模化生态养殖－种养循环技术与模式。研发构建了面向现代集约化种植业（蔬菜、茶果、稻田）的氮磷投入减量综合集成技术体系、基于陆域－陆水界面－水体的农田排水污染物三段式全过程拦截净化系统、种植业废弃物（秸秆）养分资源管理与再利用技术系统及配套装备、大面积连片多类型种植业镶嵌的农田面源控污减排技术等关键技术，并在松花江、海河、巢湖、淮河流域及三峡库区等开展示范工程，实现了农田氮磷的有效控制。

◎重点流域跨界水环境监测预警预报业务化平台

突破了环境流量保障、排污许可限值制定、水质异常智能分析等关键技术，建成中国重点流域跨界水环境监测预警预报业务化平台，支撑重点流域水质目标管理示范应用。研发了基于Mike Basin的环境流量计算、整体均衡决策和预警、基于农业与生态供水耦合的流域库群联合调度等关键技术，建设了太子河流域环境流量业务化管理系统。突破了基于流域水质目标的排污许可限值确定关键技术，开发了城市排污许可管理平台。突破了水质异常智能分析、基于荧光指纹图谱的污染溯源等关键技术，构建了国家水环境质量感知－传输－数据库管理系统。

◎饮用水安全保障技术

构建从“源头到龙头”饮用水安全多级屏障技术及工程化应用体系和从“源头到龙头”全过程饮用水安全监管技术及业务化运行平台。针对城镇供水管网管理标准化，完成编写《供水管网系统信息化体系标准（征求意见稿）》《供水管网数据信息编码分类及应用标准（征求意见稿）》《供水管网系统信息采集接口标准（征求意见稿）》，修订完成国家标准《建筑给水排水设计规范》（报批稿）。构建了南水北调受水区城市供水安全保障技术体系，编制了《南水北调受水区城市供水安全保障技术指南》等文件，建设了南水北调受水区供水水质监控预警技术平台，在京津冀鲁豫主要受水区的示范和应用，有效化解了供水管网“黄水”风险等。

八、转基因生物新品种培育

◎转基因重大产品

抗虫水稻：利用已经获得生产应用安全证书的华恢 1 号和已经完成生产性试验的 T1C-19 和 T2A-1 转育出稳定的不育系 9 个，抗虫恢复系 36 个，其中 1 个材料申请了植物新品种权保护，配制优良抗虫杂交组合 19 个。

转人血清白蛋白水稻：转人血清白蛋白基因水稻生产的植物源重组人血清白蛋白注射液完成临床研究，已经通过国家药审中心的技术评审，批准进入临床研究，临床批件处于制证阶段；利用进入生产性试验的转人血清白蛋白基因水稻品系 4-117-7，建立并完善了医用转基因水稻的种植与加工的产业化体系。

抗虫玉米：已经有 12 个优良抗虫转化体进入环境释放以上阶段，其中，抗虫耐除草剂优良转化体双抗 12-5，C0030.3.5 已提交安全证书申请；抗虫转化体 ZZM030、CM8101、BT-506、2A-5、G1F-8 等已经进入环境释放。

高植酸酶玉米：以获生产应用安全证书的高植酸酶玉米 BVLA430101 为供体，以耐密植、适于机械化收获为育种目标，利用回交转育方法，创制植酸酶玉米新的自交系 5 个。已转育成的自交系农艺性状优良、配合力高、酶活达到 17.89 ~ 51.57 U/g，且植酸酶基因遗传表达稳定。植酸酶玉米新品种 OG1483、OG1493 于 2015 年获准进入生产性试验。

抗除草剂玉米：完成了优良转化体 CC-2、C0010.1.1 生产性试验安全评价，已提交生物安全证书申请。抗性和产量评价表明，与对照相比，高表达、低拷贝转基因玉米 CC-2 在喷施 4 倍以上生产浓度草甘膦除草剂的情况下，生长不受任何影响，达到国际同类产品的技术水平。

抗除草剂大豆：转抗草甘膦的 G2-EPSPS（国际专利号 PCT/CN03/00651）和降解草甘膦的 GAT（ZL200510086626.X）基因叠加大豆 ZH10-6 申请生产性试验，连续 4 代草甘膦抗性鉴定表现为高抗，可抗登记使用剂量的 4 倍，且抗性稳定。环境安全评价明确了 ZH10-6 主要农艺性状、生存竞争能力等与受体品种无显著差异，基因漂移和对非靶标生物无不良影响。

功能型转乳铁蛋白基因奶牛：功能型转基因奶牛是能高效表达重组功能型蛋白的转基因奶牛新品种，包括乳铁蛋白、α 乳清白蛋白等转基因奶牛。目前，群体已经繁育至第五世代，存栏 256 头，外源基因整合稳定，表达稳定，其他各项生产指标稳步提高，奶蛋白含量获得极大提高。

高瘦肉率猪：MSTN 基因修饰猪瘦肉率比对照高出 16.5%，脂肪率降低 14.4%。开展 MSTN 基因修饰猪肉的大鼠 90 天饲喂试验，大鼠未见任何异常。“肌肉生长抑制素基因敲除猪”已完成了实验研究、中间试验、环境释放和生产性试验 4 个环节，目前正在申报安全证书。

抗旱节水转基因小麦：多年多点的田间抗旱性鉴定证明，转 GmDREB3、TaWK、TaNFYB1 等基因的小麦新品系在干旱条件下产量显著超受体及区试对照品种，抗旱节水效果显著，具有重要的生产应用价值。目前 6 个抗旱节水小麦新品系完成环境释放试验，4 个新品系进入环境释放阶段。

◎高效多靶点 CRISPR/Cas9 植物基因组靶向技术体系

该体系使用了从头合成的植物密码子偏好的 Cas9 基因，包含了分别针对单、双子叶植物的 sgRNA 与 Cas9 载体，是目前最简便快捷的多靶点打靶载体；可实现一次性多靶点靶向编辑（最多达 8 个靶点）。

◎特异性重组酶介导的基因定点叠加和删除系统

综合了“基因删除”和“基因拆分”技术，将重组酶 Cre 进行拆分，分别表达在父本和母本中，实现对 F_1 代杂交种中的外源基因进行删除。

◎小麦高效遗传转化体系及其无筛选标记转基因植株技术体系

建立了以小麦幼胚为受体，稳定、高效的农杆菌转化体系。农杆菌转化小麦幼胚的转化效率达到了 23.4%，最高达到 50% 以上，该技术已成功应用于济麦 22、矮抗 58、郑麦 7698 等中国 15 个商业化小麦品种，转化效率达到 15% ~ 30%。

◎转基因抗虫作物非靶标效应评价技术

系统梳理了中国常见节肢动物种类，明确了近 1000 种主要节肢动物的生物学和生态学特性，并定量分析了 Cry 蛋白在 Bt 作物田节肢动物食物网中的分布和流动规律，科学遴选出了适用于转基因抗虫作物生态安全研究的指示性节肢动物种，发展了相对完善的评价转基因抗虫作物对草蛉、瓢虫、蜜蜂、盲蝽、蜘蛛、跳虫等节肢动物安全性的技术体系。图 3-6 为转基因水稻非靶标效应评价技术体系。

◎转基因抗虫棉花生态安全监测技术

研发了基于种群、单雌家系、抗性基因的棉铃虫、红铃虫 Bt 抗性监测技术体系，并提出了抗性预防治理技术对策，有效缓减了靶标害虫抗性发展；针对 Bt 棉花上盲椿象等非靶标害虫，发展了种群监测与控制技术体系；明显缓减了现阶段生产上的非靶标危害问题。

◎转基因检测标准物质定值及生产技术

制定标准物质制备、定值技术相关规范，建立了质粒 DNA 标准物质数字 PCR 定值不确定度模型，搭建了基因组 DNA 标准物质研制平台，以及蛋白质标准物质生产线，研发出一批满足中国转基因检测需求的基因组 DNA 标准物质、基体标准物质、蛋白质标准物质、质粒标准物质，

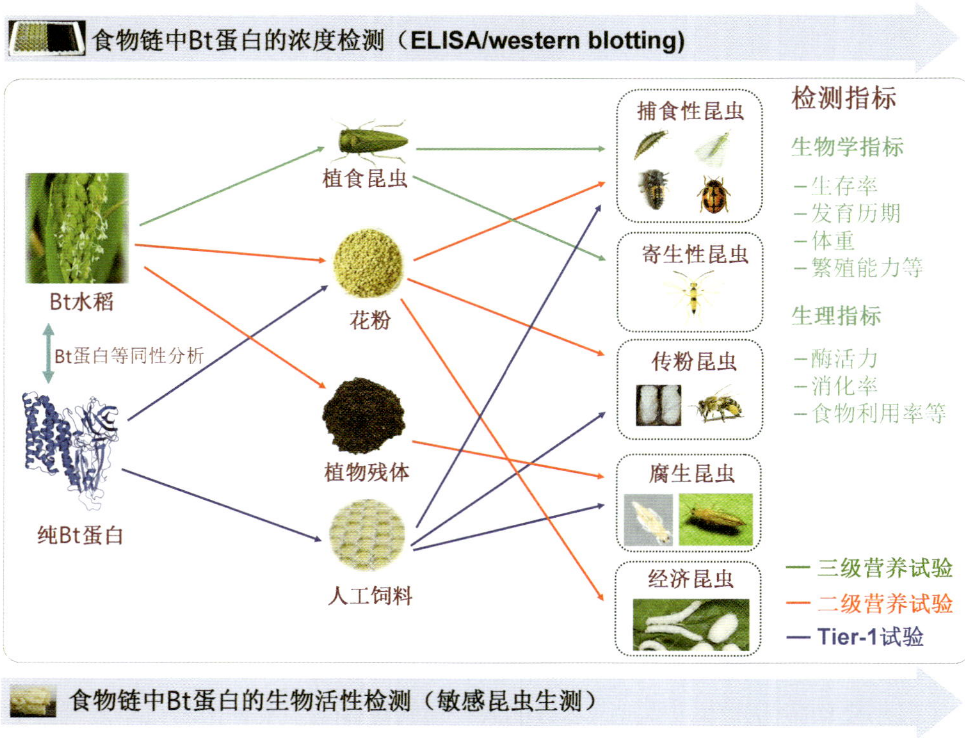

图 3-6　转基因水稻非靶标效应评价技术体系

形成标准物质申报关键控制点数据处理系统软件研发方案，完成 3 种国家一级标准物质的申报。

◎靶标害虫对 Bt 水稻的抗性监测与治理技术

建立了二化螟、大螟和稻纵卷叶螟等靶标害虫的室内长期、继代饲养技术，发展了靶标害虫的室内生测技术，建立了靶标害虫对不同种类的 Bt 杀虫蛋白的敏感基线；建立二化螟对 Cry1A 和 Cry1C 杀虫蛋白耐受性演化的田间监测点，发展了基于诊断剂量的遗传检测技术，为转基因抗虫水稻的商业化应用奠定基础。

◎转基因生物拷贝数的数字 PCR 识别和精准检测技术

利用目前 3 个数字 PCR 平台技术，对转基因生物拷贝数进行了检测，并与 qRT-PCR 检测效果进行了比较。新方法比传统的 Southern blot 和实时定量 PCR 方法更准确，效率更高，结果更可靠。同时还可以判断纯合子和杂合子状况。

九、重大新药创制

◎真核细胞大规模表达技术

建立并完善了国内生物制药产业最成熟的“CHO 细胞高效表达核心技术平台”及中试生产基

地，采用国际上最先进的一次性细胞培养袋新型生物反应器，形成了基因工程重组 CHO 细胞构建、高效重组细胞系筛选、大规模真核细胞培养、蛋白质分离纯化、蛋白质质量控制 5 个平台模块，掌握了 pDH 质粒 CHO 细胞表达系统等关键技术，确立了一整套较为完善的 CHO 细胞无血清悬浮流加培养工艺，形成了从基因克隆、细胞库建立、小试表达、中试放大直到规模化生产的新药开发生产系统。目前，1000 L 一次性细胞培养袋新型生物反应器中蛋白表达量已超过 3 g/L，保持国内领先、国际先进水平。依托该平台，自主开发了针对系统性红斑狼疮、类风湿关节炎等自身免疫系统疾病的“注射用重组人 B 淋巴细胞刺激因子受体——抗体融合蛋白（泰爱）”，针对恶性肿瘤、湿性老年黄斑变性等血管新生疾病的“双靶标抗肿瘤受体——抗体融合蛋白新药（VF-28）”等 8 个一系列生物新药，目前有两个药物处在临床研究阶段。

◎新药研发

在国家科技计划连续资助的基础上，通过专项支持，据初步统计，2016 年专项共获得新药证书和生产批件 4 件（表 3-6），新药研发的创新性和质量明显提升。

表 3-6　2016 年获得新药证书的创新药品种

序号	疾病领域	药品名称	适应证	注册分类	研制单位	批号
1	耐药性病原菌感染	苹果酸奈诺沙星胶囊	肺炎	原化药 1.1 类	浙江医药股份有限公司新昌制药厂	国药准字 H20160006
2	病毒感染性疾病	聚乙二醇干扰素 α-2b	丙肝	治疗用生物制品	厦门特宝生物工程股份有限公司	国药准字 S20160001
3	糖尿病	贝那鲁肽注射液	糖尿病	治疗用生物制品	上海仁会生物制药股份有限公司	国药准字 S20160002
4	病毒感染性疾病	肠道病毒 71 型灭活疫苗（Vero 细胞）	手足口病	预防用生物制品 1 类	武汉生物制品研究所有限责任公司	国药准字 S20160008

◎康柏西普

康弘药业自主研发治疗湿性年龄相关性黄斑变性的康柏西普，是中国唯一获 WHO 药物命名委员会命名、全球极少数获美国 FDA 批准直接进入Ⅲ期临床试验的抗血管内皮生长因子融合蛋白类创新药物；目前全国医院用药分类治疗领域市场占有率已达到 52%，超越雷珠单抗，迫使雷珠单抗在中国市场降价 27%。康柏西普 2016 年度实现销售 4.76 亿元，较 2015 年增长了 78.01%。

◎阿帕替尼

江苏恒瑞研发的阿帕替尼是全球第一个被证实对晚期胃癌安全有效的小分子抗血管生成靶向药物，也是晚期胃癌标准化疗失败后，明显延长生存期的药。该药还是目前晚期胃癌靶向药物中唯一一个口服制剂，填补了全球晚期胃癌三线治疗领域的空白。经临床研究证实，它能显著延长晚期胃癌患者的生存时间，由平均 150 天延长到 228 天，延长了 52%。该产品已获得中国发明专利 2 件和外国发明专利 1 件。自 2014 年 12 月上市以来累计实现销售收入 14.59 亿元，2016 年销售收入 8.81 亿元，是 2015 年销售收入的 3.1 倍，患者援助项目累计援助金额达 1.45 亿元。

◎西达本胺

深圳微芯研发的西达本胺是中国自主研发的全新结构药物，是全球首个治疗外周 T 细胞淋巴瘤的口服药物，属于新作用机制的表观遗传调控剂类新型靶向抗肿瘤药物，且获全球专利授权、国际上开发进展最快的亚型选择性组蛋白去乙酰化酶抑制剂。为进一步开拓西达本胺的适应证领域，11 家临床试验中心正开展西达本胺联合卡铂 + 紫杉醇针对晚期非小细胞肺癌的多中心、随机、双盲、安慰剂对照 II 期探索性临床试验，入选病例 124 例，完成了临床试验设计方案要求的入组病例数并结束患者招募；同时开展联合依西美坦治疗激素受体阳性晚期乳腺癌的 III 期临床试验。

◎ EV71 手足口灭活疫苗和 Sabin 株脊髓灰质炎灭活疫苗

EV71 手足口灭活疫苗自上市以来销售约 4.1 亿元。目前，EV71 灭活疫苗 IV 期临床应用研究及其他手足口病相关疫苗研究正在进行，考察在广泛使用条件下疫苗的有效性、免疫持久性和安全性，以及与其他疫苗联合接种的相互影响，评价在目标人群中使用该疫苗的利益与风险关系，并进一步精确评价和深入研究该疫苗使用后所引起的免疫反应。中国医学科学院医学生物学研究所自主研发的 Sabin 株脊髓灰质炎灭活疫苗填补了中国在脊髓灰质炎灭活疫苗生产领域的空白，迫使进口野毒 Salk 株脊髓灰质炎灭活疫苗在中国的销售价格由 198 元 / 剂降至低于 40 元 / 剂。

◎磷酸瑞格列汀

江苏豪森研发的磷酸瑞格列汀是具有中国自主知识产权的 DDP- IV 抑制剂类糖尿病药物，具有作用强、药效维持时间长、不良反应小、耐受性好的优点。该品种已完成临床研究，于 2015 年 5 月递交生产申报材料（受理号为：CXHS1500048 苏，CXHS1500049 苏，CXHS1500050 苏）。申请并获得发明专利 33 件，其中获得国家发明专利授权 2 件；申请外国专利 17 件，获得外国专利 14 件。

◎维脑康

维脑康胶囊治疗血管性痴呆（气虚血瘀证）临床有效性和安全性、随机双盲、安慰剂平行对照、多中心Ⅱ期临床试验研究，通过疗程为一年的Ⅱ期临床试验，初步评价维脑康胶囊治疗血管性痴呆（气虚血瘀证）临床有效性和安全性；探索临床用药剂量，在澳大利亚和苏格兰开展国际多中心临床研究，为实现中药国际化、最终在澳洲或欧盟注册提供依据。

十、艾滋病和病毒性肝炎等重大传染病防治

◎乙肝及相关肝癌防诊治技术

乙肝及相关肝癌防诊治技术取得突破，大幅降低发病率和病死率。乙肝“防、诊、治”能力大幅提升。全面完善乙肝免疫预防策略，中国乙肝感染率明显下降。针对 10% ～ 15% 人群对常规剂量疫苗无应答和低应答的问题，在国际上率先研发成功 60 μg 高剂量新型乙肝疫苗，获新药证书。肝癌预警、早期诊断与治疗取得突破。发现肝癌新型预警和早诊生物标志物，研发成功首个具有自主知识产权的试剂盒。

◎艾滋病和结核病防治技术

艾滋病项目研制成功具有自主知识产权的诊断检测体系，诊断能力显著提升。成功研制荧光单克隆抗体试剂盒、HIV-1 新发感染检测试剂盒和全自动高通量核酸血筛检测体系等 HIV 诊断检测产品。艾滋病综合预防干预技术达到国际先进水平，有效降低新发感染率。建立适宜国情的艾滋病抗病毒治疗优化一线方案，病死率持续降低。

结核病诊断产品在品种和准确性等方面与国际先进水平接轨，初步阐明了中国结核菌流行、耐药和感染 / 发病的特征。完成了大规模的结核分枝杆菌感染的流行病学调查和队列研究项目，针对中国不同流行区域农村人口及城市农民工人群（共计约 3 万人）、对比使用 γ－干扰素释放试验（IGRA）和结核菌素皮肤试验（TST）两种检测技术开展了结核分枝杆菌感染率调查并建立感染人群队列进行了为期两年的随访观察。结核病治疗成功率大幅提高，病死率显著下降。

◎突发急性传染病技术

中医药在降低“三病两率”和应对突发急性传染病技术方面取得突破。中医药治疗艾滋病辨证论治有效方案推广应用。累计 2000 多例的 4 项中心随机对照临床疗效评价研究证实，中医治疗在 HIV 控制转化为 AIDS，免疫功能重建、HAART 疗法引起的不良反应等有确切疗效，明确了益艾康胶囊、唐草片、艾奇康胶囊、艾复康胶囊、艾克清等辨证用药及适宜人群研究，为临床精确用药和提高疗效提供了科学证据。

中医药治疗乙型肝炎效果显著提高，研究成果形成行业标准。在中医药辨证论治肝病中，经过累计 3500 例的 5 项多中心随机对照临床疗效评价研究，形成了补肾疏肝健脾的纯中药治疗乙肝携带状态、丙型肝炎 2 种方案，形成慢乙肝、慢重肝、肝纤维化中西医结合方案 3 种。

形成结核病中医药治疗方案。用于肺结核耐药和复发难治的 2 种中药辨证论治方案，疗效经累计 1500 例的 RCT 验证得到确认，在规范抗肺结核方案基础上，治愈率达到 82.8%，较传统抗结核治疗提高 8.8%，痰菌阴转率为 92.2%，较传统抗结核治疗提高 4.8%，并可减少传统抗结核治疗药物不良反应的发生率。

中医药应对突发急性传染病诊疗与救治平台研发与应用。建立了突发急性传染病中西医救治信息平台，形成全国 39 家中医药防治传染病临床基地建设单位，与国家 CDC 公共卫生科学数据中心建立疫情信息沟通的长效机制，实现了疫情信息共享。

◎规模化人群显著降低“三病两率”示范区

围绕在规模化人群中显著下降“三病两率”策略和技术创新的目标，建立了覆盖 12 个省 / 市 3000 万人口的示范区，并建立数据库平台和质量管理体系，分析掌握疫情变化及其影响因素，为艾滋病、乙肝、结核病防治大型队列研究提供研究平台，成为规模性、有规范的传染病研究现场。

◎突发急性传染病防控综合技术网络体系

建成应对突发急性传染病防控综合技术网络体系。建立了一套在 72 小时内筛查鉴别 300 种已知病原的检测系统，建立了基于宏基因组学的样本深度测序与生物信息分析技术，利用此技术体系应对国内外传染病，使中国在国际上首先发现了新布尼亚病毒、人感染高致病性禽流感 H7N9 等其他重要病原。已研发并进入临床试验 236 项针对突发急性传染病检测的相关诊断试剂，其中获得注册证书有 57 项。

建立了基于综合征的传染病病原谱实验室网络监测技术体系，监测病原种类从专项实施前的 22 种扩展到 90 种，建立了涵盖 800 余家核心级、区域重点级和临床级实验室组成的监测网络。形成了“国家 – 省 – 市”三级分子分型实验室监测网络工作模式和整合流行病学与实验室的传染病监测模式，使中国成为全球第三个开展传染病分子分型网络监测预警的国家。

建立了病媒生物分子水平的监测新技术，应用于重要传染病疫情流行趋势预测、基于传染病和虫媒传染病分布地理信息图谱和传播风险评估、风险预测等技术。搭建了多学科的联合诊治技术和平台，使病死率降低了 50%。

第四章

重点研发计划和技术创新引导专项（基金）

中央财政科技计划管理改革自2014年全面启动以来，近百项科技计划（专项、基金等）优化整合为新5类科技计划，重点研发计划和技术创新引导专项（基金）在支撑创新驱动发展过程中发挥了重要作用。

第一节 国家重点研发计划概况

一、国家重点研发计划的定位

国家重点研发计划由中央财政资金设立，面向世界科技前沿、面向经济主战场、面向国家重大需求，重点资助事关国计民生的农业、能源资源、生态环境、健康等领域中需要长期演进的重大社会公益性研究，事关产业核心竞争力、整体自主创新能力和国家安全的战略性、基础性、前瞻性重大科学问题、重大共性关键技术和产品研发，以及重大国际科技合作等，加强跨部门、跨行业、跨区域研发布局和协同创新，为国民经济和社会发展主要领域提供持续性的支撑和引领。

国家重点研发计划按照重点专项、项目分层次管理。重点专项是国家重点研发计划组织实施的载体，聚焦国家重大战略任务、以目标为导向，从基础前沿、重大共性关键技术到应用示范进行全链条创新设计、一体化组织实施。

二、国家重点研发计划组织管理与职责

为保证国家重点研发计划的顺利实施，实现科学、规范、高效和公正的管理，按照《国务院关于改进加强中央财政科研项目和资金管理的若干意见》（国发〔2014〕11号，以下简称“国发11号文”）、《国务院印发关于深化中央财政科技计划（专项、基金等）管理改革方案的通知》（国

发〔2014〕64 号,以下简称“国发 64 号文”)等的要求,制定《国家重点研发计划管理暂行办法》。相关管理主体职能分工如下。

◎ 部际联席会议

国家科技计划（专项、基金等）管理部际联席会议负责审议国家重点研发计划的总体任务布局、重点专项设置、专业机构遴选择优等重大事项。

◎ 战略咨询与综合评审委员会

战略咨询与综合评审委员会负责对国家重点研发计划的总体任务布局、重点专项设置及其任务分解等提出咨询意见，为联席会议提供决策参考。

◎ 科技部

科技部是国家重点研发计划的牵头组织部门，主要职责是会同相关部门和地方研究制定国家重点研发计划管理制度；提出重大研发需求、总体任务布局及重点专项设置建议；编制重点专项实施方案，编制发布年度项目申报指南；提出承接重点专项具体项目管理工作的专业机构建议，代表联席会议与专业机构签署任务委托协议，并对其履职尽责情况进行监督检查；开展重点专项年度与中期管理、监督检查和绩效评估，提出重点专项优化调整建议；建立重点专项组织实施的协调保障机制，推动重点专项项目成果的转化应用和信息共享；组建各重点专项专家委员会，支撑重点专项的组织实施与管理工作；开展科技发展趋势的战略研究和政策研究，优化国家重点研发计划总体任务布局。

◎ 相关部门和地方

相关部门和地方通过联席会议机制推动国家重点研发计划的组织实施，主要职责是：凝练形成相关领域重大研发需求，提出重点专项设置的相关建议；参与重点专项实施方案和年度项目申报指南编制；参与重点专项年度与中期管理、监督检查和绩效评估等；为相关重点专项组织实施提供协调保障支撑，加强对所属单位承担国家重点研发计划任务和资金使用情况的日常管理与监督；做好产业政策、规划、标准等与重点专项组织实施工作的衔接，协调推动重点专项项目成果在行业和地方的转移转化与应用示范。

◎ 重点专项专家委员会

重点专项专家委员会由重点专项实施方案编制参与部门推荐的专家组成，主要开展重点专项的发展战略研究和政策研究；为重点专项实施方案和年度项目申报指南编制工作提供专业咨询；在项目立项的合规性审核环节提出咨询意见；参与重点专项年度和中期管理、监督检查、项目验收、绩效评估等，对重点专项的优化调整提出咨询意见。

◎ 项目管理专业机构

项目管理专业机构根据国家重点研发计划相关管理规定和任务委托协议，开展具体项目管理工作，对实现任务目标负责。主要职责包括：组织编报重点专项概算；参与编制重点专项年度项目申报指南；负责项目申报受理、形式审查、评审、公示、发布立项通知、与项目牵头单位签订项目任务书等立项工作；负责项目资金拨付、年度和中期检查、验收、按程序对项目进行动态调整等管理和服务工作；加强重点专项下设项目间的统筹协调，整体推进重点专项的组织实施；按要求报告重点专项及其项目实施情况和重大事项，接受监督；负责项目验收后的后续管理工作，对项目相关资料进行归档保存，促进项目成果的转化应用和信息共享；按照公开、公平、公正和利益回避的原则，充分发挥专家作用，支撑具体项目管理工作。

◎ 项目牵头单位

项目牵头单位负责项目的具体组织实施工作，强化法人责任。项目下设课题的，课题承担单位应强化法人责任，按照项目实施的总体要求完成课题任务目标；课题任务须接受项目牵头单位的指导、协调和监督，对项目牵头单位负责。

三、国家重点研发计划重点专项

国家重点研发计划纳入公开统一的国家科技管理平台，充分发挥国家科技计划（专项、基金等）管理部际联席会议、战略咨询与综合评审委员会、项目管理专业机构、评估监管与动态调整机制、国家科技管理信息系统的作用，与国家自然科学基金、国家科技重大专项、技术创新引导专项（基金）、基地和人才专项等加强统筹衔接。

国家重点研发计划根据国民经济和社会发展重大需求及科技发展优先领域，凝练形成若干目标明确、边界清晰的重点专项。重点专项的主要形成机制与管理流程包括：征集科技需求，凝练形成任务方向，编制各专项实施方案，战略咨询与综合评审委员会咨询评议，部际联席会议审议布局并按程序报批，委托专业机构管理，编制发布年度项目指南等。

◎ 统筹布局

科技部围绕国家重大战略和相关规划的贯彻落实，牵头组织征集部门和地方的重大研发需求，根据“自下而上”和“自上而下”相结合的原则，会同相关部门和地方研究提出国家重点研发计划的总体任务布局，经咨评委咨询评议后，提交联席会议全体会议审议。

◎ 凝练专项

根据联席会议审议通过的总体任务布局，科技部会同相关部门和地方凝练形成目标明确的重点专项，并组织编制重点专项实施方案，作为重点专项任务分解、概算编制、项目申报指南编制、项目安排、组织实施、监督检查、绩效评估的基本依据。

实施方案要围绕国家重大战略需求和规划部署，聚焦本专项要解决的重大科学问题或要突破的共性关键技术，全链条创新设计，合理部署基础研究、重大共性关键技术、应用示范等研发阶段的主要任务，并明确任务部署的进度安排。

◎ 咨询评议

重点专项实施方案由咨评委咨询评议，并按照突出重点、区分轻重缓急的原则提出启动建议后，提交联席会议专题会议审议，并将审议结果向联席会议全体会议报告。联席会议审议通过的重点专项应按程序报批。重点专项实行目标管理，执行期一般为 5 年。

◎ 专项委托

拟启动实施的重点专项，应按规定明确承接具体项目管理工作的专业机构并签订任务委托协议，由专业机构组织编报重点专项概算，并与财政预算管理要求相衔接。专业机构针对受托管理的重点专项特点和实施方案，研究制定管理工作方案，具体组织项目申报受理、项目评审，立项批复，中期检查，结算验收等管理工作。

◎ 发布指南

重点专项的年度项目申报指南，由科技部会同专项参与部门及专业机构编制。重点专项专家委员会为指南编制提供专业支撑。指南编制工作应充分遵循实施方案提出的总体目标和任务设置，细化分解形成重点专项年度项目安排。

申报指南通过国家科技管理信息系统公开发布。发布指南时可公布重点专项年度拟立项项目数及相应的总概算。指南编制专家名单、形式审查条件要求等应与指南一并公布。保密项目采取非公开方式发布指南。自指南发布日到项目申报受理截止日，原则上不少于 50 天。

◎ 其他

建立多元化的投入体系，鼓励地方、行业、企业与中央财政共同出资，组织实施重点专项，建立由出资各方共同管理、协同推进的组织实施模式，支持重点专项项目成果在地方、行业和企业推广应用、转化落地。

四、国家重点研发计划项目组织实施

◎ 项目申报、评审和立项

重点专项下设项目，项目可根据自身特点和需要下设课题。具体申报评审立项程序如下：

项目申报单位及人员条件。具有较强科研能力和条件、运行管理规范、在中国大陆境内注册、具有独立法人资格的科研机构、高等学校、企业等，可根据项目申报指南要求申报项目。多个单位组成申报团队联合申报的，应签订联合申报协议，并明确一家单位作为项目牵头单位。项目下设课题的，也应同时明确课题承担单位。

申报项目应明确项目（课题）负责人。项目（课题）负责人应具有领导和组织开展创新性研究的能力，科研信用记录良好，年龄、工作时间等符合指南要求。项目（课题）负责人及研发骨干人员按相关规定实行限项管理。

国家重点研发计划实行对外开放与合作。境外科研机构、高等学校、企业等在中国大陆境内注册的独立法人机构，可根据指南要求牵头或参与项目申报；受聘于在中国大陆境内注册的独立法人机构的外籍科学家及港、澳、台地区科研人员，符合指南要求的可作为项目（课题）负责人申报。

项目申报受理时间。自项目指南发布日到项目申报受理截止日，原则上不低于50天，以保证科研人员有充足时间申报项目。项目、任务（课题）负责人实行限项管理。专业机构通过国家科技管理信息系统受理项目申报，并负责申报答疑、项目查重、申报材料形式审查等。

项目申报评审方式。项目申报一般包括预申报和正式申报两个环节，并相应开展首轮评审和答辩评审。项目评审专家应从国家科技专家库中选取，按照相关规定向社会公布，并实行回避制度和轮换机制。鼓励邀请外籍专家参与国家重点研发计划的项目评审工作。

项目立项审核方式。专业机构根据指南要求和答辩评审结果，按照择优支持原则提出年度项目安排方案，报科技部进行合规性审核。科技部对项目立项程序的规范性、拟立项项目与指南的相符性等进行审核，形成审核意见反馈专业机构。审核工作应以适当方式听取重点专项专家委员会专家的咨询意见。

拟立项项目公示。专业机构对通过合规性审核的项目下发立项通知，与项目牵头单位签订项目任务书。项目下设课题的，项目牵头单位也应与课题承担单位签订课题任务书。拟立项项目通过信息系统进行公示，并依据公示结果发布立项通知，与项目牵头单位签订项目任务书。

其他。对于突发、紧急的国家重大科技需求，科技部可根据党中央、国务院要求，组织相关部门或地方对已设立的重点专项研发任务进行调整，研究提出快速反应项目，采取定向择优的方式组织实施。涉及重点专项中央财政资金总概算调整的，按程序报批。

◎项目实施管理

专业机构的管理机制。项目实施中，专业机构应安排专人负责项目管理、服务和协调保障工作，通过全程跟进、集中汇报、专题调研等方式全面了解项目进展和组织实施情况，及时研究处理项目牵头单位提出的有关重大事项和重大问题，及时判断项目执行情况、承担单位和人员的履约能力等。在项目实施的关键节点，及时向项目牵头单位提出有关意见和建议。

对于具有创新链上下游关系或关联性较强的相关项目，专业机构应当建立专门的统筹管理机制，督导相关项目牵头单位在项目实施中加强协调和联动，按照重点专项实施方案的部署和进度安排，共同完成研发任务。

年度报告制度。实行项目年度报告制度。项目牵头单位应按照科技报告制度要求，于每年 11 月底前，通过信息系统向专业机构报送项目年度执行情况报告。项目执行不足 3 个月的，可在下一年度一并上报。

中期检查制度。实行项目中期检查制度。执行周期在 3 年及以上的项目，在项目实施中期，专业机构应对项目执行情况进行中期检查，对项目能否完成预定任务目标做出判断，并形成中期执行情况报告。具有明确应用示范目标的项目，专业机构应邀请有关部门和地方共同开展中期检查工作。

其他。专业机构应对受托管理重点专项下设项目的总体执行情况定期梳理汇总，形成重点专项执行情况报告，以及进一步完善重点专项组织实施工作的意见和建议，通过书面或会议方式向专项参与部门报告，为重点专项管理工作提供支撑。

◎ 项目验收与成果管理

项目验收管理。项目执行期满后，专业机构应立即启动项目验收工作，要求项目牵头单位在 3 个月内完成验收准备，并通过信息系统提交验收材料，在此基础上于 6 个月内完成项目验收，不得无故逾期。项目下设课题的，项目牵头单位应在项目验收前组织完成课题验收。

专业机构应根据不同项目类型，组织项目验收专家组，采用同行评议、第三方评估和测试、用户评价等方式，依据项目任务书所确定的任务目标和考核指标开展验收。对于具有创新链上下游关系或关联性较强的相关项目，验收时应有整体设计，强化对一体化实施绩效的考核。

验收工作结束后 3 个月内，专业机构应将项目验收结论与财务验收意见一并通知项目牵头单位，并报科技部备案；项目承担单位应按相关规定填写科技报告和成果信息，纳入国家科技报告系统和科技成果转化项目库。项目验收结论及成果除有保密要求外，应及时向社会公示。

项目成果管理。项目形成的研究成果，包括论文、专著、样机、样品等，应标注“国家重点研发计划资助”字样及项目编号，英文标注：“National Key R&D Program of China”。第一标注的成果作为验收或评估的确认依据。

项目形成的知识产权的归属、使用和转移，按照国家有关法律、法规和政策执行。相关单位应事先签署正式协议，约定成果和知识产权的归属及权益分配。为了国家安全、国家利益和重大社会公共利益的需要，国家可以许可他人有偿实施或者无偿实施项目形成的知识产权。对涉及国家秘密的项目及取得的成果，按有关规定进行密级评定、确认和保密管理。

◎ 监督评估

国家重点研发计划建立全过程嵌入式的监督评估机制，对重点专项及其项目管理和实施中指南编制、立项、专家选用、项目实施与验收等工作中相关主体的行为规范、工作纪律、履职尽责情况等进行监督，并对重点专项总体实施和资金使用情况及效果进行评估评价，创造公平、公开、公正的科研环境，提高创新绩效。

监督评估工作应以国家重点研发计划的相关制度规定、重点专项实施方案、项目申报指南、任务书、协议、诚信承诺书等为依据，按照责权一致的原则和“放管服”要求确定监督评估对象和重点。接受监督评估的单位应当建立健全内控制度和常态化的自查自纠机制，加强风险防控，强化管理人员、科研人员的责任意识、绩效意识、自律意识和科研诚信，积极配合监督评估工作。

五、国家重点研发计划的管理特点

◎ 在项目形成机制上，聚焦国家战略目标，强调部门协作

在需求征集和凝练中，充分聚焦国家战略目标，强调部门协作，通过“自上而下”的顶层设计与“自下而上”的需求征集方式，一方面紧密围绕中国制造 2025、能源发展战略行动计划、互联网 + 等国家战略及“一带一路”倡议；另一方面广泛征集各部门、地方、行业协会、企业等科技创新重大需求，充分发挥各部门作用，共同凝练形成 8 个方面 62 个任务方向，既贯彻落实了国家重大战略部署，又体现了行业科技需求和领域的均衡发展。

在实施方案编制中，为了避免关门编方案、仅有少数专家和管理人员参与的情况，在组织实施中强调充分开放。每个重点专项实施方案的编制工作都成立了跨部门工作组，共有 50 多个部门、20 多个行业协会及相关地方参与各个实施方案的整体规划，在工作层面召开了百余次会议，建立了不同层次的部际联合工作机制，近 900 位相关部门共同推荐的高层次专家参与了各个编制专家组的工作。此外，还通过会议、书面、走访调研、电子邮件等多种方式，在较大范围内听取和征求本领域专家及科技界、产业界、相关地方的意见，完成了各重点专项的实施方案编制工作。同时，在专项经费需求上做到科学测算。按照国发 64 号文和 11 号文的精神，充分考虑中央财政与地方财政、社会资本相结合，从任务出发，“以事定钱”，提出科学合理的经费需求测算方案。在聚焦国家目标的同时，体现“激励相容”原则，充分调动地方、企业等各方面的积极性，形成共同投

入的创新合力。

◎ 在重点专项论证布局上，做到充分论证评估、科学民主

充分发挥特邀咨评委的咨询评议作用。特邀咨评委通过专题会议和全体会议进行充分论证。专题会议针对重点专项的领域特征，重点围绕专项启动的意义和紧迫性、问题分析和工作基础、目标和主要任务、经费需求与组织保障4个方面提出意见和建议，在咨询评议方式上采用了特邀咨评委委员、大同行专家和小同行专家相结合的方式，既立足战略和全局的高度，确保重点专项任务与国家战略保持一致；又从专业和细分的视角出发，保证了重点专项技术路线的科学性和先进性。全体会议则从领域均衡和学科持续发展的角度，在尊重特邀咨评委专题会议分组评议和排序结果的基础上，认真研究部际联席会议相关成员单位的意见，对重点专项的启动实施进行统筹考虑，提出综合平衡建议。

充分利用部际联席会议决策机制，做到科学决策和民主决策。主要依据专项需求的重要性、紧迫性，实施方案的科学性与可行性。同时，综合考虑部门共识度、领域科技发展均衡性及中央财政能力，形成了59个重点专项的总体布局和优先启动36个重点专项的相关建议，经国家科改领导小组审议通过后，得到国务院批准。

◎ 在专项目标任务设计上，体现全链条设计、一体化实施

为了更好地加强科技与经济在规划、政策等方面的相互衔接，新的国家科技计划将围绕产业链部署创新链，围绕创新链完善资金链，统筹衔接基础研究、应用开发、成果转化、产业发展等各环节工作，更加主动有效地服务于经济发展方式转变和经济结构调整，建设具有核心竞争力的创新型经济。国家重点研发计划各重点专项从基础前沿、重大共性关键技术到应用示范的全链条设计和一体化组织实施，加速基础前沿最新成果对创新下游的渗透和引领。专项的任务目标体现出较强的整体性，上下游部署和横向布局的任务不是简单“拼盘”，而是相互关联、有机衔接，具有“不可剥离性”，改变了原来按照不同研发阶段分头支持的做法，实现上下游研发活动间的快速传导和相互促进。

◎ 在指南编制和项目申报评审上，体现服务意识、尊重科研规律

一是以项目形式组织申报和评审，破除“封闭式”科研，促进产学研用协作，减少项目评审工作量。明确以项目为单位进行组团申报和总体评审，大大减少了申报和评审的工作量；同时，按照全链条设计、一体化组织实施的要求，使得申报单位能够跨部门、跨领域、跨创新链条地自由组合优势团队，形成较强的竞争合力，打破了固有的科研小圈子，促进了产学研用各类创新主体的互动和协作。

二是“预申报书＋正式申报书”的申报评审方式。在前期试点重点专项工作探索经验的基础上，实行“预申报书＋正式申报书”申报方式，即先由项目申报者提交3000字左右的预申报书，详细说明申报项目的目标和指标，简要说明创新思路、技术路线和研究基础；经过首轮专家评审后，遴选出3～4倍于拟立项数量的申报项目，请项目申报者再提交详细的正式申报书，进入答辩评审。这一做法在很大程度上减轻了科研人员申报准备工作量。

三是一个指南方向不限定支持一个项目。科技创新具有研发路径和技术路线多元化的特征。为降低创新风险、优化科技发展布局，在同一指南方向下，如有不同技术路线、均具有较强竞争力的申报项目，可以择优同时支持，在项目执行中按期严格评估，及时调整聚焦。

四是对于合理确定项目体量，对项目下设课题数和参与单位数提出了明确要求。重点研发计划的项目要求研究重点突出，考核指标明确，项目下设的研究任务紧密联系，分工衔接，形成有机整体；不同目标、不同品种、不相关的任务，不能强行组合成一个项目。同时，为提高项目部署中各研发任务间协调衔接的效率和效益，对项目下设课题数和参与单位数提出明确要求，合理规划项目体量。

◎ 在主动公开信息上，采取了一系列改革措施

在发布重点专项项目申报指南时，同步公布指南编写专家组名单、形式审查条件要求、形式审查责任人等，力求在项目管理源头就公开透明、责任明确。同时，结合前期重点专项项目的申报组织工作经验，整理了项目申报常见问题答疑，与指南一起公布到科技管理信息系统公共服务平台上，方便申报者查阅、解惑，高效率准备申报材料，节约时间精力。项目答辩评审前，公布评审专家名单；形式审查和评审工作结束后，将结果通过信息系统及时反馈给项目申报者；项目立项评审完成后，上网公示全部拟立项项目信息，接受社会公众监督。此外，建立形式审查和评审立项各个环节的项目管理申诉机制，各专业机构已出台了具体办法并上网发布，明确了申诉范围，规范了申诉和处理流程，并通过电话、邮件等方式对申诉结果及时反馈。

◎ 在整个项目形成、申报、评审过程中，严格执行专家回避制度

严格执行专家轮换、随机、回避、公示等相关制度，确保专家选取使用科学、规范、有序。根据项目评审需求从国家科技专家库中随机抽选项目评审专家，选取影响力大、活跃度高的同行专家参与评审工作，提高专家选取的科学性和合理性，充分发挥专家的咨询评议作用。特邀咨评委委员、参与重点专项咨询评议的专家及参与重点专项实施方案和年度指南编制的专家不能申请和评审相关的重点专项项目，保证相关项目评审工作更加公平公正。

第二节 国家重点研发计划实施进展情况

一、重点专项的总体布局

为广泛征集全社会关于科技创新的重大需求，2015 年年初，科技部面向各部门、地方及相关行业协会印发重点研发任务征集通知，并征集了 2698 项研发任务建议。基于此，科技部、财政部、发展改革委围绕国家重大发展战略，如中国制造 2025、能源发展战略行动、“一带一路”、京津冀协同发展、长江经济带、生态文明建设、互联网 + 等，会同各部门凝练形成 8 个方面 62 个任务方向，既贯彻落实了国家重大战略部署，又体现了行业科技需求和领域的均衡发展。

在 62 个任务方向的基础上，统筹形成了 59 个重点专项的实施方案（表 4-1），包括现代农业（9 个）、节能环保和新能源（4 个）、产业转型升级（17 个）、资源环境和生态保护（8 个）、人口健康（8 个）、新型城镇化（5 个）和战略性前瞻性重大科学问题（8 个）。值得关注的是，特邀咨评委会同 240 多位领域专家，被分为 7 组对重点研发计划 2016 年重点专项进行咨询评议，这是国家科技计划管理改革启动实施以来，特邀咨评委对国家科技计划未来布局进行的首次全局性、大规模咨询评议，为部际联席会议提供了决策参考。

表 4-1 国家重点研发计划重点专项总体布局

项目	项目	项目
粮食丰产增效科技创新	现代食品加工及粮食收储运技术与装备	高性能计算
畜禽重大疫病防控与高效安全养殖综合技术研发	林业资源培育及高效利用技术创新	网络空间安全
智能农机装备	生物安全关键技术研发	地球观测与导航
生殖健康及重大出生缺陷防控研究	生物医用材料研发与组织器官修复替代	智能电网技术与装备
精准医学研究	量子调控与量子信息	煤炭清洁高效利用和新型节能技术
纳米科技	大科学装置前沿研究	绿色建筑及建筑工业化
蛋白质机器与生命过程调控	深海关键技术与装备	公共安全风险防控与应急技术装备

续表

项目	项目	项目
水资源高效开发利用	典型脆弱生态修复与保护研究	深地资源勘查开采
材料基因工程关键技术与支撑平台	重点基础材料技术提升与产业化	重大科学仪器设备开发
战略性先进电子材料	国家质量基础的共性技术研究与应用	先进轨道交通
农业面源和重金属污染农田综合防治与修复技术研发	重大慢性非传染性疾病防控研究	增材制造和激光制造
全球变化应对	海洋环境安全保障	云计算和大数据
海洋（蓝色）粮仓科技创新	主要经济作物优质高产与产业提质增效科技创新	食品安全关键技术研发
中医药防治重大疾病与中医治未病	发育与生殖	变革性技术和战略需求的科学基础
合成生物学	重大自然灾害监测预警与防范	土壤污染防治
制造基础技术与关键部件	智能机器人	光电子器件与集成
文化产业重点领域共性关键技术研发与创新服务示范	宽带通信和新型网络	可再生能源与氢能技术
先进核能与核安全技术	综合交通运输与智能交通	物联网与智慧城市
绿色宜居村镇技术创新	移动健康与数字化医疗技术研发	废物资源化
网络协同制造	科技服务重点领域共性关键技术研发及应用示范	

二、重点专项 2016 年启动实施情况

截至 2016 年年底，国家重点研发计划共启动实施 42 个重点专项（包括 6 个试点专项）。具体项目申报情况、评审专家总体情况、项目评审立项情况如下。

◎ 项目申报情况

42 个重点专项指南发布与申报数量总体情况：指南方向数 790 个，项目申报数 4646 个。

项目推荐情况：共有 105 个推荐渠道单位参与项目推荐，其中国务院所属部门 38 个，地方科技管理部门 37 个，行业协会、产业联盟等单位 30 个。

牵头申报项目单位情况：457 家大专院校牵头申报项目约占总数的 39%，463 家科研院所牵头申报项目约占总数的 40%，247 家企业牵头申报项目约占总数的 21%。

◎ 评审专家总体情况

评审专家情况：参与项目评审的专家均从国家科技专家库抽选。共有 1699 名专家开展预评审工作，其中 50% 的专家来自高等院校，30.3% 的专家来自科研院所，15.7% 的专家来自企业，4% 的专家来自医疗机构等其他事业单位；共有 4064 名专家开展答辩评审工作，专家名单在评审前均在国家科技管理信息系统公共服务平台进行了公示，其中 45% 的专家来自大专院校，34% 的专家来自科研院所，17% 的专家来自企业，4% 的专家来自医疗机构等其他单位。

评审专家年龄分布：40 岁及以下的占 11%，40 ~ 50 岁（含 50 岁）的占 37%，50 ~ 60 岁（含 60 岁）的占 44%，60 岁以上的占 8%。

◎ 项目评审立项情况

项目评审结果：4646 个申报项目中，经预评审和答辩评审，共 1167 个项目进入拟立项公示环节，占总申报项目数的 25.1%。

从公示拟立项项目数量看，排名前 5 位的专项分别为大气防治（93 项）、医疗器械（69 项）、精准医学（61 项）、质量基础（45 项）、纳米科技（43 项）。

从项目实施周期看，3 年及以下的项目共计 259 个，占比 23.6%；3 ~ 4 年（含 4 年）的项目共计 180 个，占比 16.4%；4 ~ 5 年（含 5 年）的项目共计 564 个，占比 51.4%（不包含 70 个需要中期二次择优评估、实施周期待定的项目）。

2016 年项目的承担单位区域分布分析显示，项目承担单位前 10 名的分别是北京市、上海市、江苏省、广东省、浙江省、湖北省、山东省、天津市、安徽省、辽宁省。

第三节
技术创新引导专项（基金）组织实施进展

科技部、财政部等有关部门紧密围绕国家战略和规划，贯彻落实国发 64 号文，遵循科技创新规律和企业技术创新特点，加快推进技术创新引导专项（基金）分类整合，充分发挥市场配置技术创新资源的决定性作用，更好地发挥政府的作用。目前形成以国家科技成果转化引导基金（国家新兴产业创业投资引导基金、国家中小企业发展基金）、中央引导地方科技发展专项资金、创新方法工作专项、中国创新创业大赛奖补资金，以及同若干金融机构签署的支持科技创新战略协议等构成的、不断完善的、比较完整的技术创新引导专项（基金）的支持方向、政策体系、内容组成和支撑保障等专项构架。

一、国家科技成果转化引导基金

2014 年，国家科技成果引导基金（以下简称“转化基金”）正式启动实施，侧重于引导金融资本和社会资本加大对科技企业转移转化科技成果的支持。截至 2017 年年底，转化基金已设立 14 支创业投资子基金，总规模 247.23 亿元，其中转化基金出资 56.65 亿元（按年度分期出资），引导地方政府和社会资本出资 190.58 亿元，转化基金资金放大比例为 1 ： 4.4。

14 支创业投资子基金的日常管理分别由专业化的创业投资管理机构负责。各创业投资子基金出资人构成多元化，多家有实力的大机构、大企业出资参与创业投资子基金设立，如全国社保基金、进出口银行、中国人寿等金融机构，国投集团、首科集团、天津科融等国有企业（含央企），上海科创、中关村创投、湖南高新投等地方政府引导基金或投资平台，以及国轩高科、西藏瑞华、华仪电气等民营企业。充分发挥了中央财政资金引导地方政府和社会资本的示范带动作用，初步形成了中央带动地方、财政资金引导社会资本的联动局面。

14 支创业投资子基金在区域布局上较为广泛，包括北京、天津、河北、上海、江苏、安徽、湖南、青海等省市，投资方向分别聚焦于国家科技重大专项成果转化、落实京津冀协同发展战略、战略性新兴产业发展、国家重点支持的高新技术、绿色环保技术领域等，加速促进企业、高校和科研院所的科技成果资源转化应用和产业化，改善科技创新创业的投融资环境，为实施创新驱动发展战略提供支撑和服务。

此外，由发展改革委、财政部、科技部等部门联合成立理事会，共同实施的国家新兴产业创业投资引导基金，总规模 760 亿元，共决策参股 293 支创投基金，累计支持 2522 家创新创业企业。由财政部、工业和信息化部、科技部等部门成立理事会，共同推动实施的国家中小企业发展基金，基金总规模 600 亿元，中央财政出资 48 亿元，目前已设立 4 支直投基金，总规模达 195 亿元。

二、中央引导地方科技发展专项资金

2016 年，财政部、科技部将财政部管理的原专项转移支付资金“中央补助地方科技基础条件专项资金”调整后设立了“中央引导地方科技发展专项资金”（以下简称“专项资金”），制定了《中央引导地方科技发展专项资金管理办法》（财教〔2016〕81 号，以下简称《管理办法》），将落实中央科技发展规划部署、引导地方改善科研基础条件、优化区域科技创新环境、支持基层科技工作、促进科技成果转移转化、提升区域科技创新能力作为实施目标。

作为中央财政科技计划改革后，中央财政资金支持区域创新、支持县域科技工作中最为直接、紧密和唯一的资金，专项资金有效承接了中央财政科技计划管理改革前政策引导类计划，如星火、火炬、重点新产品、科技惠民、富民强县等取消后仍应予以支持的内容，对具有较强外溢性和辐射性的地方科技创新相关工作，如地方专业性技术创新平台、地方科技创新创业服务机构、地方科技创新项目示范等区域技术创新和成果转化等，中央给予引导支持。同时注重创新支持方式，鼓励地方采用后补助、以奖代补、贷款贴息、发放创新券等多种投入方式予以支持。

专项资金采取符合科技计划管理改革方向的管理机制，中央部门不直接管理具体项目。按照《管理办法》要求，专项资金支持的项目，由地方科技部门、财政部门进行遴选和管理，地方在组织、立项和管理项目中发挥主导作用。科技部、财政部主要通过体现贯彻落实中央科技发展规划部署的三年滚动规划、年度实施方案和绩效评价来进行宏观指导，充分发挥地方科技部门主动性和尊重地方科技发展阶段特点，突出重点，不搞“一刀切”和“面面俱到”。

专项资金按因素法分配，分配因素及权重包含占 20% 的管理因素，以此来发挥绩效评价的“指挥棒”作用，对绩效突出评价为优的地方，通过对管理因素在下一年度专项资金分配时给予满分计算，激励地方提升管理效能。专项资金 2016 年拨付 14.2 亿元，2017 年 12.78 亿元，累计支持 500 余个地方专业技术创新平台，600 余家地方创新创业服务机构，带动地方政府、企业配套出资近 50 亿元，对支持地方科技创新工作，完善地方技术创新体系发挥了重要作用。

三、创新方法工作专项

2008 年 4 月，由科技部、发展改革委、教育部、中国科协等部门经过深入研究和讨论，制定并联合印发了《关于加强创新方法工作的若干意见》，明确提出了推动中国创新方法工作的基本任务和保障措施。同时科技部、发展改革委、教育部、中国科协建立了创新方法工作部际协调机制，推动各部门、地方、企业和研究院所的协同互动。财政部为创新方法工作安排了专门经费；科技部注重在创新方法工作各个方面的组织协调；发展改革委将创新方法工作融入大型科技基础设施的能力建设之中；教育部将创新方法引入到人才培育和学科建设中，并注重开展新方法的研发；中国科协以企业科协为基础，普及创新方法、提高企业基层创新能力。随后国务院、国资委、中国科学院等部门也开展了相关工作。在“试点先行”的原则下，创新方法工作 10 年来在探索和实践中取得了显著成效。

首先，聚焦企业创新需求，构建创新方法服务体系。在服务内容上，围绕创新链打造支撑方法链。一是强化设计。根据创新链的不同环节遴选“理论上相对完整、技术上相对成熟、实践中行之有效”的方法，通过企业试点应用将研究与实践紧密结合，形成了覆盖企业创新链的“方法池”，开发具有自主知识产权的计算机辅助创新工具，逐步实现方法应用的模块化、工具化与智能化。二是突出重点。针对企业技术研发与生产制造环节，着重推广以提升技术研发效率与成果产出规模为目标的 TRIZ 方法、以提升产能与控制成本为目标的精益生产方法、以提升产品质量为目标的六西格玛方法等，并探索多种方法的融合与集成。

在服务模式上，着眼企业实际难题，开展定制化服务。一是组织近百所高校、科研院所的科研人员深入企业，现场问诊、找出问题，将科研与生产直接对接，在生产线上解决问题。二是现场面授与网络培训并重，培养人才与解决难题并行。企业人员带着难题参加创新方法培训，带着解决方案返回企业，解决实际问题能力得以提高，成为企业的“创新基因”。三是围绕区域的支柱产业征集、筛选关键共性问题，组织专家团队利用创新方法提出系统性解决方案，并在企业示范应用。

在服务平台上，建立了多主体参与、协同创新的网络机制。一是国家与地方两级服务基地相互联动。依托高校建立了多个国家基地，重在理论研究与工具创新，整合各家优势指导地方工作，形成合力；同时依托地方科技部门建立了覆盖全国 32 个省市自治区的省级基地，为本地区企业提供创新方法推广应用服务。二是引入咨询机构等第三方力量，为企业提供专业化定制方法服务。三是充分发挥全国、地方创新方法研究会等社会组织作用，搭建全社会创新方法交流平台。

在服务保障上，以标准化的手段严控质量，以多元化的经费支撑运行。一是制定并颁布了《创新方法应用能力等级规范》国家标准，正在制定《创新方法知识扩散能力等级划分要求》国家标准，同时推进《创新方法咨询能力等级划分要求》的研发与示范，规范了创新工程师、创新培训师、创新咨询师的评定流程和衡量指标，确保创新方法人才的质量；同时通过正在制定的《企业创新方法工作规范》国家标准的实施，保障企业创新方法工作的可持续开展。二是中央财政持续稳定支持企业创新方法工作，共投入约 3.5 亿元；地方财政投入相关资金约 4 亿元，不少省份还设立了创新方法工作专项经费；众多企业也主动投入资金开展创新方法相关活动，如三一重工、中国机械工业集团、中国化工集团等企业均投入数百万元。

其次，创新方法在企业的推广应用成效显著。创新方法工作坚持以提升企业创新实效为宗旨，培育了一批取得良好创新绩效的创新方法试点示范企业，加速了企业创新成果产出，缩短了产品研发周期，取得了良好的经济效益。一是显著提升了企业创新成果的产出数量和质量。据统计，仅 2015 年，243 家各级创新方法试点示范企业在引入创新方法之后，共申请专利 1813 项，授权

1163 项，其中申请发明专利 963 项，授权 280 项；共解决企业技术难题与生产中实际存在的管理问题 2790 个。例如，广东生益科技自应用创新方法以来，在成果产出方面，2015 年共申请专利 155 件，2016 年共申请专利 167 件，申请量分别是未导入创新方法前的 443% 和 477%；在成果产出质量方面，研发的刚性覆铜板和挠性覆铜板产品，填补了国内相关行业技术空白和产品空白，打破了国际贸易对中国的技术壁垒，多款产品可取代进口同类产品。二是明显缩短了企业产品的研发周期，节约了研发成本。亚洲硅业（青海）有限公司引进精益管理和六西格玛等创新管理方法，充分消化吸收，采用管理创新 + 技术创新结合并进模式组织生产活动，核心技术装备研发周期由过去的 5 年缩短至 2 年左右；相比 2015 年，单位产品能耗降幅达 41.6%。中国电子科技集团公司第十四研究所引进精益生产和六西格玛等管理创新方法，使得公司研制装备的设计差错减少 30%，实物验证减少 30%，研制周期缩短 20% 以上，经济效益测算为 9.7 亿元。三是大幅提升了企业的经济效益。据初步统计，各类试点示范企业应用创新方法进行节能降耗等的技术改进、新产品的技术预测与研发、产品质量控制与管理效率的提升等工作，累计产生的直接经济效益 130.07 亿元，仅 2015 年就产生经济效益 42.19 亿元。例如，中冶南方工程技术有限公司在解决热轧轧辊辊缝润滑技术难题的过程中，综合应用 TRIZ 创新方法，得到改进辊缝润滑装置的思路和方案，缩小响应时间等，极大地优化了热轧轧辊辊缝润滑技术，提高了轧机的轧制力和轧辊的寿命，节省换辊时间并取得经济效约 800 万元。

把创新方法工作融入企业的大量案例表明，企业具有创新的内生愿望和强烈需求，同时也需要在国家层面为提高企业的创新能力提供强大的知识支撑。

2016 年，创新方法专项安排资金 3000 万元，支持创新方法应用示范、区域创新方法基金建设等项目。

四、中国创新创业大赛奖补资金

中国创新创业大赛是由科技部、财政部、教育部和中华全国工商业联合会共同指导举办的一项以“科技创新，成就大业”为主题的全国性创业比赛。为落实党中央、国务院提出的大众创业、万众创新的重大部署，深入实施创新驱动发展战略，中国创新创业大赛聚集和整合各种创新创业资源，引导社会各界力量支持创新创业，搭建服务创新创业的平台，弘扬创新创业文化，激发全民创新创业的热情，掀起创新创业的热潮，打造推动经济发展和转型升级的强劲引擎。大赛已成功举办 6 届，秉承“政府主导、公益支持、市场机制”的理念，采用“赛马场上选骏马，市场对接配资源”的模式，搭建项目与资本、项目与市场对接的平台，促进科技与金融的有效结合。

据统计，前 5 届创新创业大赛共有 9.3 万家企业和团队报名参赛，1000 多个创业投资机构的近 3000 人次的创投专家参与大赛的评审，实现创业投资逾 200 多亿元，得到银行贷款授信超过 300 亿元。

为进一步发挥政府的统筹引导能力，最大化聚合激发市场活力，科技部、财政部联合发布“关于支持中国创新创业大赛有关工作的通知”，安排专项资金，科技部会同有关省级科技行政管理部门组织开展中国创新创业大赛获奖和优秀企业的申报和审核工作，对获奖的优秀企业给予资金奖补，支持企业技术创新。

2016 年，科技部、财政部安排 1.25 亿元专项资金，对第四届中国创新创业大赛的 389 家优胜企业给予奖补支持。

第五章
基础前沿

党的十八大以来，围绕《国家中长期科学和技术发展规划纲要（2006—2020年）》的总体部署和创新驱动发展战略的实施，国家自然科学基金、973计划（含重大科学研究计划）和国家重点研发计划等按照国家科技计划管理改革的统一部署，以提升国家自主创新能力为目标，围绕国家重大战略需求和世界科学技术前沿，更加强化国家目标导向，更加关注关系全局和长远发展的战略必争领域和优先方向，更加注重战略性和前瞻性布局，推动协同创新和原始创新。在超算、云计算、网络通信、虚拟现实、微电子和空天等技术领域，中国的前沿技术研发进展顺利，取得了一系列优秀成果，为中国经济社会发展提供了有力支撑。

第一节 基础学科和新兴交叉学科

一、数学、物理学和化学

搭建了可以同时冷却操控玻色子和费米子的世界领先实验平台，成功地在独创的“碟片交叉光阱”中首次实现了质量不平衡的玻色－费米双超流体，并在该双超流体中成功地产生和观测到玻色－费米量子涡旋晶格（图5-1）。相关论文以编辑推荐的形式发表在《物理评论快报》上，并

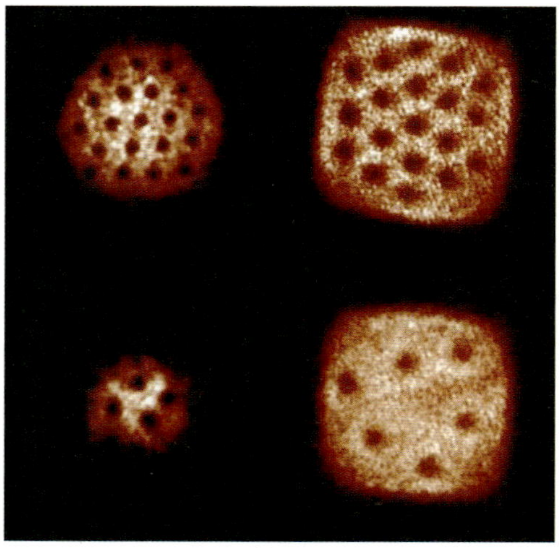

图5-1　玻色－费米量子涡旋晶格

在美国物理学会网站 Physics Synopsis 栏目作亮点报道。

发现了晶界自饱和规则，预言和设计了具有特殊功能的 $Ag_xCu_{1-x}ZnSnS_4/CdS$ 界面，可提高四元 Cu 基太阳能电池的开路电压并得到了实验证实。通过精确制备 Fe 基超导体与氧化物的界面，深入揭示了 FeSe/STO 界面超导机制。通过界面设计和精确调控，发展了制备单分子器件的突破性方法，实现了可逆的单分子光开关，为分子电子器件的潜在应用迈出了实质性的一步。

首次在单分子水平上实现对分子间偶极耦合的直接成像观察，开辟了研究分子间相互作用的新途径。相关论文发表在《自然》上。

提出了“亲水孔道捕获疏水分子”的概念，成功合成了新型多孔配位聚合物 MAF-49。针对丁二烯纯化问题提出了“控制柔性客体分子构型可反转吸附选择性”的概念，利用合适的孔道控制柔性分子的构型改变常规的吸附倾向（图 5-2）。相关论文发表在《科学》上。

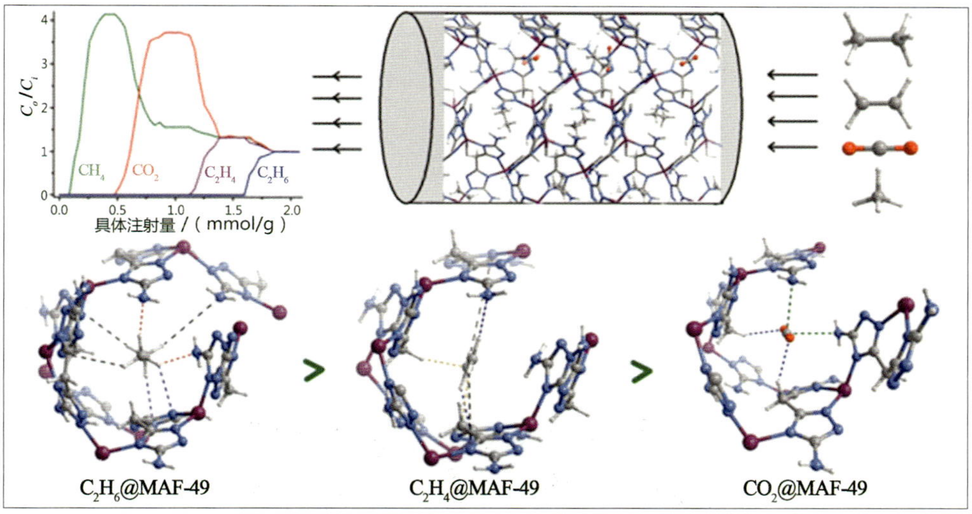

图 5-2　利用亲水孔道捕获疏水分子，反转的 C_2 烃类吸附倾向

发展了 10 余种在国际上有重要影响的元素有机化合物新试剂，其中部分试剂已列入国际知名试剂目录；首次实现了由非芳香性到芳香性的转化，取得了理论创新与突破。

开发了 PVC 产品高值化与生产过程系统集成的新方法，形成非电石路线的乙炔法高效清洁生产 PVC 的能源、资源高效洁净利用的新工艺，搭建了国际领先的 PVC 研究平台。

二、天文学

在国际上首次较系统地建立了小行星不规则弱引力场中探测器运动理论，使中国成为第 4 个实现小行星探测的国家；设计建造了全物理仿真弱引力场小天体附着过程试验装置，在国际上首次实现了 6 个自由度的运动仿真，为深空小天体的探测和利用小天体进行深空观测试验提供了地面模拟实验方法。

建立了有效改善影像辐射质量的数学模型和补偿方法，实现了一系列国产卫星定标和自主定位；发展了基于深度学习的遥感影像典型人工地物的智能检索技术，实现了精细目标检测准确率95%和秒级交互的在线典型人工地物检索计算效率。

三、地球科学

首次直接完整观测追踪证实了整个日地能量耦合过程，为太阳风－磁层能量整个耦合过程提供了直接观测证据；发展了若干空间天气预报模式，在服务中国“天宫一号”与“神舟九号”交会对接、“嫦娥三号”飞行试验等重大航天活动中发挥了重要作用。

四、生物科学

发现细胞内胆固醇运输的新机制，揭示了过氧化物酶体细胞器的新功能。首次揭示了胆固醇堆积是过氧化物酶体紊乱疾病的发病原因之一，为治疗胆固醇代谢异常相关疾病提供了新的线索和思路。

鉴定了胆固醇酯化酶ACAT1是调控肿瘤免疫应答的代谢检查点，抑制其活性可以增强$CD8^+$ T细胞的肿瘤杀伤能力。发展了基于胆固醇代谢调控的肿瘤免疫治疗新方法，开辟了肿瘤免疫治疗研究的一个全新领域（图5-3）。相关论文发表在《自然》上。

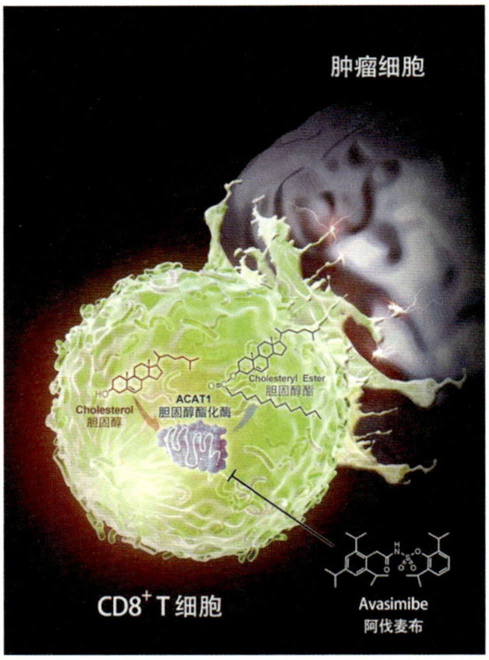

图5-3　基于胆固醇代谢调控的肿瘤免疫治疗

发现精子 RNA 可作为记忆载体将获得性性状跨代遗传（图 5-4）。首次从精子 RNA 角度为研究获得性性状的跨代遗传现象开拓了全新的视角，提出精子 tsRNAs 是一类新的父本表观遗传因子，可介导获得性代谢疾病的跨代遗传。相关论文发表在《科学》上。

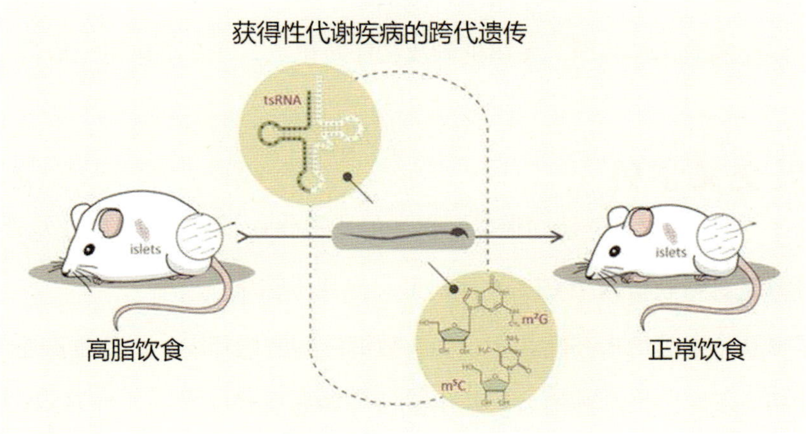

图 5-4　获得性代谢疾病的代间传递

构建出世界上首个携带人类自闭症基因的非人灵长类动物模型，发现 MeCP2 转基因猴表现出类似于人类自闭症的刻板动作与社交障碍等行为，为深入研究自闭症的病理与探索可能的治疗干预方法提供了重要基础。相关论文发表在《自然》上。

发现了具有介导 V（D）J 重排功能的原始 RAG 转座子，证实了利根川进关于转座子起源的假说（图 5-5）。不仅改写免疫教科书中关于适应性免疫起源的观点，将适应性免疫的起源由脊椎

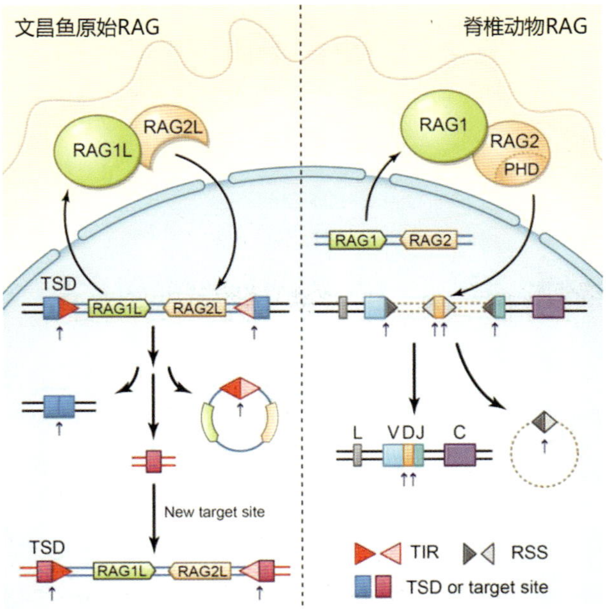

图 5-5　活性 RAG 型转座子的发现揭示抗体 V（D）J 重组的起源

动物推前近 1 亿年到无脊椎动物，而且可能为未来利用重排机制设计新的免疫抗体 / 基因提供崭新的基因编辑思路和技术。相关论文发表在《细胞》上。

首次在国际上发现并研究有颌鱼类（如盾皮鱼）、肉鳍类等硬骨鱼类起源的早期演化，引领国际上对脊椎动物类群早期起源和早期演化的研究。

发现排卵障碍疾病遗传学病因、发病机制及治疗新靶点，并在临床研究取得了重要突破。

五、新兴交叉学科

发现了小分子与 rhBMP-2 能协同促进骨组织的快速修复；研制的掺硅钛基骨板和 rhBMP-2/CPC 活性人工骨修复材料获得两个 CFDA 注册证，应用于临床。

设计合成了多肽自组装纳米药物载体，能有效调控肿瘤微环境中成纤维细胞的功能，具有抑制肿瘤生长的作用；研发出抑制肿瘤血管新生或诱导肿瘤血管栓塞的 3 种 DNA 及多肽纳米药物载体。

在国际上首次制备出离子传导效率与质子相当的氢氧根导体，获得了被国际同行誉为“胡试剂”的全新含氟试剂；研制出高比能 50 W 直接甲醇燃料电池系统和国际首例 920 W 非 Pt 碱性膜燃料电池堆。

开发了航天员建模仿真系统（AMSS），实现了认知绩效、生物力学、作业可视化、负荷预测与绩效分析等多功能多层次数字仿真分析。

构建了中国首个集光谱特性研究、遥测光谱数据挖掘、遥测光谱仪样机研制为一体的危险化学品事故遥测体系，提升了危险化学品的光学探测能力。

第二节
战略性前瞻性重大科学问题研究

一、蛋白质研究

率先发现裂殖酵母剪接体的结构，解析了 3 个关键工作状态下剪接体的近原子分辨率结构，以及一个剪接体组装过程中重要复合物的高分辨率结构，从分子层面解释了剪接体执行 RNA 剪接的机制，极大地推动了 RNA 剪接这一基础研究领域的发展（图 5-6）。相关论文发表在《细胞》上。

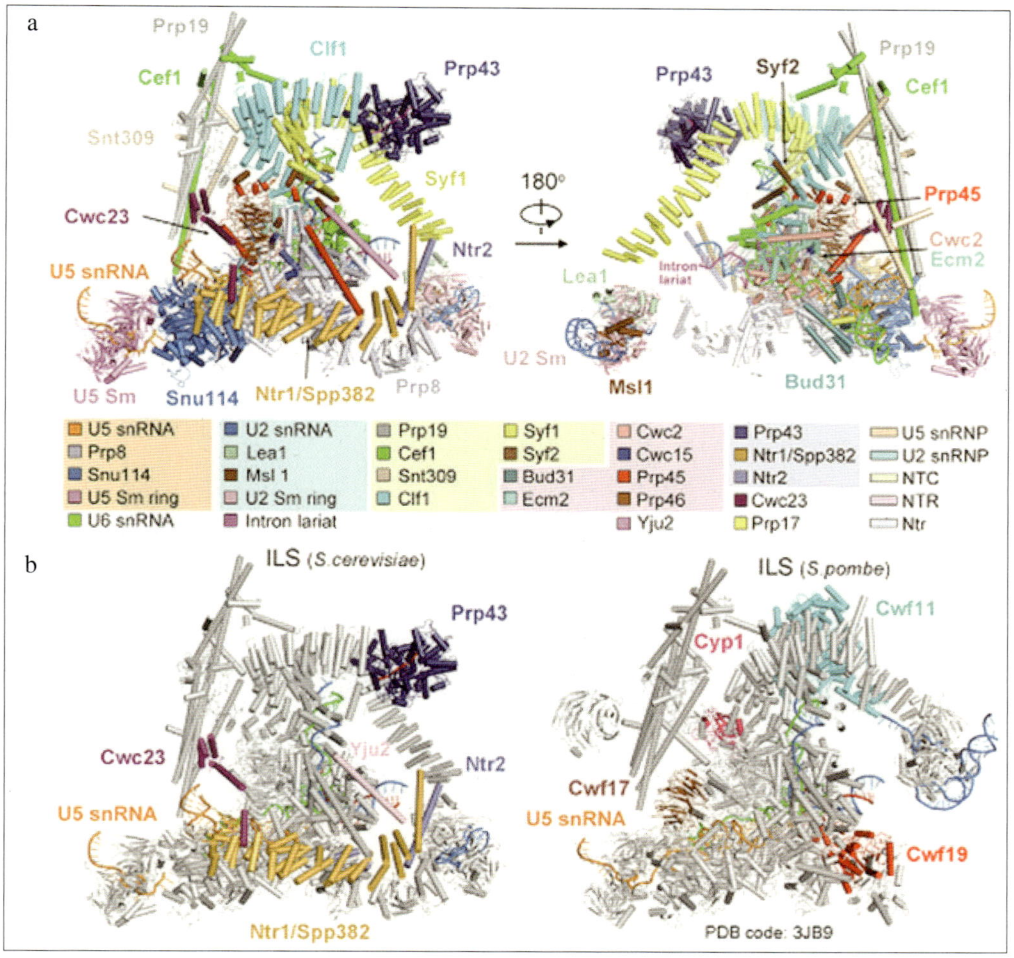

图 5-6 酿酒酵母内含子套索剪接体的三维结构

解析了线粒体呼吸链超级复合物结构，这是目前所解析的最复杂的非对称性膜蛋白超级分子机器的结构，为进一步理解哺乳动物呼吸链超级复合物的组织形式、分子机制及治疗细胞呼吸相关的疾病提供了重要的结构基础。相关论文发表在《自然》上。

发现了新型植物激素独脚金内酯的受体感知机制，揭示了“受体－配体”不可逆识别的新规律，丰富了生物学领域过去百年建立的配体可逆地结合受体并循环地触发传导链的“配体－受体”识别理论，为创立生物受体与配体不可逆识别的新理论奠定了重要基础，并对植物株型遗传改良和寄生杂草防治具有重要指导作用。相关论文发表在《自然》上。

首次分离了拟南芥中花粉管识别雌性吸引信号的受体蛋白复合体，并揭示了信号识别和激活的分子机制。通过基因工程手段建立了利用关键基因打破生殖隔离的方法，为克服杂交育种中杂交不亲和性提供了重要理论依据（图 5-7）。相关论文发表在《自然》上。

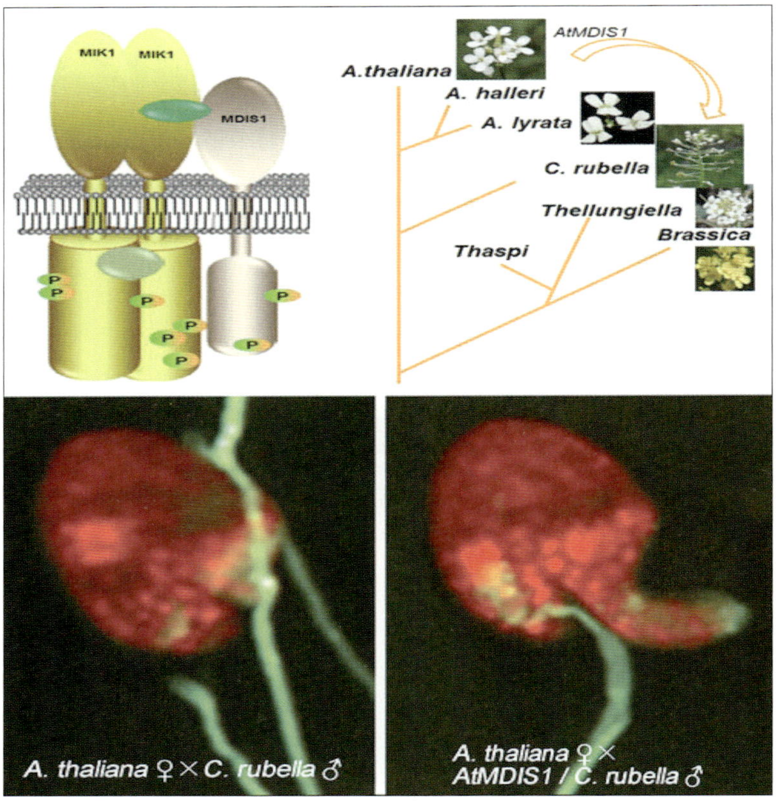

图 5-7　植物雌雄配子体识别的分子机制

二、量子调控与量子信息研究

在国际上光纤量子通信的安全距离首次突破 100 公里，继而率先实现绝对安全距离 200 公里的量子密钥分发，在此基础上实现了国际上首个规模化、实用化的城域量子通信网络。发射了“墨子”量子卫星，在国际上首次将自由空间量子通信的距离突破到百公里量级，奠定了通过卫星中转实现远距离量子通信的技术基础。

首次观测到三重简并费米子，为固体材料中电子拓扑态研究开辟了新的方向，对促进人们认识电子拓扑物态，发现新奇物理现象，开发新型电子器件，以及深入理解基本粒子性质具有重要的意义。相关论文发表在《自然》上。

创造性地制备出一系列重要的新型复合量子材料体系，在国际上首次研制出寡层黑磷高效能场效应晶体管，并构建出新型的基于量子效应的电子器件。

在单个钙钛矿胶体量子点中观察到单光子发射行为，并测量了其吸收截面和荧光寿命；演示了其无荧光闪烁和光谱漂移的新奇特性。在芯片上实现了光通信波段的宇称－时间对称破缺，并观测到了其演化过程。研制成功首个有源的铌酸锂量子芯片，并通过在光学超晶格中引入光波导集成光路，实现高亮度光子态的制备和可控处理，演示了片上的单光子和双光子干涉。

利用变温拉曼振动光谱，确立了低温相的 $MoTe_2$ 不具有中心反演对称性，从对称性的角度支持了 Td 相的 $MoTe_2$ 符合第二类 Weyl 半金属，指出该材料体系是实现温度诱导的拓扑相变的理想体系（图 5-8），相关论文发表在《自然·通讯》上。利用角分辨光电子能谱（ARPES）和扫描隧道谱（STS）两种互补的表面敏感实验技术，验证了 Td 相的 $MoTe_2$ 作为第二类 Weyl 半金属的基本特征——严重倾斜的狄拉克锥和来自于拓扑表面态的非闭合费米弧，是世界上首次直接从实验上完整地证实了 Td 相的 $MoTe_2$ 是第二类 Weyl 半金属。相关论文发表在《自然·物理》上。

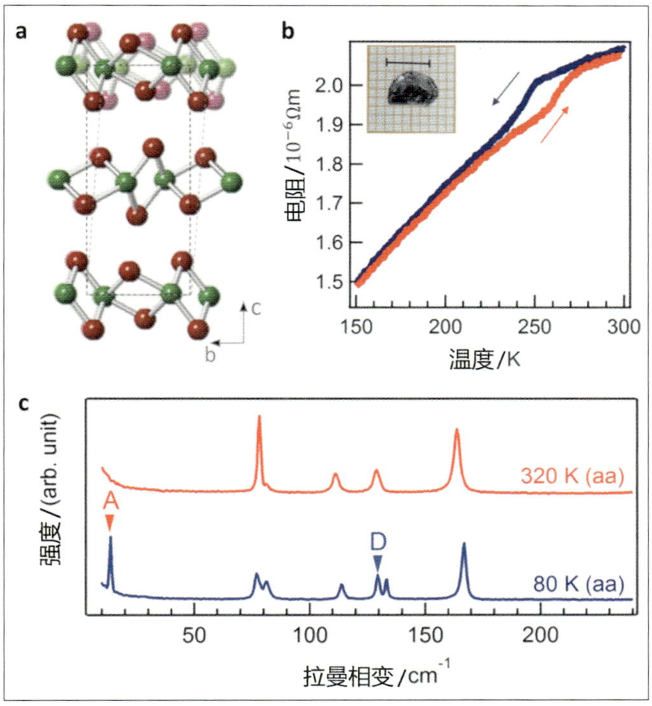

图 5-8　温度导致的中心对称 1T′ -$MoTe_2$ 到非中心对称 Td-$MoTe_2$ 的相变

提出了一种非易失性器件——忆耦器（Memtranstor），并在单个忆耦器上分别实现了两态存储、多态存储和布尔逻辑运算，表明忆耦器可以兼有信息存储和布尔逻辑运算的功能，有望用于非冯·诺依曼结构的下一代计算机。与目前人们广泛关注的忆阻器相比，忆耦器具有更低功耗和并行信息处理等优点，在开发下一代信息功能器件方面具有巨大的潜力。相关论文发表在《物理评论：应用》上。

成功制备了量子纠缠的双数态（Twin-Fock）原子玻色凝聚体（BEC），能在每 40 秒内确定性地制备一个由约 10 000 个粒子组成的多体纠缠态，从非纠缠的初态到双数态凝聚体的转换效率高达（96±2）%。首次验证了量子相变可以作为制备多体量子纠缠态的有效手段，相关论文发表在《科学》上。

实现了大型单晶石墨烯的超快生长，将合成速度提高了两个数量级，可在5秒内实现横向尺寸为0.3 mm单晶石墨烯域的生长。成功制备出了5 cm × 50 cm尺寸的大单晶石墨烯，创造了石墨烯单晶尺寸世界纪录。研究结果为合成大型单晶石墨烯薄片提供了一个新的方向，向实现石墨烯的工业应用迈出了一大步。相关论文发表在《自然·纳米技术》上。

首次制备出基于全氧化物外延体系的人工反铁磁体，并在其中发现了清晰的反铁磁层间交换耦合效应，首次观察到从表层和内部各磁性层分步磁化翻转模式，得到了耦合强度随各层厚度及温度的变化规律，证实了人工反铁磁体存在的反铁磁耦合态。该研究将对氧化物自旋电子学的发展起到重要的推动作用，为深入探索功能氧化物界面提供了新的平台和思路，对云存储和云计算等新兴产业发展具有重要意义。相关论文发表在《科学》上。

提出了拓扑绝缘体表面态电子退相干的新机制：在补偿掺杂的拓扑绝缘体中，亚线性温度依赖关系可以通过表面态电子与这些局域化的电荷液团之间的耦合加以解释。研究对深入理解固态系统的量子输运性质及进一步探索新奇准粒子和进行量子信息处理具有重要意义。相关论文发表在《自然·通讯》上。

在一种可能的拓扑超导体$Sr_xBi_2Se_3$中，利用低温强磁场的扫描隧道谱测量，观测到狄拉克电子变成库伯对的直接证据。该成果打开了研究狄拉克电子形成超导的新模式，对下一步研究拓扑超导和马约拉纳新粒子具有重要促进作用。相关论文发表在《自然·通讯》上。

通过将电子全息技术、能量过滤像技术和原位技术相结合，在透射电子显微镜中实时观察了HfO_2基阻变存储器中的阻态翻转过程。结果阐明了阻变存储器的电学性能与氧空位的微观分布之间的关系，对理解阻变机制提供了直观的证据。相关论文发表在《先进材料》上。

三、纳米科技研究

研究出一种合成气直接高选择性合成烯烃的方法并制出一种全新的催化剂，在温和的反应条件下（250 ℃，常压－低压）实现了合成气高选择性直接制取烯烃，烯烃选择性高达80%以上，呈现出完全不同于传统费托活性相的催化性能。相关论文发表在《自然》上。

提出了一种利用碳纳米管与催化剂对称性匹配的外延生长碳纳米管的新方法，实现了碳纳米管水平阵列的富集生长（图5-9），制备了纯度高达90%、结构为（12，6）的金属性碳纳米管水平阵列，密度为20根/μm。制备了纯度可达80%、结构为（8，4）的半导体性碳纳米管水平阵列。相关论文发表在《自然》上。

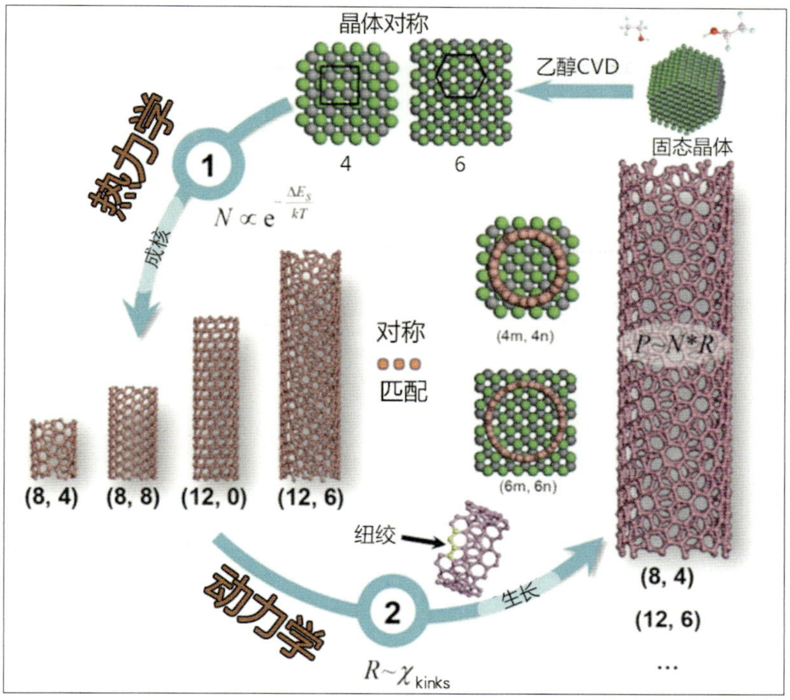

图 5-9　单壁碳纳米管的结构控制生长

发展了以石墨烯为电极、通过共价键连接的稳定单分子器件的关键制备方法，突破性地构建了一类全可逆的光诱导和电场诱导的双模式单分子光电子器件，获得了世界首例真实稳定可控的单分子电子开关器件，具有空前的开关精度、稳定性和可重现性。相关论文发表在《科学》上。

研发了一种双功能催化剂，科学家在 340 ℃的实验室条件下，利用氧化铟表面的高度缺陷结构激活二氧化碳，使二氧化碳和氢气变成汽油，实现选择性超过 80%，产生甲烷等副产品不到 1%。相关论文发表在《自然·化学》上。

发明了基于聚焦离子束的应变诱导 3D 微纳米结构加工新方法，可以将一维和二维材料进行不同程度的多次有序折叠，实现纳米结构单元在空间、尺寸、周期与几何形貌可调制的大面积可控加工，获得具有高构型自由度的 3D 光学超材料。相关论文发表在《先进材料》上。

首次将焦耳热效应引入多孔疏水亲油吸油材料，成功研制快速降低水面上原油黏度的石墨烯功能化海绵组装体材料和连续收集海面泄漏石油的收集装置，大幅提高了吸油材料对高黏度浮油的吸附速度，显著缩短了浮油清理时间（图 5-10）。相关论文发表在《自然·纳米技术》上。

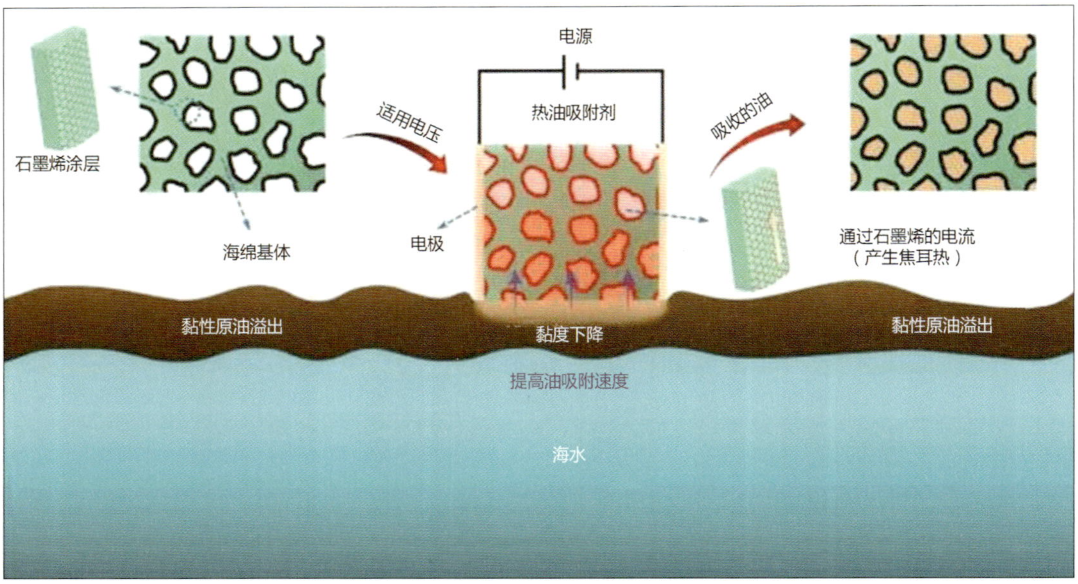

图 5-10　焦耳热辅助石墨烯修饰的海绵快速吸附高黏度浮油示意

研制出一种全新的仿皮肤式纳米摩擦发电机（STENG），首次实现高透明度（平均透光率，可见光 96.2%）和超高可拉伸性（单轴应变，1160%），同时能够实现生物机械能收集、触觉感知等功能。该器件可产生高达 145 V 的开路电压，瞬时功率密度达到 35 mW/m^2，且可直接黏附在人体的皮肤上，驱动包含 LED、电子手表在内的多种产品。相关论文发表在《科学进展》上。

设计发明出低功耗、长寿命、高稳定性的 Sc-Sb-Te 新型相变材料，在 130 nm CMOS 工艺制备的相变存储器实现了 700 皮秒（0.7 纳秒）的高速可逆写擦操作，循环寿命大于 107 次，操作功耗比三星、英特尔的 Ge-Sb-Te 存储器件降低了 90%。相关论文发表在《科学》上。

四、干细胞研究

首次构建出小鼠－大鼠异源杂合二倍体胚胎干细胞，突破了种间杂交研究的天然资源限制。相关论文发表在《细胞》上。

发现了晶状体上皮干细胞，设计并创建了一种新的微创白内障手术方法，保留了自体晶状体干细胞及其再生的微环境，长出了功能性的晶状体，已用于临床治疗婴幼儿白内障，不仅为白内障治疗提供了全新的策略，也首次实现了自体干细胞介导的实体组织器官的再生，开辟了组织再生及干细胞临床应用的新方向。相关论文发表在《自然》上。

发现 H3K4me3 修饰在早期胚胎大量存在并在基因表达调控和胚胎发育第一次细胞命运决定中发挥重要作用，对研究胚胎发育异常、提高辅助生殖技术的成功率具有重要意义。相关论文发表在《自然》上。

五、全球变化研究

构建了全球变暖背景下海洋增暖不均匀性动力学的理论框架，提升了全球变暖背景下东亚气候的预测能力。

构建了30余个典型湖泊与湿地生态系统演变的序列，阐明了湖泊湿地生态系统演化与全球气候变化及人类活动的关系，提出了生态系统保护与恢复的对策，加强了中国应对全球变化的能力。

揭示了中国气候灾害的变化规律，预估了未来50年中国灾害性天气气候事件的变化趋势；提出了华北区域农业和社会经济对气候灾害的适应途径，为国家防灾减灾提供了科技支撑。

预估了未来全球变暖背景下全球、东亚和中国极端气候事件的演变特征及中国环境风险的变化趋势；建立了极端气候事件引发环境风险的定量综合评估模型，为国家重大灾害评估和制定综合减灾规划提供了科技支撑。

六、脑与认知研究

发展了可在单细胞水平解析和定位全脑神经形态的成像方法（图5-11），为构建完整的脑神经连接图谱提供了手段，为脑科学、脑疾病研究、类脑计算和智能技术的研究提供有力的支撑。相关论文发表在《自然·通讯》上。

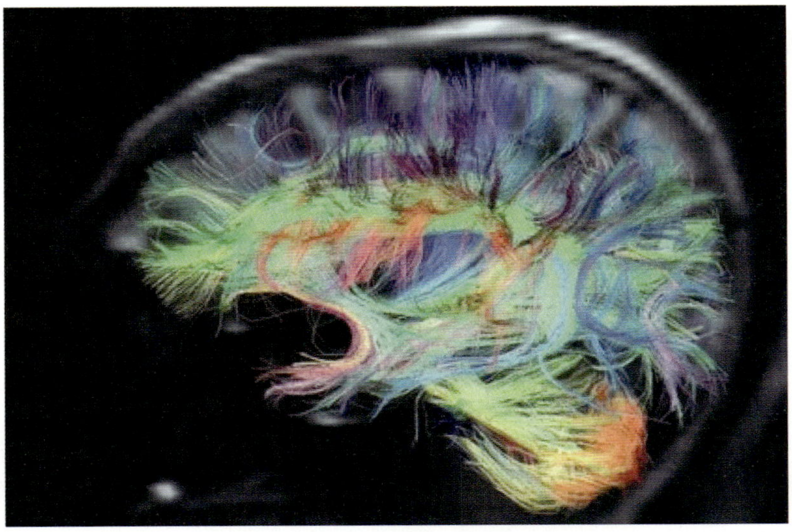

图5-11　大脑连接组的可视化

明确了与认知相关的神经元发育与神经网络形成的分子细胞机制及环境因素如何影响环路形成及形成后功能，为解开人类智力的奥秘、认识神经环路奠定了基础。

发现了中英文两种语言脑功能区的分离，提出了人脑语言中枢文化特异性理论；国际上首次通过全基因组关联研究获得阅读障碍易感位点，为语言障碍的预测及早期干预提供了强有力的科学依据。

七、物质与新效应

合成了单相纳米孪晶 CBN 块材和纳米孪晶金刚石材料，实现了人类合成比天然金刚石更硬材料的梦想。

解决了普通形状记忆合金宽温域超弹性瓶颈，研发了在超宽温有良好超弹性的应变玻璃合金。

以 SiCp/Al 为代表的系列高性能铝基复合材料在探月工程、载人航天工程、卫星和先进航天器等国家重大型号及重大工程获得应用，提供了 200 余种规格、3000 余件高性能铝基复合材料构件。

实现了高性能铝合金材料在大飞机上的应用，为中国大飞机的制造奠定了重要的材料基础。

第三节 前沿技术

一、超算

首台全部采用国产处理器和自主核心技术研制的超级计算机"神威•太湖之光"（图 5-12）于 2016 年 6 月对外发布，这是世界上首台峰值运行速度超过十亿亿次的超级计算机，系统的峰值性能 125.436 PFlops，持续性能 93.015 PFlops，性能功耗比 6051 MFlops/W，3 项关键指标均居世界第一，并 4 次蝉联世界超级计算机 TOP 500 榜单第一，标志着中国超级计算机研制能力已位居世界先进水平。

图 5-12 "神威•太湖之光"超级计算机系统

二、云计算

研制了业界首款支持亿级并发的云服务器系统，实现了为云而生、亿级并发、安全可控三大突破，建立了以国产技术为核心的云服务器架构标准，构建自主可控的云计算安全体系架构。研制了拥有自主知识产权、具有超强的EB级扩展性和支持千亿级文件存储能力的 EB 级云存储系统，实现中国在云计算基础装备上取得核心技术突破。

三、网络通信

研发了新一代高性能多业务路由器产品，采用全新的控制面和转发面分离的高端路由器体系架构，基于自主研发的分布式路由操作系统和三大核心自研芯片，支持 40 G/100 GE 高速接口，单槽位端口容量达 400 G/1 Tbps 处理能力，全面融合 SR/BRAS/CGN/SDN 等产品特性，实现统一承载宽带融合业务，取得了关键技术的突破创新。

研发了基于 SDN 白牌交换机的大规模数据中心网络，单数据中心可支持 1 万台服务器，虚拟机 20 万台以上。打造了中国最大的 SDN 开放社区 SDNLAB（www.sdnlab.com），并与国际 ONF、ONOS、Opendaylight 等建立起紧密合作。

四、虚拟现实

实现支持穿透式采集和多点接触式交互的大型全息立体显示技术、大视场高分辨率头盔显示技术、便携式 CAVE 技术，以及近距离显示装置的视觉耦合技术，形成的显示装置水平方向视场角大于 70°，高于国外同期技术水平。

研制成功了成像分辨率为 4000 万像素拼接型全景摄像机、构造物 4D 过程模拟平台、多相机虚实标定工具和误差度量平台。实现了三维景深实时采集技术和三维光场融合拼接技术，突破了高质量三维信息获取中精度与速度难以兼顾、大规模场景交互中细节与速度难以兼顾的两个瓶颈问题，实现了基于图像的火焰重建、数据驱动的波浪动画合成、植物开花过程四维重建等关键技术。实现了多源动态场景虚拟现实交互、虚拟现实场景动态演化等。

五、微电子领域

攻克了计算芯片难以同时具备高能效和高灵活性的国际公认难题，提出了硬件随软件变化而变化的高能效动态可重构计算技术，通过构建软硬件双编程机制，实现软件对芯片架构和功能的实时定义。

研发了“融合清华可重构计算技术和英特尔 X86 架构的新型通用 CPU”。攻克了超低功耗 DDR4 内存缓冲控制器芯片，该芯片突破了架构设计、电路设计和可靠性设计等多项关键技术，使得芯片在功耗、速度、时延、抖动等关键指标处于世界领先地位。攻克了 14 nm 以下集成电路制造关键技术。攻克新型非易失存储器设计共性关键技术研究。

六、空天技术

◎先进遥感技术

中国首颗全球二氧化碳监测科学实验卫星于 2016 年 12 月 22 日成功发射（图 5-13），在大面积光栅、多模式定标、敏捷姿态控制及复杂的反演验证系统方面取得重大技术创新，可以发现优于 4 mg/L 二氧化碳的变化，使中国在大气二氧化碳监测方面跻身国际前列。

图 5-13　全球二氧化碳监测科学实验卫星示意

在国际上首次完成了激光 3D 强度关联成像雷达的机载演示实验和基于系留气球平台的单次曝光多光谱强度关联相机的实验验证，激光 3D 强度关联成像雷达的空间和高程分辨率均优于 0.5 m，单次曝光多光谱强度关联相机的光谱分辨率优于 15 nm，空间分辨率优于 0.15 m，均达到世界领先水平。

国内首次开展了红外高光谱成像仪样机研制并成功完成了飞行验证，主要技术指标达到国际领先水平，将显著提升中国在矿产资源勘探、环境保护等方面的业务水平。

研制了具有自主知识产权的半球谐振陀螺，精度、技术等指标达到国际先进水平；突破了高性能对地观测卫星平台载荷一体化设计关键技术，已在“吉林一号”“高分微纳”等卫星上进行了应用。

研制了中国首款基于中继卫星的单 Ka 频段无人机载设备，首次实现民用无人机遥感数据实时星载中继高速传输。研制了国内首套天然材料多功能复用光学载荷固定人工靶标，被美国地质调查局列为全球永久的调制传递函数（MTF）检测靶标之一。集成构建的“国家高分辨遥感综合定标场”成为国际对地观测委员会（CEOS）全球首批自主辐射定标示范场，使国际上首次具备全球统一质量标准的高频次外场卫星载荷定标服务能力，支持了 10 多颗国内外高分辨遥感卫星及多种类航空遥感载荷在轨定标与性能评测。

攻克了静止卫星海洋水色遥感器光电设计技术，解决了杂散光和偏振敏感度难题，突破了高分辨率离轴三反光机、高精度二维指向控制、可见近红外 / 短波红外面阵探测器及其应用等核心技术，成功研制了首台静止轨道海洋水色卫星器技术原理样机。

生成了 12 种全球陆表特征参量产品（GLASS 产品），包括 35 年（1981—2015 年）的全球陆表叶面积指数、反照率等 4 种数据集，以及全球陆表 4 年（1983 年、1993 年、2003 年和 2013 年）的辐射、植被覆盖度等 8 种数据集。生成了风场、海浪等 7 种全球海洋遥感参数产品，并发展了土地覆盖精细分类技术，以及一系列遥感数据处理的共性关键技术。这些定量遥感产品具有时空连续无缺失的特色，同时也融合了多种数据或算法，具有较高的产品精度和空间分辨率。

◎地理信息系统技术

建立了空间信息公众服务规范与运营体系，研发了中国首个全球空间信息公众服务技术平台和中国搜索“互联网热点事件公众服务系统”，实现了互联网事件信息的实时获取、精准定位与过程跟踪，通过互联网（包括移动互联网）为社会公众提供精准、丰富、快捷、持续的全球空间信息内容服务。研制了全球海量空间数据综合管理与服务系统，首次实现了覆盖全亚洲 6 m 分辨率自主遥感影像的公众服务，探索了军用遥感卫星数据规模化业务化服务民用的新模式，推动了遥感领域军民融合的深度应用。

建立了支持实时数据集成表示的时空 GIS 数据模型，突破了传感网观测数据的实时接入与融合、海量时空数据分布式存储与管理、高效时空索引与访问等关键技术，研制了中国首个实时 GIS 软件平台 GeoDyno 及基于 GeoDyno 平台的时空过程综合模拟系统。

开展了对地址位置服务、视频 GIS、室内外三维全息位置地图（图 5-14）等技术研究成果的综合集成，并在常州市进行项目综合示范应用，取得初步实战成效。

研制了范式地理空间数据处理引擎，大幅提升了湖南省“不动产统一登记”空间数据处理效率，应用于 45 个区县，将原有工作时间由 2 个月缩短至 4 天，得到了用户单位的高度认可。

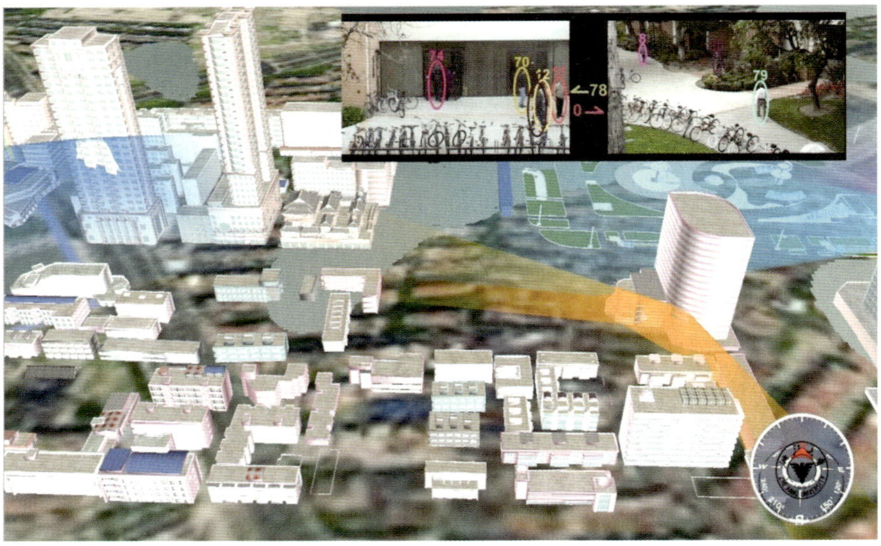

图 5-14　全息位置地图多维可视化示意

◎导航与位置服务

羲和系统打通北斗公众应用的“最后一公里”，成功实现米级广域室内外无缝精确定位。利用位置服务相关技术在北京市通州区对共享单车进行科学化管理试点示范。

建立了全球大地测量基准动态修正理论方法，攻克了基于 GNSS 技术的地球自转参数 ERP 测定和预报、框架非线性运动建模和趋势预报等技术，建立了基于中国 1985 国家高程基准的似大地水准面数值模型，构建了基于北斗 /GNSS 的全球及区域大地测量基准框架，为国家“一带一路”倡议的实现提供了统一基准框架，为未来形成中国独立自主的全球大地测量基准动态修正与服务体系奠定了理论和技术基础。

建立了基于北斗星地链路的分米级相位增强信号播发试验系统，实现了分米级星基增强参数的播发及服务范围内的实时广域评估验证，为北斗系统用户提供基本导航和星基增强服务，有效提升北斗服务性能，推动北斗在交通运输、船舰近海导航、内河导航、减灾智能服务、通航安全监控、城市智能管理等领域的广泛深入应用。

◎空间探测

形成了评估典型灾害性空间天气影响高技术系统的指标体系，对开展空间天气灾害监测预警服务具有重要的参考价值和指导意义；搭建的空间天气灾害监测预警示范平台初步满足对短波通信质量、星地通信质量及长距离电网 GIC 等空间天气效应的监测预警需求。

完成国内首套地基相干高频雷达的自主研制，采用先进的分布式处理技术，实现雷达主要参数灵活可控，技术水平达到国际先进水平，为将来大型地基雷达阵列的自主研制提供技术储备。

第六章

民生科技

近年来，中国进一步推进民生领域的科技发展。在各类各项科技计划的支持下，提升了对资源的开发利用和对环境的保护与治理科技能力；在公共安全和减灾防灾科技领域，围绕关键科技瓶颈问题开展基础研究并开展技术攻关和应用示范；在人口与健康领域，前沿关键技术、医疗器械国产化、重大疾病临床诊疗技术、公共卫生事件科技应对能力、基层适宜技术的应用推广及药品检测技术等方面取得新突破；在城镇化与城市发展领域，中国城镇区域规划的技术创新和集成能力迅速提高，建筑节能和绿色建筑方面推进成效显著。可持续发展实验与示范工作在总结 30 年经验基础上又取得新进展。

第一节 资源环境

一、资源开发利用

◎资源综合利用

在大型金属矿产基地资源综合高效开发方面，开展了铟锌多金属硫化矿梯级快速高效浮选工艺技术研究、高硫锡精矿和高铁铟锌精矿高效冶炼技术研究，以及深部多层重叠矿体崩落转充填采矿方法和工艺技术的研究，开发出“低品位微细泥锡石‘浮－磁－重’联合高效回收技术”；取得了“尾矿高钙伴生萤石综合回收新技术”和“基于浮选界面组装新理论的高钙黑白钨混合矿浮选新技术”两项产业共性技术的重大突破，解决了尾矿高钙伴生萤石综合利用的问题和传统经典选钨工艺的钨回收率低、粗精矿品位差等问题，在柿竹园钨多金属选厂得到工业化示范应用。

在磷矿资源高效开发综合利用方面，缓倾斜薄至中厚磷矿高效安全开采技术、磷矿山露井复合采动灾害监测与安全生产过程管控、常温高效浮选药剂及其相适应的低品位胶磷矿浮选工艺等取得了进展，研发了入选品位由 22% 降低至 18% 的浮选技术。

◎油气勘探开发

在非常规油气勘探技术方面，紧密围绕致密砂岩气、煤层气和页岩气等非常规油气藏的储层地质建模和数值模拟关键问题，开展了储层精细描述、地质建模、数值模拟的理论研究，研发出具有自主知识产权的建模与数值模拟一体化软件平台。相关成果在国内多个致密油气、煤层气、页岩气区块进行了推广应用。

二、环境污染控制

◎大气污染监测预警

近年来，在动态源清单技术、空气质量监测预警网络技术、多模式空气质量集合预报技术等领域实现突破，在珠三角建立了全球第三个大气污染联防联控技术示范区（继美国加州和欧洲之后），实现了对主要大气污染物的在线监测、远程控制和网络质控，支撑了珠三角区域联防联控机制建设及相关工作，全面提升了中国大气污染监测与预报预警模式的自主研制能力和产业化水平。

开展了灰霾典型污染物、PM_{10} 和 $PM_{2.5}$ 颗粒物质量浓度在线监测等关键技术研究和设备开发，特别是突破了 O_3、挥发性有机化合物（VOCs）、颗粒物质量浓度－粒径分布－化学成分等在线监测技术，以及激光雷达探测颗粒物的关键技术，研制出一批具有自主知识产权并具有国际竞争力的大气污染监测设备，实现空气质量监测子站国产化率 60% 以上，初步形成了满足常规监测业务需求的技术体系。研发的部分高端科研仪器如气溶胶雷达、单颗粒气溶胶飞行时间质谱仪等已开始得到应用，并出口到美国。

◎大气污染的形成机制

基本摸清了中国大气污染排放的底数，形成了中国独立的排放源清单处理体系和来源追踪方法。完成了全国主要污染物的排放量统计和时空、物种的处理，在全国大部分城市进行了大气颗粒物源解析。为预警预报模式的建立、科学治理方案的制定及环境管理提供了基础源强依据。

◎固体废弃物处置与利用

针对城市固废、垃圾、污泥、污水等突出环境问题，实施了“废物资源化”“生物质燃气产业化工程”等重大科研攻关，研发了多项固体废弃物循环利用技术，绿色建材、高档材料等循环利用产品快速产业化，广泛应用于居民家庭和城市建设。研制成功 700 吨级垃圾焚烧设备和智能化控制系统，使中国具备 200 ～ 700 吨 / 日系列垃圾焚烧装备能力。城市污泥和工业废渣生物质能源化技术产业化达 51 亿立方米的能力，大幅削减废物和二氧化碳排放，为城市生活提供清洁燃气。

◎化学品风险管控

初步形成具有自主知识产权的化学品毒性测试技术体系和相关技术标准；构建能够实现特定毒性效应的高通量、多指标离体测试技术平台和以中国土著生物为核心的活体毒性和毒理评价方法和指标体系；初步形成国内市场广泛使用的50种以上工业化学毒性数据库；发展了化学品的高内涵筛选技术，实现了对特定化学品多效应同步检测的高内涵离体测试。

◎重金属污染土壤修复技术

在重金属污染土壤植物阻断技术、植物富集技术方面，中国已筛选出10多种重金属富集植物材料，开发了利用蜈蚣草、伴矿景天等植物去除土壤砷、镉、铜污染的成套技术并进行示范，形成了超富集植物与桑树、甘蔗、蓖麻经济作物间作修复技术模式；在农田土壤重金属化学钝化方面，研制出了对降低农田镉、砷含量具有较好调控效果的氧化铁和氧化铝型化学钝化剂，可使超标耕地中镉、砷的作物有效性降低一半以上；在降低作物对重金属吸收的农艺等技术研究方面，研制出超富集植物与农作物间种/套种、种植苎麻和棉花等非粮作物替代、肥料型钝化剂施用、水肥及耕作管理等农艺措施，可一定程度降低农作物对重金属的吸收量。

三、生态环境保护

通过国家科技计划支持了一批生态保护与建设项目，突破了一批关键技术，开展了大量试点和示范工作，取得了较为显著的社会和经济成效。

◎生态风险评价

建立了以怒江流域为例研发的多尺度关键生态敏感对象识别及敏感度评价技术、生态风险评价和风险规避模式，是中国首个在流域尺度上对大规模梯级水电开发的综合潜在风险进行判识、评价、区划和多尺度规避的研发案例。

◎荒漠生态系统保护和修复

坚持“生态治理、生态产业、生态富民”相结合的研发新思路，形成一批适用于石漠化、水土流失、退化草地、防沙治沙等地区生态修复技术模式，带动以一、二、三产业融合发展为特征的生态产业快速发展，实现“绿水青山”就是“金山银山”。其中，石漠化综合治理的“毕节模式”“清镇模式”“花江模式”三大技术模式，示范辐射面积占中国石漠化治理工程区的39%，石漠化面积降低35%，生态治理对农民增收贡献达50%。

◎ 生态节水型灌区建设

针对中国农业面源污染防控和水资源节约重大需求，选择灌区综合功能耦合为突破点，开创性地提出生态节水型灌区建设理念，构建节水减污和面源防控四道防线系统，发明水肥精准施用设备、便携式水质净化器等核心技术和创新装置，开发灌区智能监控管理系统，攻克灌排系统与面源防控相耦合的关键技术瓶颈，在新技术的工艺、结构、材料和装备方面取得原创性突破。应用于江苏、江西等多个灌区的规划、设计、建设和运行管理中，解决了灌区“灌溉高效、排涝防渍、水肥节约”等水利功能与“面源截留、水质改善、环境优美、生物多样”等生态功能耦合的关键技术难题。

◎全球生态环境遥感监测年度报告

围绕全球生态环境典型要素、全球性生态环境热点问题和全球热点区域三大主题，已向全球公开发布了 15 个专题报告及数据集产品，包括《全球大宗粮油作物生产形势》《全球重大典型灾害对植被的影响》《“一带一路”生态环境状况》等专题报告，为中国实施“一带一路”倡议、创新驱动发展战略和可持续发展战略，以及全球生态环境保护、资源合理利用、应对气候变化和政府重大决策等提供有力的数据支撑。图 6-1 为 2015 年“一带一路”监测区域生态系统构成。

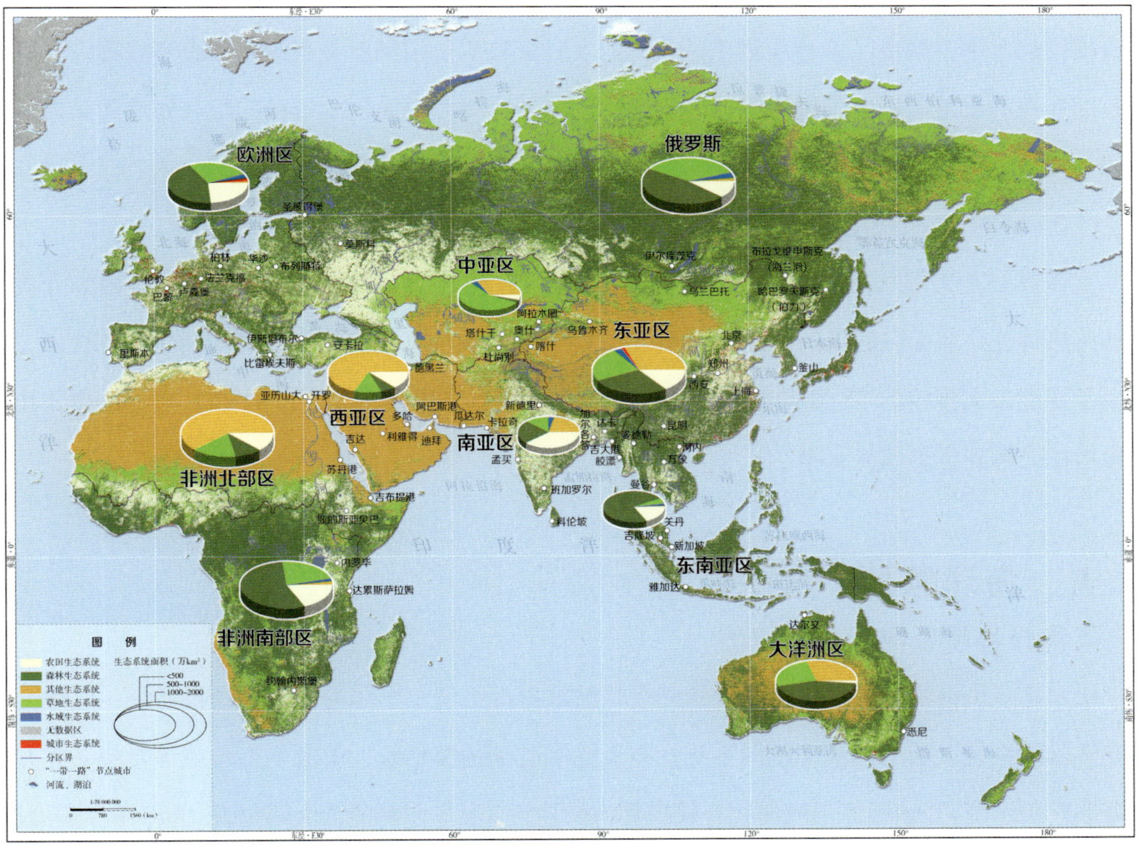

图 6-1　2015 年“一带一路”监测区域生态系统构成

来源：http://www.chinageoss.org/geoarc/2017/B/B1/B1_1/index.html。

注：本图仅作数据说明，不作版图范围展示。

四、气候变化

在气候变化的基础科学认知、影响评估、适应与应对，以及政策行动领域分别取得了系列成果，重点突出技术成果如下。

◎沿海地区适应气候变化技术

沿海适应海平面上升的关键技术体系、太湖流域洪水风险演变及适应技术，以及城市气候环境保障与空间区划技术研究取得进展。相关技术用于评估和预测海平面上升对沿海地区防洪安全、水资源安全和生态安全的影响，并提出一系列应对措施，具体体现为风暴潮防灾减灾技术导则和海平面上升影响脆弱区评估技术指南等一系列地方和行业标准；制定城市应对气候变化的空间规划，通过技术规范和规划方法调整城市建设和运营，来保障沿海地区防洪安全、水资源安全和生态安全。技术成果已在沿海典型地区进行应用。

◎全球中期数值天气预报技术

研发了具有自主知识产权的全球中期数值天气预报模式 GRAPES_GFS、下一代高性能模式框架技术、综合气象资料处理技术和数值预报交互式诊断分析技术，可显著提高 10 天内的区域数值预报的水平，解决了多种观测手段获得的实时资料质量控制业务系统缺乏或不完善、气象资料长期存在的质量问题及气候序列的非均一性问题，改变了中国气象资料的综合处理和集成能力薄弱、气象分析产品缺乏的局面。

◎ 35 MW 富氧燃烧碳捕获技术

富氧燃烧是用氧气（纯度 >95%）代替助燃空气，结合采用烟气再循环调节炉膛内的介质温度和传热特性，从而以较低的成本实现烟气中 CO_2 的高浓度富集的新型燃煤碳捕集发电技术。已完成了亚洲最大规模的 35 MW 富氧燃烧碳捕获示范工程，实现了 82.7% 的 CO_2 富集浓度，相关技术指标已达到世界领先水平。

五、海洋领域

◎ 海洋环境监测能力

研发建成南海海底观测网试验系统、大气波导探测系统、全球海洋数值预报系统、区域性海洋立体监测系统、南海内波观测网系统、重大赤潮监测预警系统、渤海生态监测等系统，并开展了海上应用示范，开始服务于海洋综合管理和海防建设。海洋监测能力大幅提升，为海洋权益维护、国家海洋管理服务和海洋安全保障提供重要支撑。

全球高分辨率海洋动力环境数值预报系统研制方面，针对中国现有水平分辨率 25 公里海洋环境预报系统的精度问题，已经初步建立面向业务化预报应用的中国自主技术数值预报模式，初步完成水平分辨率 10 公里的全球海洋环流预报模式、浪潮流耦合模式研究，基本完成自主潮汐潮流预报模式研究，基本实现海浪模式的局地化改进。同步开展了现场观测与实验室工作，为改进数值模式打下良好基础。

◎ 海水利用和海洋能技术

海水利用和海洋能技术发展迅速，中国海水利用工程规模进一步扩大，海水淡化装备国产化率显著提升，海洋能整体水平显著提升，进入了从装备开发到应用示范的发展阶段；兆瓦级海洋潮流能装备正式并网发电，200 kW 波浪能装备初步具备远海岛礁应用能力。海洋生物资源开发利用整体水平显著提升，海洋生物高值化利用硕果累累，海洋药物和海洋生物功能食品进入了产业开发的全新阶段。

第二节 公共安全与防灾减灾

一、公共安全

在国家科技计划支持下，一批公共安全项目大幅提升了行业科技水平，为解决社会关注的民生问题提供了有效科技支撑。其成果主要体现在以下几个方面。

◎生产安全领域

通过一系列生产安全隐患排查标准的制定及城市安全生产风险的动态监管技术的研究，使生产过程中潜在的各种事故风险和伤害因素得到有效控制，切实保护劳动者的生命安全和身体健康。在可能发生危险的生产技术层面，超深井超大矿山安全开采、危险化学品的存储和运输等自主研发的技术达到国际领先水平，并得到广泛推广应用。以煤层底板灰岩含水层注浆改造技术为例，该技术采用井下及地面近水平定向钻探与注浆改造，切断垂向导水通道，为华北型煤田深部煤炭资源和下组煤安全开采提供重要支撑。技术成果在陕煤化集团、淮北矿业集团底层灰岩含水层注浆治理工程中得到成功应用。

◎社会安全领域

中国城镇的人口、功能和规模急剧扩张，而运行和管理机制日趋开放和自由，社会安全领域面临着特殊的挑战。围绕社会安全关键瓶颈问题开展的基础研究、技术攻关和应用示范，使中国的社会安全监测预警控制、毒品违法犯罪行为和恐怖行为的防控治理、公正司法和司法为民等体系得以完善，国家社会安全综合保障整体水平得以提升。例如，研发出的基于多传感器融合的周界智能报警技术，在全时空精准定位系统、全天候智能周界安防系统、应急指挥综合管理系统、罪犯行为智能分析与识别技术方法等方面取得突破。技术成果在监狱现场进行了应用示范，提高了信息资源整合能力，形成了适合监狱特殊场景的安全管控方案，完善了中国监狱安全管控技术体系。图 6-2 为光纤光栅监测报警系统。

图 6-2　光纤光栅监测报警设备

◎重大基础设施安全领域

针对重大基础设施建立制度化的安全隐患排查评估机制，对涉及安全的重要参数进行长期监测跟踪和定期分析，对结构、材料、环境等方面存在的安全风险进行全面、系统的分析，对存在的重大隐患建立预警体系并制订有效防范、补救措施。在重大基础设施的安全防护方面研发了一批关键的技术，如地铁工程的安全控制，燃气管网的安全输送及交通隧道灭火技术等，均取得了较为显著的社会效应。

◎突发事件科技应对能力

研发出应急平台体系关键技术与装备研究、突发事件现场救助体系、国家应急物资调度协调系统等应对突发事件的关键技术，其成果已应用于政府部门和企业等应急日常管理与突发事件中，并在一系列重大突发事件应对中效果显著，支撑了国家应急平台平稳有效地运行。中关村科技园区丰台园、河北怀安工业园区、烟台经济技术开发区等 12 家应急产业示范基地的建立，促进了应急产业发展，提高了处置突发事件应急保障能力。

◎安全监测预警与防控

立体化智能安全卡口研发实现了三维人脸重建系统重建精度达到 2.5 mm，特征向量提取速度达到 0.5 秒 / 人，在 100 万人的数据库中，前 30 位命中率可达 98.18% 以上，检测时长 3 秒；声纹识别系统的等错率已降低至 6.5%，算法运行时间低于 5 秒。形成了用于对典型危险品的自动识别的初步数据模型，管制刀具的识别率达 85% 以上，大于 8.5 cm × 2.3 cm × 1.5 cm 尺寸的打火机的识别率达 80% 左右，检查时间在 2 ～ 3 秒。建立了基于级联卷积神经网络的深度学习模型，目前车型识别率为 88%，车标识别率为 94.7%，颜色识别率为 89%，车牌识别率为 96%（普通情况）和 82%（复杂情况）。

二、防灾减灾

◎远程大功率供水系统

已形成由 150 型、200 型、300 型构成的系列装备，单套最大流量 1600 m^3/h、输送距离 3000 m、管线直径 300 mm。解决了整体自装卸、大口径软质管线制造、大流量高扬程漂浮取水、管线机械化展收及自动水力布站等关键技术难题，研制了由泵站车及软质管线作业车组成的装备系统，整体达到国际先进水平（图 6-3）。目前，装备系统已在北京、山东、河北、海南、四川等省市消防部推广应用 40 多台（套），实现产值 4 亿余元，在多个重大事故救援行动中发挥了重要作用。

a 管线展收作业车

b 集成式多功能泵站车

图 6-3 机动式大流量城市应急排涝系统

◎ 地震灾害

基础研究方面，强震孕育条件等研究取得了重要成果，提出了中国大陆活动地块理论，对中国大陆强震活动机制提出了初步假设；完善了覆盖全国的国家固定地震观测台网，实现了全国 4 级以上、东部 2 级以上地震精确定位和地震参数速报能力；建立了探测地壳深部结构的流动宽频带地震台阵系统，观测频带拓展至 120 秒，初步实现地震相关物理场观测技术能力由二维向三维的转变，部分测项达到国际水平。

地震预测能力有所提高，部分实现了由经验预测向统计预测方法的转变，初步形成地震重点监视防御区、年度地震危险区和短临地震危险区等预测产品体系；逐步完善了基于统计模型的地震危险性评价和地震风险评估方法，全国地震区划图概率水准提高到 50 年超越概率 2% 的水平，延伸使用到年超越概率 10^{-4} 的极罕遇地震事件。

研发了地震预警算法，填补了地震预警技术空白，预警时间 6 ～ 8 秒，与国际水平相当；误报率 20%，小于国际水平的 25%；预警盲区小于 25 km。建立了覆盖全国的地震应急基础数据库，研发了基于统计和经验判断的地震应急响应技术和技术装备系列，震害人员伤亡快速评估时间缩短到 1 ～ 2 小时，地震灾情获取时间由数天缩短到 24 小时。

三、其他社会事业

在文物保护传承、区域特色旅游文化传承和挖掘、公共文化科技服务能力建设、智能化多功能场馆服务、全民健身领域科研创新平台、文化云服务平台等项目的关键技术研发及示范应用方面取得了突破性进展。

正在建立基于特种影视技术的科技馆展品的创新与共享研发平台、科技馆展品创新信息化平台、现代科技馆体系展品展示创新平台、中国地方志数字化演示平台；并在科技馆展品创新关键技术研究、中国地方志数字化关键技术研究等方面形成了相关标准和技术专利。

在舞台运动、视觉、听觉呈现技术，舞台监督调度系统集成，现代舞美设计与布景排演系统，虚实互动舞台集成呈现系统等方面进行研究，研发了基于现代舞台效果呈现整装系统平台下的一批关键技术，成功开发研制了一批突出舞台演出呈现效果的创新型装备。

围绕文化主题公园发展需要，针对电影仿真、立体展示、超感体验等文化主题影像集成技术，虚拟交互娱乐装备及控制系统进行研发，形成文化主题展示技术系统集成解决方案，在高科技文化主题公园开展应用示范，提升文化创意技术集成能力与文化旅游应用服务效果。

2016 年，《“互联网 + 中华文明”三年行动计划》（文物博函〔2016〕1944 号）发布，确立了通过观念创新、技术创新和模式创新，推动文物信息资源开放共享，推进文物信息资源、内容、产品、渠道、消费全链条设计的总体思路。《“互联网 + 中华文明”三年行动计划》的实施，将进一步发挥文物在培育弘扬社会主义核心价值观、构建中华优秀传统文化传承体系和公共文化服务体系中的独特作用。

2016 年 12 月，科技部、文化部、国家文物局联合发布了《国家“十三五”文化遗产保护与公共文化服务科技创新规划》(国科发社〔2016〕374 号)，明确了“十三五”期间文化遗产保护与公共文化服务科技创新的总体思路、发展目标、主要任务和重大举措。

第三节
人口与健康

◎ 前沿关键技术

在组织器官修复与替代方面，体细胞重编程取得了开创性的研究成果，为未来细胞治疗及人造器官提供了理想的自体细胞来源；2015 年，首个人工角膜在中国上市，成为世界上唯一一个完成临床试验的高科技人工角膜产品。在基因编辑技术方面，首次利用基因编辑技术修复地中海贫血症；首次利用 CRISPR 技术制备了基因敲除小麦、水稻和猪等重要农业品种。在疫苗研发技术方面，首个 Sabin 株脊髓灰质炎灭活疫苗、首个肠道病毒 71 型灭活疫苗上市；自主研发的大肠癌治疗性疫苗“抗原致敏的人树突状细胞（APDC）”取得了突破性进展。在干细胞技术方面，在国际上首创新型干细胞并利用其揭示干细胞发育调控新机制，“体外”获得功能性精子，开展世界首例湿性年龄相关性黄斑变性干细胞移植，以及国内首例青少年性黄斑变性的临床移植研究。

◎ 聚焦重大疾病，打造协同研究网络

为加强医学科技创新体系建设，优化医学科技发展组织模式，加快推进重大疾病防控技术突破和促进医学技术普及推广，科技部会同卫生计生委、军委后勤保障部和食品药品监管总局，先后启动了 11 个疾病领域的 32 家国家临床医学研究中心的建设工作。并以中心为核心，建成包括 2183 家各级医疗机构 4329 个科室、跨学科、跨地域的新型协同创新网络，在全国地级市的总体覆盖率达到 70.84%。以国家临床医学中心和协同研究网络建设为引领，形成了一批高质量的循证医学研究成果，包括自主或参与制定疾病诊疗指南和各类技术规范 233 项，改写 9 项国际指南；推广了一批规范化诊疗研究，90 多项技术在覆盖全国的基层层面得到不同形式和不同程度的推广应用。

◎ 医疗器械国产化

研发了一批技术难度大、主要依赖进口的重大产品。其中，国产骨科机器人是国际上唯一能够开展四肢、骨盆骨折及脊柱全节段（颈椎、胸椎、腰椎、骶椎）手术的骨科机器人系统；“胶囊胃镜机器人”，实现了无创胃镜检查；脑起搏器（DBS）打破美国技术垄断，为帕金森病及运动障碍疾病患者带来巨大帮助，为中国难治性癫痫患者带来希望；一体化正电子发射 / 磁共振成像设备（PET/MR）已实现全部核心部件国产化，整体性能达国际领先水平；计算机辅助手术系统及外科智能显示系统，能够将肝脏病患者 CT 数据变成三维的数字肝脏以指导临床手术，实现了数字化精准外科治疗；动态多极 3.0 T 磁共振与世界首台 96 环光导 PET-CT，一举打破高端影像设备领域外资技术长达数 10 年的垄断，代表世界核医学最先进水准，实现精准定量化诊断。

◎ 中医药现代化

中医药的国际认可度进一步提升。2015 年，药学家屠呦呦发现青蒿素获得诺贝尔生理学或医学奖；2016 年，针灸治疗慢性严重功能性便秘研究成果发表于美国《内科学年鉴》。中药品种开发加速。复方丹参多酚酸等多个新药上市；热毒宁等一批科技含量高、市场价值高的中药大品种得到二次开发；中成药大品种技术提升持续推进，过亿元中药品种数达 500 个。中药国际化步伐显著加快，复方丹参滴丸已完成美国食品药品监督管理局Ⅲ期临床。

◎ 重大疾病临床诊疗技术

“双抗”治疗技术改写国际血管疾病治疗指南，使 HR-NICE 患者 90 天复发风险降低 32%；首次揭示中国患者服用辛伐他汀罹患心肌病的风险比西方高 10 倍，首次证实烟酸无效且增加并发症风险，在提升国人安全、有效用药治疗方面提供了关键性的循证支撑并大幅减少了无效医疗支出；创建了食管癌早诊早治技术体系和中晚期食管癌综合治疗新策略，食管癌早诊率由约 40% 提高到 70%，食管癌规范化治疗模式使患者的 5 年生存率提高了 5%～10%；开展消化道肿瘤诊断标志物的研究，使结直肠癌早期的灵敏性较传统方法高出 5 倍，胃癌早期的灵敏性较传统标志物高出 4 倍；创建了慢性肾脏病防治新策略，显著改善患者预后，使慢性肾脏病患者发展至尿毒症的风险降低 50%；构建了中国药物成瘾研究技术体系和干预技术体系，治疗的成瘾者总数超过 40 万人次，显著降低了复吸率；首创采用“健侧颈神经移位术”治疗中枢性偏瘫患者，提出的改变中枢功能重塑新理论获国际认可；脑卒中急性期优化干预策略取得重大进展，氯吡格雷联合阿司匹林抗血小板优化治疗方案（CHANCE 研究）成功改写了中国和国际脑卒中二级预防指南，使得轻型脑血管病患者复发为致残致死的严重脑血管病概率减少 32%；根据 CHANCE 的后续研究制订的精准治疗方案，将使氯吡格雷不敏感轻型卒中患者复发率减少 45%，每年减少 8 万例卒中复发患者，标志着中国在此领域已引领世界前沿。

◎ 公共卫生事件科技应对能力

新发突发传染病应急处置能力显著增强，重大突发疫情实现从被动应付到主动应对的转变。进一步强化了72小时内鉴定300种已知病原及未知病原的筛查技术体系。建立了由12个核心实验室、91个检测实验室及800多家哨点医院组成的五大综合征多病原监测实验室网络，对未知病原体的鉴定和确证能力达到世界先进水平。突破一批国际前沿水平的技术，有效应对人感染H7N9禽流感、埃博拉病毒病、中东呼吸道综合征、寨卡热等传染病疫情，在国际防控中彰显“中国力量”。例如，在埃博拉防控研究方面，中国研制的埃博拉病毒核酸检测试剂，参加世界卫生组织的7国盲样考核评比，准确率和可重复性达100%；埃博拉病毒治疗药物法拉韦获准在非开展临床研究，结果表明药物治疗组病死率下降1.6倍；埃博拉病毒治疗性抗体MIL77成功治愈英国和意大利患者，被世卫组织列为优先临床研究品种；重组埃博拉病毒疫苗，实现中国疫苗在境外进行临床试验“零”的突破。

◎ 适宜技术在基层的应用推广

“国家心血管病临床医学研究中心”已搭建覆盖全国31个省级行政区536家医院的心血管研究网络，将房颤射频消融技术推广到全国，在500余家医院开展手术示教，培训了来自美国、日本、印度等10余个国家的学员，远程心电项目和全国1000余家基层单位建立了服务关系，极大提高了基层地区心脏病诊疗能力；“国家代谢疾病临床研究中心”以三级医院为指导、区级医院为枢纽、社区为基础构建了覆盖全国47家核心成员单位和400余家网络成员的协同网络体系，建立疾病早期防治及适宜技术推广网络，提高中国人群代谢性疾病的早期综合预警能力；“国家呼吸系统疾病临床医学研究中心”开展了基层医师培训及适宜技术推广，提高了县级医务人员对呼吸系统疾病的诊治水平，该项目覆盖全国22个省，700余家县级医院，累计培训医师近3万人次；“国家慢性肾病临床医学研究中心”发起“万名肾科基层医生慢性肾脏病及血液净化培训”，培育肾脏病临床研究的领军人才和技术骨干，培训人员近万人；“国家消化系统疾病临床医学研究中心”建立全国最大乙肝/肝硬化临床研究协同网络，提高了基层医疗机构肝脏疾病救治水平；目前已有17家国家临床医学研究中心建立了20个远程会诊平台，年诊疗患者数量6万余人次；国家妇产疾病临床医学研究中心等10家中心自主设计了15个在线移动培训客户端（APP）；通过微信、微博及社交网络建立了43个科普推广平台；针对老少边穷地区的健康需求，在黔西南州人民医院、陕西佳县等5个重点地区，建立了稳定的人员培训、专家会诊、科研项目合作、诊疗指南和规范推广应用的科技帮扶新机制，形成了以国家临床医学研究中心为核心、“技术支援、科研合作和转化推广”三位一体的健康医疗科技“精准对接”新机制，开辟了科技支撑健康扶贫工程的新方式。

◎ 药品检测技术

首创EV71疫苗评价体系，使中国EV71疫苗研发处于世界领先地位；艾滋病疫苗基础研究及评价关键技术踏入世界先进行列；建立了中国特有的、具有国际影响力的中药标准物质国家数据库、数字化中药标本馆；药品快速检测技术已经走在世界前列。国内首创医疗器械检测与评价新技术、新方法，制定医疗器械标准及指导原则，解决了高风险医疗器械评价的瓶颈问题。在药品包材方面，创建再生塑料识别技术系统，率先建立药用辅料乳糖中残留蛋白及药包材丁基胶塞中硅油的检测方法，在辅料包材检测方面解决了国际技术难题。

第四节 城镇化与城市发展

在国家科技计划支持下，中国城镇区域规划的技术创新和集成能力迅速提高，城镇区域规划类型逐渐增多、范围不断扩大，极大地改善了中国城镇和人口的空间布局。城镇功能不断提升，数字化城市管理带动了城市各行各业信息化管理，促进了城市数字化产业的发展。建筑制造产业创新升级迅速，中国重大工程建造的科技水平已达到国际先进（部分国际领先）水平，建筑节能和绿色建筑方面推进成效显著。

◎建筑节能关键技术与设备

开发了基于吸收式换热的集中供热技术，可提高热网输送能力50%以上，增大热源供热能力30%以上，降低供热能耗40%，是中国集中供热领域的一项重大原始创新，为中国大型热电机组远距离高效供热和对城市既有热网扩容改造开辟了新途径，已实现2亿平方米以上的建筑供暖，年节能量为200万吨标准煤以上。

建立建筑节能基础数据库，已导入检索数据条目约3亿条；提出了长江流域地区分区域、分建筑类型、分人员模式的热环境营造定量需求，制定了基于能耗限额的长江流域地区建筑供暖空调整体解决方案；攻克了夏热冬冷地区节能结构一体化围护体系技术难点，外围护结构预制化程度提升到70%；完成了严寒地区聚氨酯发泡生产智能控制系统，在东北严寒地区实现了再节能15%的目标；研发了一批高效节能的空调设备系统，能效达到国际领先水平；实现了不同采暖热源方式适用性、联合供暖系统运行的能量匹配、互补供热系统最佳负荷分配比例等一批关键技术突破；建立了不同区域不同类型建筑可再生能源系统运行性能远程监测系统。

◎绿色建筑材料成套应用技术

烧结保温砌块成套应用技术方面，建立了砌块结构的设计方法、构造技术和施工技术，大幅提高烧结保温砌块结构安全性，总体达到了国际先进水平，配套开发的烧结保温砌块超薄灰缝的施工技术达到了国际领先水平。研发的一体化复合墙体板材，其燃烧性能等级达到 A2 级，EPS 及 PU 的阻燃技术达到国际领先水平，全钢化真空玻璃新产品性能达到国际领先水平。

◎村镇绿色建筑适宜技术研究与示范

对村镇小康住宅规划设计、住宅施工、既有住宅改造、农房适用建造技术、住宅节能、垃圾集约化处理、污水处理和循环利用、住宅建设等技术需求开展了共性关键技术研究与设备开发，建设了三峡国家重大移民搬迁科技工程、湖北堰河林生态村、安徽传统民居住宅等 9 个典型村镇小康住宅技术示范工程，示范总面积为 65.57 万平方米。

◎建筑结构技术及应用

突破性地提出了“地震作用折减系数仅与后续使用年限有关，与各设防水准无关”的重大基础理论新认识，大大降低了相应的抗震构造要求，并实现一般既有公共建筑抗震加固费用降低约 20%，从而经济、有效地实现老旧公共建筑的抗震加固性能目标。

◎建筑信息化技术及应用

建立支持预制装配式建筑全产业链应用的自主 BIM 平台（PKPM-BIM），完成基于 BIM 的 PC 智慧生产工厂管理系统，平台运用互联网信息流，带动装配式建筑全产业链的物质流，推动装配式建筑建造效率、质量和性能的提升，是中国装配式建筑领域第一个投入实际工程项目的全过程智能建造平台，填补了国内空白。

第五节 可持续发展实验与示范

◎ 全面推进中国落实 2030 年可持续发展议程创新示范区工作

根据《中国落实 2030 年可持续发展议程国别方案》中提出的创建国家可持续发展创新示范

区的要求，《中国落实 2030 年可持续发展议程创新示范区建设方案（送审稿）》《建设方案编写说明》《国家可持续发展实验区典型案例》等文件材料已初步完成。2016 年 12 月 13 日，《中国落实 2030 年可持续发展议程创新示范区建设方案》（国发〔2016〕69 号）由国务院正式发布，标志着国家可持续发展创新示范区工作正式启动。

◎ 组织开展实验区 30 年成就与经验总结

编制了《国家可持续发展实验区三十周年文件汇编》。对党的十八大以来习近平总书记有关可持续发展的重要发言进行了分析整理，形成了《习近平总书记关于可持续发展的论述》。对国内外可持续发展形势进行了持续跟踪，研究形成了《依靠创新驱动我国可持续发展的思考》《推动国家可持续发展实验区建设重点问题》《关于促进国家可持续发展实验区建设的指导意见（初稿）》《可持续发展领域相关园区建设机制比较研究》等报告。这些报告对 30 年的实验区建设成就（图 6-4）、存在的问题及当前实验区建设面临的国内外形势进行了深刻分析，并提出了今后的发展方向。

图 6-4　广西恭城瑶族自治县石墨化治理，造就石板上“栽花”奇迹的大岭山村桃花源

◎ 继续开展国家可持续发展实验区创新能力调查工作

国家可持续发展实验区办公室根据《中共中央国务院关于深化科技体制改革加快国家创新体系建设的意见》（中发〔2012〕6 号）关于“建立全国创新调查制度，加强国家创新体系建设监测评估”的要求，以及科技部关于国家创新调查制度建设工作的具体部署，在 2015 年工作的基础上，继续推进实验区创新能力调查工作。实验区办公室协调组织国家级实验区完成有关监测数据填报及初步分析，形成了监测报告。

第七章 农业科技创新

2017年，农业农村科技工作认真贯彻落实全国科技创新大会和中央一号文件精神，以农业创新驱动发展为主旋律，以科技支撑农业供给侧结构性改革为主线，以提高农业综合效益和竞争力为目标，以培育和壮大农业高新技术企业为主要抓手，以发展农业高新技术产业为主攻方向，以建设国家农业高新技术产业开发区为重要载体，为农业增效、农民增收、农村增绿提供新动能。

第一节
现代农业

党的十八大以来，中国农业科技进入“领跑、并跑、跟跑”并存的新阶段，农业科技进步贡献率大幅度提高。截至2016年年底，粮食生产实现“十三连丰”，农民收入实现“十三连增”，土地产出率、资源利用率、劳动生产率显著提高。2012—2016年，全国共有175项农业科技成果获得了国家级科技奖励。农业科技主要创新指标跻身世界前列，国际科技论文数量连续多年稳居第2位，农业学科论文被引次数从第8位升至第2位。农业科技进步贡献率由2012年的53.5%提高到2016年的56.7%，林业科技进步贡献率由2012年的43%提高到2016年的48%。全国粮食作物平均单产由2012年的每亩353.2公斤增长到2016年的363.5公斤。

一、农业科学基础理论研究

在农业科学基础理论研究方面，农作物功能基因组研究取得跨越式发展，水稻、小麦、玉米等基因组学研究已达国际先进或领先水平。研究构建了水稻等作物功能基因组学研究平台，克隆产量、品质、抗性等性状重大新基因100余个，建立生物育种信息平台；在国际上率先完成小麦A、D基因组测序与组装，构建了A、D基因组框架图（图7-1）；构建了小麦光温敏雄性不育细胞骨架信号通路；揭示了水稻粒长调控分子机制、控制水稻分蘖的新激素信号转导途径；解析了玉米穗行数主效 QTL 表型效应的分子机制；提出“微效多基因的累加是人工选择高油玉米成因”学术观点；探索了小麦物种间远缘杂交、光温敏核不育水稻等发现与利用，实现了作物育种理论的创新与突破；构建了水稻、小麦等主要作物的核心和微核心种质，筛选出一批珍贵的优异种质资源，克隆了一批重要基因。

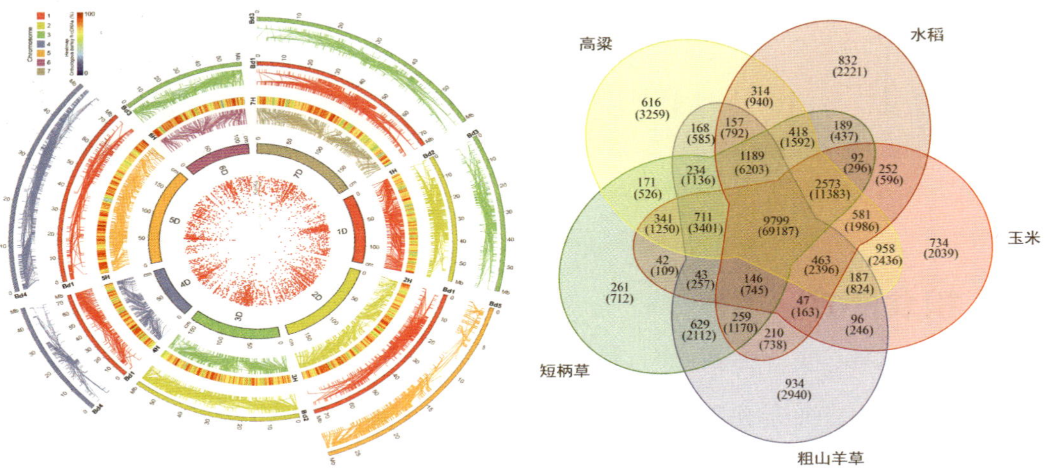

图 7-1　小麦基因组草图

二、现代种业

近年来，中国农作物种业科技创新主要体现在以下方面：一是在种质资源保护与创新方面，建成了国家作物种质资源库和 32 个多年生作物种质资源圃，收集保存各种作物种质资源 48 万份，构建了作物种质“分子身份证”数据库，其中水稻、小麦和玉米等库容约 3 万份，居国际前列。二是在育种技术方面，中国原创的两系法杂交水稻、小麦和棉花技术取得重大突破。作物杂种优势利用领域稳定保持国际领先水平，“两系法杂交水稻技术研究与应用”获得国家科学技术进步奖特等奖；建立了玉米高频诱导系和单倍体自动鉴别技术，实现了玉米杂交种单倍体育种核心技术的突破，玉米重要营养品质优良基因发掘与分子育种应用。三是在品种培育方面，截至 2015 年年底，中国选育并审定主要农作物新品种 3100 多个，累计推广 15 亿亩。

2015 年，良种对中国粮食增产贡献率达 43%，居各要素之首。“十二五”期间，累计推广超级稻、优质小麦、抗逆玉米等农作物新品种 164 个，推广面积 16.9 亿亩。其中，超级杂交稻“Y 两优 900”（图 7-2a）等亩产突破 1000 公斤；小麦矮抗 58，累计推广 2 亿亩；玉米浚单 20（图 7-2b），累计推广 2 亿亩。一大批农作物新品种的推广应用，显著提高了中国种业的国际竞争力，支撑了中国主要农作物良种基本实现全覆盖，重要经济作物及畜禽良种占比逐年提高，也为中国种业发展提供了有力保障。

图 7-2　超级杂交稻品种“Y 两优 900”和玉米品种“浚单 20”

三、粮食丰产

在粮食生产实现“十三连增”中，科技创新成果的应用发挥了巨大作用。全国粮食播种面积从 2011 年的 16.59 亿亩增加到 2016 年的 16.95 亿亩， 5 年增加 3684.3 万亩；粮食总产从 2011 年的 57 121 万吨增加到 2016 年的 61 623.9 万吨，5 年粮食增加 4502.9 万吨；粮食单产从 2011 年每亩 344.4 公斤增加到 2016 年每亩 363.6 公斤，5 年单产每亩增加 19.2 公斤。在 5 年粮食总量增产份额中，播种面积增加对粮食增产的贡献占 15.71%，单产提高对粮食增产的贡献占 84.29%，单产提高的贡献是面积增加贡献的 5.37 倍。

研究建立了主要粮食作物周年丰产栽培技术体系，创新了与小麦、玉米、超级稻等优良品种相配套的超高产理论模型，精量施肥、节水灌溉、地膜覆盖、简耕覆盖等技术取得突破并大面积推广应用，建立了区域农业发展模式和主要作物高产、优质、高效的栽培技术体系，形成了农牧结合、农林牧渔业综合发展模式，取得了重大经济社会效益和生态效益。通过实施粮食丰产科技工程，在 13 个粮食主产省，开展粮食丰产技术集成创新和示范应用，“十二五”期间累计增产粮食 1199.5 多亿斤，增加效益 970 多亿元。

四、耕地质量

“十二五”期间，按照“消除障碍、提升产能、提高效益”的思路，研究集成了黑土秸秆粉碎直接深还田、风沙盐碱地快速洗盐降盐、红壤酸性生物化学改良、冷浸稻田暗管排水、耕地合理耕层构建等一批新技术。针对不同类型中低产田障碍因子，研制出白浆土改良剂、土壤快速熟化改良剂、生物质炭型土壤改良剂、抗连茬土壤调理生物菌剂等一批新产品，支撑了中低产田改良技术发展。通过实施中低产田改良科技工程，在低产田成片集中区域建设核心试验区，作物平均亩增产 15% 以上、增收 20% 以上，耕地地力提升 1 ～ 2 个等级，农业综合生产能力大幅度提升。

通过实施渤海粮仓科技示范工程，以“扩面积、增单产、水保障”为核心，以“增粮拓棉”为重点，强化技术创新与集成示范，通过盐碱地治理、微咸水灌溉、种植耐盐小麦品种、改良低产田障碍因子等技术研发和示范应用，探索低产田增粮增效技术模式和一、二、三产业融合技术体系。截至 2015 年年底，共建立核心区面积 7.8 万亩，示范区面积 189 万亩，总增粮 53.1 亿斤，增效 35.48 亿元，取得了显著的经济和社会效益。

五、畜禽水产

多年来，中国畜禽水产科技面向国家食物安全战略需求，瞄准世界科技前沿，在基础研究、关键技术研发等方面取得了显著成效，科技对产业的贡献率大幅提升。2015 年，渔业科技进步贡献率达到 58%，有力支撑了养殖业的“转方式、调结构”，大幅提高了养殖业整体效益。畜禽新品种选育技术发展迅速，并在奶牛、猪、鸡及鱼类育种上得到应用，大幅加快了品种选育速度，其中奶牛、种公牛的培育时间由 6.5 年缩短至 2 年；育种成本成倍降低，育种性状测定成本由 10 万元降低至 0.3 万元，自主培育良种奶牛市场占有率由 20% 提高到 55%。

围绕中国养殖业可持续发展所面临的安全问题，建立了饲料加工过程质量安全可追溯体系、建立了饲料加工过程药物微生物交叉污染防控技术、饲料指纹图谱真伪鉴别技术。获得了植酸酶、果胶酶、木聚糖酶等一批酶学性质优良的突变体酶和高效表达工程菌株。植酸酶实现了大规模产业化应用，发酵效价达到国际研究领先水平。突破了一批重要水产经济品种人工繁育技术，池塘生态健康养殖、多营养层次复合养殖、海水养殖容量评估等技术跃居领先地位，有力支撑了水产健康养殖。

远洋渔业资源探捕调查稳步推进，较大幅度提升了中国利用大洋性渔业资源能力。远洋渔业装备技术创新，远洋捕捞加工一体化渔船、南极磷虾拖网等自主研发能力持续提升。研究开辟中上层围网新渔场、海外渔业综合基地和加工厂。深水网箱设施安全性构建与高效装配技术取得突破，深水网箱养殖技术跻身国际先进行列，为海外养殖基地建设提供技术保障。

六、食品工业

近年来，中国食品工业继续平稳快速发展，年均增长速度超过 15%，食品安全的严峻形势也得到大幅缓解。2015 年，中国食品工业总产值达到 11.34 万亿元，规模以上企业主营业务收入 10.4 万亿元，同比增长 4.5%，实现利税 1 万亿元，同比增长 6.5%，其中利润 6830 亿元，同比增长 7.4%；规模以上食品工业企业 39 518 家；食品工业总产值与农业总产值之比达 1.06 ∶ 1。食品工业科技的持续发展有效带动了农业、流通服务业及相关制造业的发展，对稳增长、调结构、惠民生具有重大意义。

通过强化食品质量安全检测与控制技术创新，在危害物形成与控制、快速化和精确化食品安全检测、食源性致病微生物鉴定与检测等方面取得多项成果，有效构建起与中国食品安全形势密切相关的安全检测与控制网络。同时，现代食品物流技术逐步实现与国际接轨，初步构建起“产地分级预冷—冷库—冷藏车—批发站冷库—自选商场冷柜”的全程冷链物流体系，使农产品物流过程损耗降低 30% 以上。在装备制造业方面，大力发展规模化、智能化、自动化、配套化的食品装备制造技术，有效支撑了食品制造业的发展步伐。通过采用自动检测、智能控制、工业机器人等先进技术，提高了食品装备的智能化与安全化水平；基于柔性制造、激光切割等先进制造技术及数控加工装备生产的高质量精密零部件，提升了食品装备的精细化水平，为中国食品装备在国际市场上提升竞争力奠定了基础。

中国健康与保健食品行业的快速发展，有力推动了食品营养学从传统的表观营养学向基于系统生物学的现代分子营养学方向转变。以宏基因组学、转录组学、蛋白质组学和代谢组学等技术为基础的分子营养学研究已成为研究热点，一大批基于个性化营养定制及肠道微生物调控的产品及制造技术正在蔚然兴起。

七、现代农机装备和农业信息化

党的十八大以来，农机装备技术研究与产品创制取得重大突破，自主农机产品市场供给能力达到 90% 以上，支撑中国农作物耕种收综合机械化水平由 2012 年的 57% 提高到 2016 年的 65%，为现代农业发展提供了有力保障。在农田精准平整、水稻精量穴直播、谷物大喂入量收获、种子数控干燥等技术方面取得重大突破，其中农田精准平整精度小于 5 cm，居国际领先水平。农机自动导航产品、大喂入量智能谷物联合收割机等与世界主流技术平齐，打破了国外技术垄断（图 7-3）。自主研制成功了 400 马力无级变速拖拉机，突破了无级变速传动系统，智能化控制管理系统等重型拖拉机关键核心技术，达到了国际先进水平。研制的水稻机械精量直播技术装备适用于水稻低播量精密播种，具有同步施肥功能，省种、省肥、增产效果好，总体技术已达国际先进水平。首创了不分行玉米联合收获机、青贮饲料收获机、大（小）方捆玉米秸秆打捆机等产品，构建了玉米收获全程机械化作业体系，全面提升了中国玉米机械化收获装备技术水平。

图 7-3　国产 10 kg/s 通用型多功能谷物联合收割机

农业信息技术研究取得重要进展，并在农业农村生产、经营、管理、服务等领域得到广泛应用。研究突破了农业生产环境感知、农产品加工流通过程质量安全信息感知、食品安全云架构平台等关键技术产品，构建了面向生产、流通全程的食品质量安全农业物联网架构体系，为保障食品安全提供了科技支撑。创制了植物养分、叶面冠层信息传感、动物群体发热疫情监测、农产品产地包装防伪、生物履历采集、全自动果蔬育苗与嫁接等一批新产品，研制了大田作物精准监测、精准喷施控制、轻简农田作业机械自动导航、规模化旱 / 水田环境精准栽植、肥药精准施用等农业精准作业关键技术和装备，提高了农田作业效率。建立了 13 个国家农村信息化示范省，探索出多种农村信息化服务模式和国家农村信息化示范省建设的理论框架。研发了植物生长智能化管理协同控制和实时监控系统，实现了基于实测信息和满足植物生长需求的物联网肥、水、药精准管理和温室协同智能调控。研制出面向多平台的作物生长监测诊断装置和基于遥感的作物生长监测诊断系统等简便适用的软硬件产品，实现了作物生长的实时监测、精确诊断和智慧管理。

八、现代林业

研究提出了退化天然林分类与评价方法，示范应用天然林珍稀濒危树种保育、天然次生林更新和抚育、天然林区人工林近自然改造等关键技术。围绕“三北”及长江流域等重点区域防护林工程建设，在植物抗逆性评价及诊断、高效防护林体系构建、侵蚀劣地植被恢复等研究方面取得重要进展，黄土高原和华北石质山地林业生态工程示范区水土流失量减少30%以上。松材线虫病、天牛、美国白蛾等重大病虫害防控技术取得进展，松褐天牛等综合防控效果达95%以上。创建了天地空一体化、点线面多尺度综合监测指标与技术，突破了森林、湿地、森林灾害和林业生态工程信息快速提取、智能模拟、预警预报等，监测精度提高5%～10%，监测效率提高20%～30%。

林木轻基质容器育苗技术达到国际先进水平，在全国各地广泛应用，繁育良种苗木30多亿株；杨树良种新造林覆盖80%以上的主产区，30个新品种在26个省区推广650多万亩，单位面积材积生长量提高20%以上；构建杉木大中径材定向培育技术体系，单位面积材积生长量提高20%以上，缩短轮伐期7～8年，内部收益率达到15%以上。竹缠绕复合管技术在绿色材料领域取得重大创新成果，竹基纤维复合材料制造技术使竹材的工业利用率提高到90%，产品远销美国、德国等46个国家；人造板连续平压技术打破国外垄断，装备价格降低60%；木材改性增强处理技术取得新突破，有效改善速生低质木材性能，产品附加值提高20%以上。

九、农林生态环境

按照发展资源节约型、环境友好型现代农业及农业节能减排的重大需求，着力加快循环农业技术发展和应用。通过研究，集成了秸秆半纤维素分解软化及发酵饲料生产、种养废弃物高效生产食用菌及菌渣循环利用、秸秆面包草－多酶饲料综合开发利用等技术，筛选出一批适合秸秆高效利用等循环农业发展需求的食用菌、牧草等新品种，有效推进了农业废弃物高效循环利用。研制种养废弃物功能菌剂、秸秆微贮饲料、果渣生物发酵饲料、玉米秸秆纤维素降解菌系、高效多功能夹心肥料等一批新产品，沼液浓缩一体化、果渣活性蛋白饲料“二步法”发酵、高比例秸秆吸附畜禽粪污低温快速发酵等一批新工艺，支撑了循环农业发展。

污染农林生境修复与防控技术研究发展迅速，筛选出一批以水稻、小麦为主的低吸收镉作物品种，其在同等条件下对重金属的吸收量降低40%以上。筛选出多株对持久性有机物、砷等具有富集与转化功能的微生物，研发出一批具有降低农田重金属作物有效性的化学、生物化学钝化剂，可使土壤中重金属有效性降低50%以上。集成农业源氮磷植物篱阻控、原位消纳、富营养化水体净化等技术，开展作物水肥统筹、新型肥料及优化施肥、农药减量化和绿色替代技术集成示范，有效降低了农业面源污染。创新了重要湿地物种栖息地保护、沿海红树林及湖沼湿地生态系统恢复、湿地生态系统功能评价等关键技术，大面积恢复红树人工林，防护能力提高20%以上。创新提出低覆盖度防风治沙的原理与模式，固沙造林成本降低40%以上。

农业水资源高效利用与节水技术发展迅速。研制出渠井灌区水资源时空优化配置模型，建成了拥有独立知识产权的变量灌溉系统，构建了适合集约化喷灌和微灌技术的水肥高效利用模式。研究构建了区域主要作物水分平衡模型，优化了华北旱作区作物水分高效利用、北方风沙区农田水土保持、西北旱区降水高效利用关键技术，研发出一批保水剂、抗旱节水制剂、作物蒸腾抑制剂等材料。开发了规模化灌溉管网模拟模型软件，建立了以地表水为水源的微灌管网自动化安全运行系统，降低了节水灌溉人工投入。

创新了农林剩余物多途径热解气化联产炭材料、生物质定向转化制备液体燃料多联产、工业油料植物高产新品种选育及高值化利用等关键技术。利用玉米芯木糖加工废渣生产纤维素酶和燃料乙醇，初步形成了多元产品联产的生物炼制系统。酶法生物柴油相关技术达到国际先进水平，年产生物柴油 11 亿多升。基于生物质糖平台的水相催化合成烃燃料技术，生产的生物汽油 / 生物航空燃油可与传统汽油 / 航油以任意比例掺混，已建成百吨级纤维素生物航空燃油中试示范装置。热解气化发电成套技术装备国内市场占有率达 30% 以上，并出口到 10 多个国家。

第二节 新农村建设

党的十八大以来，科技部以田园式新型村镇发展模式为导向，以信息化、产业化、生态化美丽村镇建设为目标，围绕村镇建设发展现实需求，提出基础性、战略性、关键性的技术研发重点，解决新农村建设平台支撑、产业组织、人居建设重大战略问题，有力地推动了中国新农村建设。

一、村庄环境污染治理

新农村建设的一项重要内容是村庄环境污染治理和生态环境改善。中国对于农村住宅污染物的处理处置及生态环境修复进行了深入研究，形成了适用于农村地区污染治理的方法。在农村水环境改善方面，倡导人水和谐、生态为本的科学理念，通过就近取材、适度保护原河畔生境、渲染旅游服务滨水空间设计、强化水文水利循环、营建生态过渡带断面、恢复土著种和提升自净能力、构建集亲水景观、生境恢复和自净能力提升于一体的生态河道修复示范，以提升旅游观光价值、保护河畔生境，改善水环境质量等科技成果的应用，提升了中国新农村建设的品质。在生态景观营造、绿色庭院构建、饮用水质安全保障、生态河道修复、生活污染防治、新能源综合利用等方面进行了重大技术创新，开发了适合中国新农村建设的实用技术。2016 年，全国农村生活垃圾处理率超过 60%，农村生活污水处理率达到了 22%，年增幅是“十二五”期间的 4 倍。

以“长三角城乡一体化村镇高效节地环境治理技术”为例，针对长三角流域村镇地区人均耕地少、村镇水环境污染重、现有污水处理技术无法适合氮磷高效长期稳定去除问题，开展了以平板膜分离技术为核心的高效节地型、集约化村镇污水处理技术研究，结合设计、投资、运行、长效监督等多方面进行技术创新，在村镇污水污泥一体化处理、氮磷强化脱除等多项关键技术上取得突破，实现了村镇污水“傻瓜式”智能化管理、物联网低成本在线监控，破解了村镇污水处理难题，为长三角流域解决现有村镇污水处理存在的投资环境效益差、后期维护监督管理难度高提供整体解决方案，在长三角流域得到广泛推广应用，以技术创新支撑了中国用地紧张、人口集聚、经济发达区域的村镇环境整治和新农村建设。

二、空心村综合整治

2016 年，研究提出了基于边缘抑制点密度估计的村落信息自动提取方法、空心村综合整治潜力评价与分区技术方法、基于村镇可达性的城乡建设用地土地优化配套技术、空心村整治模式库及优选技术、空心村综合整治规划设计技术、空心村综合整治环境营造技术与示范方案、空心村整治规划的公共服务设施配套技术、空心村整治规划过程优化技术等。制定供给侧改革背景下的空心村整治制度创新方案，并据此完成了空心村综合整治各项技术研究。

以“空心村综合整治的关键技术研究与示范项目”为例，系统解决了空心村用地信息快速获取、空心村整治模式优选、空心村整治系统决策、空心村整治关键技术集成等难题，建成山地丘陵区、城镇近郊区、平原农区等不同类型的空心村综合整治技术集成示范区 8 个，建设空心村综合整治关键技术培训基地一个，示范面积 12 801 亩，推广面积 25 451 亩。编制了《山地丘陵区空心村综合整治技术集成应用指导手册》《城镇近郊区空心村综合整治技术集成应用指导手册》《平原农区空心村综合整治技术集成应用指导手册》3 套手册。

三、传统村落的价值综合评估

对中国不同地域的典型传统村落进行了调查分析，系统整理和研究了中国传统村落价值及其核心构成要素，弥补了以往研究仅关注单个村落部分价值的缺憾。对于传统村落在选址、格局、历史环境、建筑、非物质文化遗产、社会组织等方面的价值，在地域上相对集中、具有共性文化特质的传统村落群的整体价值，以及传统村落与周边城镇的相互关系中所蕴含的历史文化价值，形成了系统性认识。分析中国不同地域的典型传统村落，选取数量有限、能够全面反映出传统村落关键价值特征的评估指标，研究构成传统村落价值各项指标的要素，构建了具有较强科学性和覆盖度的传统村落价值综合评估的方法和主要指标。这一成果弥补了中国关于传统村落价值综合评估技术的空白，利用综合技术手段，覆盖多元学术领域，系统性网络化地建构了一种科学的评价方法，为未来中国大量的传统村落价值分析与评价提供了技术分析与决策研究平台。

第三节
农业科技成果转化与产业化

国家农业科技园区、国家工程技术研究中心、高等学校新农村发展研究院等的建设和推进，提高了中国农业领域产业技术创新、集成和熟化能力，促进了上中下游科研创新、集成示范与转化应用有机衔接，加速了农业科技创新成果向现实生产力转化应用，提升了中国支撑现代农业的能力与水平。

一、国家农业科技园区

国家农业科技园区已有 20 年的发展历程。截至 2016 年年底，中国先后 7 批共建立了 246 个国家级园区、2 家国家农业高新技术产业示范区，覆盖了除港澳台之外的全国所有省（市、区），基本涵盖了中国主要农业生产区域，涉及粮食、蔬菜、花卉、林果、畜禽水产、农产品加工等传统产业和生物种业、海洋农业、都市农业、农业生物药物与制剂、生物基材料与生物能源等高新技术产业，以及农产品物流、金融等现代服务业，基本形成了覆盖全国、特色鲜明、模式典型、科技示范效果显著的国家农业科技园区发展格局。

农业科技园区作为创新密集区，连续开展了年度创新能力监测与评价工作，并发布了《国家农业科技园区创新能力监测报告 2015》和《国家农业科技园区创新能力评价报告 2015》。通过国家层面的统筹监测和对各园区的分析评价，客观全面地反映和呈现了农业科技园区在创新活动过程中的成效和不足，为国家政策的调整和实施、园区发展的顶层设计和宏观决策提供客观依据和数据支撑。农业科技园区的发展催生了生物种业等战略性新兴产业，发展了科技金融等现代服务业，成为创新创业的重要基地，在集聚科技创新资源、培育新型经营主体、成果示范推广、培训职业农民、探索城乡统筹发展、促进农民增收致富和提升农业产业竞争力等方面发挥了重要作用。截至 2015 年年底，已建成的 246 家国家农业科技园核心区面积 579 万亩，示范区 2 亿亩，园区实现总产值 1.2 万亿元，培训农民 374 万人，带动当地农民 170 万人就业。2016 年，杨凌示范区投入研究与试验发展经费（R&D）6.7 亿元，占 GDP 比重达 5.7%，劳动生产率为 11.73 万元 / 人，土地产出率为 5.98 万元 / 亩，资源利用率为 99.6%，累计孵化企业 800 余家，农民人均纯收入为 14 959 元，已经进入国家先进地区的行列。

农业科技园区已成为成果示范推广的主阵地。园区发挥农业科技成果示范基地的作用，建立核心区试验、示范区转化、辐射区推广的技术扩散和联动机制，有力推动结构调整和产业升级。截至 2015 年年底，园区累计引进推广各类农业新技术 2.2 万项，取得专利授权超过 4000 项。“杨凌农高会”品牌在全国农业区域品牌价值评价结果中荣登榜首，高达 615.99 亿元，大幅提高了农业产业竞争力。

二、国家工程技术研究中心

农业领域国家工程技术研究中心围绕中国现代农业发展需求，以产业共性关键技术研发、中试熟化及转化应用为基本功能，加强平台与学科建设的系统性、配套性，成为国家创新体系建设和国家科研基地的重要组成部分，也是地方科技创新平台建设的有机组成部分，在国家科技与经济发展中发挥着重要作用。“十二五”期间，本着“央地联动、资源统筹、创新引领、产业促进”的原则，工程技术研究中心积极促进科技整体水平从量的增长向质的提升转变。制定实施了农业科技发展规划，推动农业科技力量从原始创新、集成创新到产业化的系统布局，促进国家重点实验室、国家工程技术研究中心、国家农业科技园区等科研基地的资源整合，促进项目、人才和基地的有机结合。

截至 2016 年年底，科技部共组建农业领域国家工程技术研究中心 84 家，依托单位包括高校、科研院所和企业，研究领域涵盖了农业全产业链各个环节，包括农业生产要素（土壤、环境、农机）、农业生产（粮食、蔬菜、水产、奶牛、蛋鸡）、食品加工（肉类、乳品、功能食品、食品保鲜）及农业高新技术（农业生物育种、农业信息技术、农业智能装备）等各方面。在淡水渔业、家畜工程、节水灌溉、玉米、杂交水稻、农业信息化、乳业、瓜类、肉品质量安全控制、肉类加工、草原畜牧业装备、海藻、北方山区农业、苹果工程、粮食加工装备、食用菌、枸杞、植物航天育种、蛋品、重要热带作物等多个国家工程技术研究中心加速了自我发展，加快了科技成果工程化和产业化。

国家工程技术研究中心作为有效链接基础研究、应用研究的重要科技力量，在促进科技与经济有机结合，推动科技成果产业化、工程化、商业化方面发挥了重要作用，为发展现代农业、促进城乡统筹、发展战略新兴产业做出了重要贡献。截至 2015 年年底，农业领域国家工程研究中心承担项目总数 5757 项，其中国家级项目 1535 项，省部级项目 1720 项。成果获奖合计 224 项，其中国家自然科学奖 1 项，国家技术发明奖 2 项，国家科学技术进步奖 12 项，省部级奖励 145 项。发表研究论文 5253 篇，其中 SCI 收录 1793 篇，EI 收录 509 篇。出版著作 87 部。申请专利 1853 项，其中发明专利 1312 项；授权专利 1217 项，其中发明专利 731 项。中心成果累计总数为 1381 项，成果转化 1757 项，成果推广 8705 项，其中推广新技术新工艺 383 项，新产品 540 项，新设备 7772 套。建立农作物示范基地 2497 个，建立畜牧育种基地 102 个。

三、高等学校新农村发展研究院

为大力推进高等学校农业科技创新与推广服务，探索建立以高校为依托、农科教相结合的综合服务模式，切实提高高等学校服务区域新农村建设的能力和水平，科技部和教育部于 2012 年决定联合开展高等学校新农村发展研究院建设工作。截至 2016 年年底，已有 39 所高等学校建设了新农村发展研究院，并成立了高校新农村发展研究院发展联盟。各高校新农村发展研究院充分发挥高校多学科、科技创新、人才和农业科技信息等优势，坚持以区域创新发展和新农村建设实际需求为导向，以机制体制改革和服务模式创新为重点，深化办学模式改革，切实解决农村发展中的实际问题，为推动中国新型农业科技服务体系建设，促进科技成果推广转化，破解城乡二元结构、实现四化同步发挥了重要作用。

各高校新农村发展研究院围绕农科教结合，开创了科技小院、教授工作站、教授服务团、综合实验站、农民田间学校、成果转化示范基地、校企校地产学研合作等高效农业科技服务模式。以中国农业大学等第一批建设的 10 所高校新农村发展研究院为例，2012—2016 年，累计投入农村基层服务基地的资金超过 11 亿元，1500 多名专职人员投身农村基层科技服务工作，在全国建成各类创新服务基地 415 个，面积超过 4.5 万亩，覆盖了粮油、蔬菜、林果、畜牧、加工等各领域，实现了全国范围内的科学布局和全面服务。

此外，各研究院围绕社会主义新农村建设的前瞻性、战略性、全局性问题，深入开展政策研究和理论创新。西北农林科技大学与杨凌农业高新技术产业示范区联合组建了西部发展研究院，围绕西部发展中的重大问题开展战略研究和政策研究，每年发布《中国旱区农业技术发展报告》等系列报告，开展 6 次产业理论研究、制度创新和模式探索，促进农村科技创新创业。南京农业大学设立“新农村发展研究专项”和“新农村发展系列报告”，进行长三角地区新农村建设和现代农业科技服务方面的宏观政策制度与道路途径研究，系统展示了江苏涉农领域的发展现状，深入研究了江苏“三农”发展面临的突出问题，为江苏省率先实现农业现代化提供了全面而实用的政策咨询。

第四节 农业科技服务体系建设

一、科技特派员

科技特派员制度源于基层探索、群众需要、实践创新，是科技体制改革、农村改革发展的重要成果。截至 2016 年年底，科技特派员工作已经覆盖了全国 31 个省、自治区、直辖市和新疆生产建设兵团的 90% 的县（市、区），涌现了一批优秀科技特派员，为破解“三农”难题，推进城乡统筹做出了积极贡献。

科技特派员制度得到党中央、国务院的高度重视。2016 年 5 月 1 日，国务院办公厅印发《关于深入推行科技特派员制度的若干意见》（国办发〔2016〕32 号），首次在国家层面对科技特派员工作进行了顶层设计和谋篇布局，这是深入实施创新驱动发展战略，推进农村大众创业、万众创新的重大举措。截至 2016 年年底，科技特派员已达到 84.56 万人，共形成利益共同体 3 万个，创办企业 1.15 万家，建立科技特派员服务站 1.27 万个，直接服务农户 1250 万户，受益农民 6000 万人，实施科技开发项目 2.62 万项，组建各种专业协会和经济合作组织 1.57 万家，引进推广新技术 4.15 万项，推广新品种 4.94 万个，带动农民增收 1010 万户。科技特派员制度创立近 20 年来，经历了扶贫、创业到创新的发展路径，已经成为创新驱动现代农业发展的成功实践案例。

一是推动了现代农业转型升级。各地加强资源统筹，优化产业布局，积极通过政策、资金、项目等措施对科技特派员创业链、创业基地和创业培训基地给予支持，加快了现代农业转型升级。例如，河南周口天豫薯业种业作为法人科技特派员，采取“公司 + 基地 + 农户”的方式，发展周边订单红薯种植 15 万亩，已成为全国最大的红薯全产业链龙头企业，产品外销 20 多个国家地区，把“土产品”做成了“洋产业”。

二是加快了农业科技成果的转移转化。科技特派员通过科学普及、结对帮扶、技术培训、创业示范，通过新品种、新产品、新技术的应用推广，培育了一大批示范户、示范村、示范园区，加速了科技成果向农业农村转移转化。例如，2016 年江苏省组织实施科技开发项目 1542 项，引进推广新品种、新技术 3885 个（项），将一大批先进适用技术成果引入农业生产实际，取得了良好的经济效益和社会效益。

三是完善了基层农业科技服务体系。科技特派员通过领办、创办、协办企业、协会、专业合作组织，与农民、专业大户、龙头企业结成利益共同体，逐步形成了多元化、开放式、充满活力的农业科技服务新机制。截至 2016 年年底，科技特派员创建信息服务、孵化器、技术产权交易、金融、成果展示等服务平台 3.55 万个；农业部选择河北、辽宁、江苏等 10 个省份依托科研院校开展重大技术推广新机制试验试点，供销总社全系统已建成生产性为农服务中心 6529 个，这都有力地调动了科技人员开展农业服务的积极性。

四是带动了农民增收脱贫致富。科技特派员瞄准贫困地区存在的科技和人才短板，通过开展创业式扶贫，大力培育“一县一业”和“一村一品”，以创业带动产业发展，以产业发展带动建档立卡贫困户精准脱贫，增强贫困地区内生发展动力，实现由“输血式”扶贫向“造血式”扶贫转变。截至 2016 年年底，广西、重庆、陕西、甘肃 4 个省份实现全省贫困村科技特派员全覆盖。例如，甘肃省实现了全省 6220 个建档立卡贫困村科技特派员全覆盖，在 58 个贫困县重点培育发展农业科技示范户、建设科技示范基地或示范村，带动农民增收致富。

五是培养了一批农村科技创新创业人才。通过科技特派员的现场讲解、示范指导、面授交流、集中培训等方式，培养了一大批农村科技人才，促进了一批涉农企业家、乡土人才的成长，激发了广大农民学科技、信科技、用科技、依靠科技致富的热情。尤其是 2014 年科技部、中央组织部、财政部等 5 部门实施“边远贫困地区、边疆民族地区和革命老区人才支持计划科技人员专项计划”以来，截至 2016 年年底，累计从省会城市和中心城市向全国 1268 个“三区”县选派科技人员 52 427 名，培养本土人才 7847 名。

二、星创天地

为贯彻落实国务院办公厅《关于发展众创空间推进大众创新创业的指导意见》（国办发〔2015〕9 号）、《关于支持农民工等人员返乡创业的意见》（国办发〔2015〕47 号）、《关于深入推行科技特派员制度的若干意见》（国办发〔2016〕32 号），推进科技特派员、返乡农民工和众多大学生、乡土人才、中小微企业在农村开展大众创业、万众创新，2016 年 7 月科技部正式印发《发展“星创天地”工作指引》，明确了发展星创天地（图 7-4）的目的意义、工作思路、建设基本条件、服务功能及保障措施等。

图 7-4　神木县星创天地

星创天地是现代农业的众创空间，是新型农业创新创业一站式开放性综合服务平台，旨在通过市场化机制、专业化服务和资本化运作方式，利用线下孵化载体和线上网络平台，聚集创新资源和创业要素，促进农村创新创业的低成本、专业化、便利化和信息化。截至 2016 年年底，首批公示的 638 家国家级星创天地共聚集创业导师 5232 名，培训创业人才 227 万人，孵化企业 10 335 家，创造产值利润 354 亿元，极大地鼓励了农村创新创业热情，促进了农村创新创业的低成本、专业化、便利化和信息化。

三、农村中小微企业

充分发挥农村中小微型企业的作用，围绕科技强农惠农富农，加快科技成果向农村转移，支持涉农中小微企业技术转型升级，加快农业农村发展方式转变，推动基层农村科技进步，增强农村发展活力，以科技创业带动农民增收致富和民生改善，为“四化同步”和城乡统筹发展提供科技支撑。

一方面，推动农村中小微型企业技术进步与创业，促进农村特色优势产业发展。以优良新品种新技术、农产品增值和流通、环保型肥料和农药创制、农业装备与设施农业等技术为重点，加快先进适用科技成果转化、应用和示范，推动产学研有机结合，为农村中小微型企业技术创新与转型升级提供支撑。扶持、培育一批区域特色产业集群，实现农村经济由资源消耗、环境污染型转向技术内生推动、资源集约利用式发展。另一方面，推进农村信息化和新型科技服务体系建设。充分利用现有资源和工作基础，结合各类重点科技专项工作实施，推动农村科技信息资源集成与应用示范。适应现代市场经济发展需要，支持“三位一体”农村科技服务体系发展，引导科技人员深入基层开展创新创业技术服务。

第八章 科技促进产业转型升级

2016 年，以科技创新驱动产业结构升级和战略性新兴产业创新发展为主线，围绕重点产业领域，聚焦重大核心关键技术，组织科技攻关和研发，取得了一批创新性成果，并通过试点示范积极推进科技创新和产业创新有机结合，推动产业向高端化、智能化、绿色化、融合化迈进。

第一节 传统产业技术升级

一、推进重点产业科技进步

（一）装备制造

◎制造基础技术与关键部件

“高档数控机床与基础制造装备”科技重大专项实施之初确定的 57 种重点主机产品，已有 38 种达到或接近国际先进水平。高档数控系统实现了从模拟式、脉冲式到全数字总线的跨越，滚动功能部件检测装备从无到有，静刚度等关键技术指标和测试设备水平已跻身国际先进行列。大型、高速五轴加工中心保障了航空典型结构件的批量生产，万吨级铝板张力拉伸机、大型贮箱成套焊接装备等成功应用于大飞机和“长征五号”新一代运载火箭研制。汽车大型覆盖件自动冲压线国内市场占有率超过 70%，全球市场占有率超过 30%，并成功出口美国 9 条生产线。世界最大的超重型落地铣镗床等一系列重型机床的成功研制，显著提升了船舶、发电设备等领域的制造技术水平。

◎电力装备与技术

研发首个广域频率紧急控制系统，有效提升直流故障情况下华东电网的频率稳定水平。率先研制大规模源网荷友好互动系统，实现了负荷的秒级、毫秒级精准控制，显著提升系统弹性和安全稳定运行水平。全面攻克 ±800 kV、±1100 kV 特高压直流输电受端分层接入交流系统关键技术；

研制了世界首个 ±1100 kV 直流穿墙套管样机，有力支撑准东—皖南工程建设。依托浙江舟山 500 kV 联网输变电工程，组织研制了世界首条 500 kV 交流海底电缆。研制世界首个 200 kV 高压直流断路器样机并实现工程应用；研制世界电压等级最高的 500 kV 高压直流断路器样机和世界首个 500 kV 统一潮流控制器（UPFC）样机；研制世界电压等级最高、容量最大的 ±500 kV/300 万 kW 柔直换流阀样机，为张北柔直电网工程建设奠定坚实基础。

◎ 12 000 t 航空及铝合金板材张力拉伸机装备

由中国重型机械研究院股份公司、中信重工机械股份有限公司、中南大学、西安交通大学、清华大学等单位共同完成的“12 000 t 航空及铝合金板材张力拉伸机装备”项目获 2014 年度中国机械工业科学技术奖特等奖和2015年国家科学技术进步奖二等奖。该设备拥有完全自主知识产权，解决了中国大型铝合金板材万吨级拉伸机装备从无到有的问题，是中国铝合金厚板生产技术和装备的重大突破，对提高中国大飞机制造国产化率提供了原材料保障。

◎ 20 MW 级变频电驱压缩机组研制及工业性应用

由沈阳鼓风机集团股份有限公司等单位完成的“20 MW 级高速直联变频电驱压缩机组研制及工业性应用”项目，攻克了 20 MW 级高速直联变频电驱压缩机组成套技术，研发出具有自主知识产权的国内首台 20 MW 级变频电驱压缩机组（图 8-1），并获得成功应用。该项目获得 2015 年度中国机械工业科学技术奖特等奖。开发了可模拟工况条件下的高可靠性压缩机组全负荷全系统全速综合联调试验技术和试验平台，国际上首次开展 20 MW 级压缩机组 + 电动机 + 变频器带负荷工厂联机试验，验证了机组的稳定性和可靠性，搭建国内联机带负荷系统测试平台。

图 8-1　20 MW 级变频电驱压缩机组

◎复杂铸件无模复合成形制造关键技术与装备

由机械科学研究总院完成的“复杂铸件无模复合成形制造关键技术与装备”项目拓展了成形制造方法，具有原创性，开发的复杂铸件无模复合成形制造方法、砂型/砂芯挤压和切削一体化成形工艺技术及装备创新显著，处于国际领先水平。该项目获得2016年度中国机械工业科学技术奖特等奖。该项目采用发明的型砂配方、刀具、软件控制系统及成形设备等进行砂型挤压、切削/打印一体化无模成形制造，实现了多材料、多工艺与多工序复合，改变传统模具翻砂造型，高效制造出高品质铸件。大幅缩短流程，提高复杂件制造精度，推动铸造技术发展。经过6年创新研究和上万小时刀具成形实验，完成7类设备、软件开发和3000多种零件应用。发明了适用于复杂铸件的复合铸型及型砂材料配方，砂型/砂芯高速高精挤压、切削/打印一体化复合成形制造工艺方法，多喷嘴随动排砂装置、大长径比空心立铣刀，数字化砂型柔性挤压成形机、系列化数字化无模铸造精密成形机（图8-2）、砂型/砂芯在线检测系统等关键装备及其控制软件系统，创建了数字化无模铸造岛，可用于树脂砂、水玻璃砂、覆膜砂、陶瓷等多种铸型制造，最大成形尺寸为5000 mm × 3000 mm × 1000 mm。

图8-2 数字化无模铸造精密成形机

（二）海洋装备与船舶

◎海水利用技术与装备

中国海水利用规模不断壮大，截至2016年年底，全国海水淡化能力已达118万吨/日，年利用海水冷却水量为1201.36亿吨，全国已发布实施海水利用相关标准119项。海水利用技术不断提升，中国在蒸发器、蒸汽喷射泵、膜组器、高压泵等关键装备材料技术研究和产业化开发方面取得突破性进展，中国已全面掌握反渗透和低温多效海水淡化技术，并达到或接近国际先进水平，国产海水淡化成套装备已出口东南亚国家。

◎海洋工程装备实现自主研发与建造

中国首座适合北极海域作业的深水半潜式钻井平台“维京龙”、全球可居住人数最多的半潜式生活平台“高德 2 号”实现成功交付。500 英尺自升式钻井平台 DSJ-500、全球首制 R550-D 自升式钻井平台等自主研发产品获得国际认可。国内载重吨最大的 5 万吨级半潜打捞工程船“华洋龙号”、自主研发的中国首艘深水环保工作船“海洋石油 257 号”、首制 9000 马力深水供应船等成功交付。

◎高新技术船舶和特种船舶

中国船舶工业集团公司旗下的外高桥造船和第七〇八研究所共同研制的 20 000 标箱集装箱船（图 8-3a），总箱量 20 110 TEU，该系列箱船的成功建造，标志着中国在超大型集装箱船的建造和管理水平跨入了世界造船业先进行列；第二代 40 万吨超大型矿砂船，是由上海船舶研究设计院与外高桥造船有限公司共同研究开发的船型，是中国首次自主研发、设计和建造的超大型绿色环保矿砂船，也是根据交通部有关规范建造的适合国内港口的最大级别矿砂船；全球首艘极地重载甲板运输船（图 8-3b）由上海船舶研究设计院与广船国际共同开发、广船国际建造，是目前唯一可以在北冰洋冬、春冰冻季节连续运输 LNG 大型设备模块至 YamalLNG 项目基地塞贝塔港的船舶。

a 超大型集装箱船　　b 极地重载甲板运输船

图 8-3 特种船舶

◎自主品牌船用动力技术

中国船舶工业集团公司动力板块的研发平台，中船动力研究院自主研发的中国首台新一代小缸径船用低速柴油机 6EX340EF 和一款 10 000 kW 级大功率中速柴油机 12MV390，分别填补了中国自主品牌二冲程低速柴油机动力和大功率中速柴油机的空白。2017 年 3 月 20 日，中国船舶工业集团公司安庆中船柴油机有限公司也发布了中国首台具有完全自主知识产权的低碳、环保、高效型大功率四冲程船用中速气体发动机——ACD320G 天然气发动机，填补了中国在船用中速气体发动机领域的空白。

（三）有色金属

◎红土镍矿生产高品位镍铁关键技术

开发了具有自主知识产权的利用红土型镍矿生产高品位镍铁的关键技术与成套装备，使中国镍铁冶炼技术迈入世界先进水平行列。

◎底吹熔炼－熔融还原－富氧挥发连续炼铅新技术

在铅冶炼理论研究、关键技术及装备开发方面取得重大突破，铅回收率大于 98.5%，粗铅综合能耗降至 180 kgce/tPb 以下，减排二氧化硫 95%，减排二氧化碳 80%，为世界炼铅技术的发展做出了重大贡献。

◎超大容量铝电解槽技术

系统性研究并解决了铝电解槽磁流体稳定性设计标准和方法的首要问题，研发设计了中国具有自主知识产权的 500 kA 和 600 kA 超大容量铝电解槽技术并实现产业化应用，标志着国内电解铝大型槽成套技术达到国际领先水平。

◎大型流态化焙烧炉技术

经过中国恩菲和西北铅锌冶炼厂多年研究与设计优化，152 m^2 大型流态化焙烧炉及配套设备于 2016 年建成投产。该焙烧炉生产规模大于 15 万吨锌 / 年，使中国锌冶炼技术和装备制造能力进入世界先进行列。

◎环保型高性能电子铜箔工艺技术

成功研发了低表面粗糙度、高剥离强度新型电子铜箔及环保型产业化技术，锂离子电池用新型双面光超薄电子铜箔产业化技术及装备，多种生箔组合添加剂及高抗弯折疲劳电子铜箔产业化技术，研制了电子铜箔产业化生产高效节能大电流高频开关电源技术与装备。

（四）纺织

◎熔体直纺涤纶工业丝新技术

发明了管外降膜式液相增黏反应器，突破了高分子工业中熔融缩聚制备高黏聚酯熔体的重大技术难题，创立了聚酯“竖直管外降膜”液相增黏方法，自主研制了成套聚合装备，实现了熔融缩聚直接制备工业丝级高黏聚酯熔体；创建了短流程柔性化涤纶工业丝生产线，攻克了高黏熔体管道输送特性黏度降大的难题，解决了聚酯大容量的规模效应与涤纶工业丝多品种市场需求之间的矛盾；研发了高黏熔体大流量集约化纺丝技术，大幅提高纺丝效率，开发了深海系泊用高强高模涤纶工业丝等高品质工业丝产品。该技术发明改变了全球涤纶工业丝长期采用高耗能的切片纺生产方式，新建了年产 20 万吨和 30 万吨两条熔体直纺涤纶工业丝生产线，新技术比切片纺技术工艺流程缩短 30 小时以上，单位产品综合能耗下降 35.7% 左右。已获中国发明专利 17 件，申请国际专利 PCT 4 件，形成了自主知识产权体系。

◎新一代聚己内酰胺（PA6）功能性纤维材料

通过对大容量 PA6 高效连续聚合、功能性 PA6 纤维制备及纺织染整关键技术与装备的研发，实现单线年产 10 万吨大容量 PA6 聚合生产能力，降低了生产成本，开发出低纤度 PA6 纤维，抗紫外、抗静电、全消光、抗菌等功能 PA6 纤维，多组分 PA6 纤维，产品已广泛应用于运动、户外、休闲等服用领域，并可延伸应用于家用和产业用纺织品领域。该项目技术成果大大提高了产品档次与品质，推动了聚己内酰胺纤维的快速发展，整体技术达到国际先进水平。在实施过程中，共申请国内专利 28 件，已授权 9 件，完成技术标准 14 项，发表论文 23 篇。

◎干法纺聚酰亚胺纤维（PI）制备关键技术及产业化

实现了纤维制备工艺及设备的技术集成，首次提出并建立了“反应纺丝”的新原理和新方法，建立了干法纺丝制备 PI 纤维的新技术，自主研制了干法纺 PI 纤维的成套技术与关键装备，建成了国际上首条干法纺 PI 纤维年产 1000 吨级生产线。与国际同类产品相比，本项目生产的 PI 纤维断裂强度提高了 10%，耐温稳定性提高了 100 ℃，原材料成本是前者的 1/3。在改善民生方面，该产品已成功用做耐高温滤材，对治理因燃煤、水泥生产等工业所产生的 PM_{10} 和 $PM_{2.5}$ 等大气污染发挥了重要作用；在安全防护和紧急救灾领域，该产品所制备的防护服，在火焰中不燃烧、不熔融、无烟雾，已应用于消防服防护领域；在航空航天和国防军工部分领域，该产品也进行了相关应用和评价。该项目获得国家专利授权 26 件，建立了具有自主知识产权的 PI 纤维制备技术体系。

二、示范推广先进适用技术

◎数字矿山建设关键技术

一是实现了“信息遥测—状态识别—需风计算—方案优化—远程调控—信息遥测”的矿井通风高度自动化的闭环调控；二是实现了矿山作业设备运行过程的三维可视化模拟和井下真实智能

设备的远程可视化操控；三是实现了基于计步与RSSI测距的井下人员精确定位方法；四是真正实现了煤矿井上井下各专业“一张图”，解决了长期以来各专业子系统分割孤立的问题，提升了煤炭生产运营管理各专业口的协同能力，打破了国外软件的长期垄断，填补了国内空白；五是在锦界煤矿首次建设了数字矿山示范矿井，实现了智能化开采和自动化生产。

◎基于制浆造纸平台的木材生物质高值化精炼关键技术

木材生物质全组分连续高效深度分离技术，国内外首次实现了木材生物质中纤维素、半纤维素和木质素的连续分离和提取，半纤维素分离率达到90%以上，木质素分离率达到96%以上；生物法、顺序式模拟移动床色谱分离等纯化木糖技术，利用木材生物质半纤维素水解液研发出高纯度木糖，纯度达到99.8%，与传统玉米芯工艺相比，综合资源利用率提高60%以上；研发生物协同多效脱木质素的纯化纤维素技术，实现了高纯度纤维素的清洁制备。用水量降低30%，COD消减50%以上，纤维素纯度达到95%以上，白度达到90% ISO，与传统纸浆产品相比，综合经济效益提高了100%以上，打破国外高纯度纤维素产品对中国的垄断。项目技术在山东太阳纸业、江苏澳洋科技等5家企业产业化应用，实现了木质纤维生物质高值化利用，用于制备黏胶纤维，半纤维素开发高纯度木糖，木质素用于生物质发电。

◎氨基糖类绿色制造及提质增效关键技术

发明了氨基糖类生物制造技术。构建了一株高产N–乙酰氨基葡萄糖（NAG）的代谢工程菌，利用葡萄糖合成NAG；氨糖单体定向聚合制备氨基聚糖技术；筛选和构建了代谢产生具有高酶活并特异性催化水解氨基多糖的菌株，优化了与非专一性酶协同增效的水解技术；发明了高密度蒸汽闪爆耦合酶膜氨基多糖清洁生产技术。采用高密度蒸汽精准闪爆技术预处理壳原料，破坏壳和多糖分子致密结晶结构，使复合酶较完全提取蛋白质并获得低分子量氨基多糖，从而大幅降低酸碱用量；通过膜分离进行废水综合处理，实现氨基多糖清洁生产和资源综合利用；发明了中性氨基寡糖和寡糖单体制备技术。创建了基于分子修饰和物性调控的氨基寡糖膜精细分离技术；突破多个氨基寡糖稳定性和应用技术难题，解决了氨基寡糖稳定性及氨基寡糖制剂复配稳定性难题。项目技术在山东润德、惠州长龙生物科技有限公司等8家企业产业化应用，提升了中国功能寡糖生物制造水平，对氨糖药物开发做出重要贡献。

◎难再生废弃高分子材料高效高值回收利用加工集成化关键新技术

创新研制了多级剪切碾磨集成化工业装置。通过剪切、粉碎和固相增容等不同功能结构单元，实现共混复合型、填充增强型、交联型等高分子废弃物的高效粉碎和均一化改性；创建了共混复合型废弃高分子材料回收技术。通过复合粉体的粒径和粒径分布调控制品相畴结构和性能，解决了传统回收技术难以做到的组分相容和黏度匹配、需分类分离的难题；粉体表面改性、加工中应力场温度场调控、固态拉伸、动态硫化等技术，制备高性能土工膜、土工格栅、木塑制品等高值化产品；创建了交联型废弃高分子材料回收技术。通过交联型高分子废弃物的应力解交联，赋予其热塑加工性，解决其不能二次加工的难题，建立了加工中可控降解与端基稳定化、动态硫化、柔性界面构建等新技术，制备了高性能低成本热塑性聚氨酯弹性体、热塑性硫化胶、弹性混凝土、耐高温油田固井水泥石等高值化产品。项目在南昌天高、江苏美亚、南京聚锋、四川金摩尔等企业产业化应用，实现了难再生废弃高分子材料高值回收利用。

第二节 现代服务业

编制完成并发布《"十三五"现代服务业科技创新专项规划》。力争到 2020 年，初步形成现代服务科学体系，理论技术水平大幅提高，生产性服务业、新兴服务业、文化与科技融合、科技服务业领域服务科学研究与实践能力进入世界前列。在重点领域攻克一批关键核心技术，形成一批国际、国家标准和行业解决方案，大幅提高科技在现代服务业增加值中的贡献度，全面提升现代服务业的规模、质量、效率和品质，实现中国现代服务业总体水平与发达国家"并跑"，在部分领域达到"领跑"水平。

启动现代服务业重点专项相关工作。在国家重点研发计划中启动"现代服务业共性关键技术研发及应用示范"重点专项，按照现代服务科学理论、服务关键核心技术、新兴服务业支撑平台研发与示范、科技服务业支撑平台研发与示范、文化科技服务业支撑平台研发与示范 5 个方向，部署 35 项任务，实施周期为 5 年（2017—2021 年）。专项的总体目标是针对中国现代服务业发展模式创新不足、科技创新支撑不足、服务实体经济能力薄弱等突出问题，以新一代信息和网络技术为支撑，以"创新、开放、分享、协同、融合"为发展理念，以提升现代服务业科技创新支撑能力与水平为主题，以推进互联网与服务业、现代服务业与实体经济融合发展为主线，创新现代服务科学，攻克关键核心技术，促进技术创新和商业模式创新融合，打造现代服务支撑平台，推进"产学研用"结合的跨学科、综合交叉科研团队和联盟建设，重塑现代服务业技术体系、产业形态和价值链，力争科技在现代服务业增加值中贡献度提升 50%，创新发展跨界融合的现代服务新生态，服务实体经济转型升级。

实施国家文化科技创新工程。在中央文化体制改革和发展工作领导小组的领导下，科技部、中央宣传部会同财政部、文化部、新闻出版广电总局等部门，于2012年起开始组织实施国家文化科技创新工程，促进文化和科技融合，支撑文化大发展大繁荣。国家文化科技创新工程主要开展3个方面的工作：围绕文化大发展大繁荣的重大科技需求，突破一批共性关键技术，增强自主创新能力；加强文化领域技术集成创新与模式创新，推进文化与科技相互融合；开展文化科技创新发展环境建设，建设一批特色鲜明的国家级文化和科技融合示范基地。目前已编制并发布了《国家文化科技创新工程纲要》，在国家科技支撑计划现代服务业领域中部署了158个文化科技创新工程项目、投入国拨经费14.5亿元，并与中宣部一起，会同文化部、新闻出版广电总局认定了北京中关村等两批34家国家级文化和科技融合示范基地。

开展科技服务业试点示范工作。为推进科技服务业发展，科技部与财政部从2014年共同开展了科技服务业创新发展行业试点工作。中央财政首批安排3亿元专项资金，以试点领域的科技服务需求为引导，重点支持科技服务产业联盟等产业促进组织，通过构建市场化科技服务平台，汇聚科技服务资源，创新服务模式和机制，为产业集群提供一站式科技服务，打造科技服务生态系统，推动科技服务业做大做强，支撑战略性新兴产业发展和相关产业转型升级。同时，科技部重点面向产业发展基础好、科技服务资源较为丰富、具有领先发展优势、科技服务需求潜力大、模式创新活跃的国家高新区开展科技服务业区域试点工作。希望通过试点，促进试点区域内科技服务业与相关产业融合发展，促进试点区域产业集群做大做强和创新能力的提升。

◎**金融科技**

面向金融服务业发展过程中面临的大数据分析、信息安全、灾备与恢复、大规模交易、服务模式创新等前沿问题，突破了新一代电子支付、移动支付、征信评估与价值评价、金融机构云灾备、金融机构全生命周期数据监控等共性关键技术，开发了证券核心交易系统、证券业云平台、综合型科技金融服务平台等相关的中间件、系统或平台，在银行业、非银行金融业、金融服务业、新兴服务业、科技服务业等重点领域实现了示范应用，丰富和提升了面向科技型企业、典型行业、典型区域的金融服务产品和能力，形成了一批科技金融产业化平台，有力地推动了融合化、普惠化、移动化金融服务体系的形成与发展。

◎**电子商务**

面向电子商务发展过程中面临的在线产品信息、电子合同、电子货币、在线交易等前瞻性、战略性、全局性问题，突破了电子商务交易技术、在线产品信息管理技术、安全电子合同管理技术、安全电子货币管理技术等共性关键技术，开发了相关的中间件、系统或平台，通过典型示范应用，促进了典型行业生产经营方式转变，提高了产业运作效率，形成了共性关键技术研发基地，以电子商务为主要表现形式的生产性服务业正在带动农业（农产品网络营销、订单农业）、提升工业（自主网络商品品牌、3D 打印、定制生产、产业链高端）、革新服务业（网店、互联网金融等），有力地推动了现代产业体系的形成与发展。

第三节
节能环保产业

一、节能技术

硅衬底高光效 GaN 基蓝色发光二极管技术获得 2015 年度国家技术发明奖一等奖。长期以来，LED 行业欧美日占尽先机，分别垄断了蓝宝石衬底和碳化硅衬底 LED 知识产权，并逐渐演变成了垄断高端产品的局面，迫使中国 LED 行业处在行业的中低端运行，该成果使中国半导体照明领域 LED 技术跻身世界领先水平。高性能光伏发电系统关键控制技术及产业化应用项目研制成功 1.5 kW ～ 1 MW 全功率等级集中式和分布式光伏发电系列产品，主要技术指标达到或超过国际同类产品先进水平。

二、洁净煤技术

◎ 3000 吨 / 日级大型煤气化关键技术

完成了日处理煤 3000 吨级多喷嘴对置式水煤浆气化技术工业示范装置的建设。示范装置于 2014 年 6 月 24 日建成投产；2015 年 9 月 23—25 日，顺利通过了中国石油和化学工业联合会组织的专家现场考核，专家组给予高度评价：3000 吨级多喷嘴对置式水煤浆气化技术具有完全自主知识产权，装置性能与技术指标达到国际领先水平。

◎超超临界二次再热 1000 MW 发电机组

目前，中国自主开发的超超临界二次再热 1000 MW 发电机组，效率、煤耗及排放均处于世界领先水平。继 2015 年国电泰州电厂二次再热 1000 MW 机组投运以来，更高效率的华能莱芜电厂二次再热 1000 MW 机组于 2016 年 11 月通过 168 小时试验，投入商业运行。该机组采用二次中间再热技术，增加热力循环次数，有效提高了机组运行效率；采用烟气余热深度利用技术，降低排烟温度，提高了锅炉效率；优化了环保措施，加装催化剂提高脱硝效率、采用单塔高效除尘脱硫系统降低粉尘排放。机组发电效率 48.12%（同类无再热机组：46%），发电煤耗 255.29 克标煤 / 千瓦时（同类无再热机组：270 克标煤 / 千瓦时），供电煤耗 266.18 克标煤 / 千瓦时。

第四节 新一代信息技术产业

◎导航与空间信息

智能手机的普及及各类新的移动应用（如商场购物移动支付等）形成的强劲市场需求为室内外无缝定位技术提供了广阔的发展空间。高精度射频定位技术多采用基于角度或距离交会的方法，精度可达亚米甚至厘米级，然而这类技术主要弊端是硬件成本高和无法兼容主流手机；而较为流行的基于 Wi-Fi 指纹匹配的低成本射频定位技术的定位精度在 2 ~ 5 m，而这类技术的主要缺陷是信号容易受干扰进而导致指纹误配。目前在这一领域国际总体的研究水平是高可用低成本定位技术的定位精度在 2 ~ 5 m，高成本的定位技术可达厘米级，但不支持大众终端设备。

导航与位置空间信息内容服务平台相关技术成功推广应用，服务车载用户 2000 万以上，手机地图产品下载量超过 3000 万，基于位置的移动互联网服务，进入人们生活工作的方方面面，并蓬勃发展。成果转化吸引 BAT 企业、开发区、产业基金等社会资本数千亿元进行这一市场的开拓，高精度的定位信号催生了位置服务的更多应用开发。位置服务平台达到了日均 500 亿次定位请求次数，有效地支撑位置服务平台的定位请求数在一年时间内日均定位响应次数提高一倍以上。

第五节 生物技术产业

一、前沿技术和核心关键技术

◎纳他霉素合成生物学技术

纳他霉素是国际广泛批准使用的生物防腐剂，市场前景巨大，但其生产菌发酵单位低，限制了其大规模应用。利用合成生物学技术，以具有自主知识产权的工业链霉菌恰塔努加 L10 为高产改造对象，利用合成元件的模块化，建立了合成过程前体供应、高速合成、高效转运等过程的耦合技术，全面优化了纳他霉素的生物合成途径，并多尺度增强纳他霉素合成基因的表达量。获得的基因工程菌株纳他霉素产量大幅提高、杂质降低、发酵周期缩短 2 天，完成了中试放大，10 t 罐补料分批发酵水平最高达 15.0 g/L，高于国际水平（10.0 g/L）。

针对抗多重耐药药物达托霉素生产菌玫瑰孢链霉菌，通过生物合成调控通路理性重组，构建了高产突变菌，发酵工艺优化后在华东医药中试车间完成了中试放大，20 t 发酵罐发酵单位达 2.5 g/L 以上，为国际最高水平。该品种的新药注册申报被 CFDA 受理后进入 CFDA 的绿色评审通道，已完成专业审评、综合审评和技术审评，等待 CFDA 的现场考核。

◎大型标准化人工生物元件模块库

生物基因元件模块的标准化是合成生物学的基石。大型的生物元件模块库，尤其是人工基因元件模块库，将大大推动合成生物学的发展。在“十二五”863 重点项目的支持下，天津大学牵头建立了大型基因元件模块库，已经存储超过 1 万个功能元件模块。同时，该数据库标准化方法中可以通过柔性接头兼容国内外各类标准数据库。该元件模块库已经实现共享（http://synbioml.org）。

◎基因组规模系统代谢育种技术

中国科学院天津工业生物技术研究所和安徽华恒生物工程有限公司开发了基因组规模系统代谢育种技术，通过基因组规模的代谢途径设计、重建和精确调控，构建了将葡萄糖高效转化为 L- 丙氨酸的大肠杆菌细胞工厂，解决了 L- 丙氨酸传统生产技术对不可再生石油基原料的依赖问题，实现了二氧化碳的零排放。在 200 m^3 发酵罐上成功实现了产业化生产，发酵指标达到国际最高水平。

二、重大产品及其集成应用

◎微生物大数据平台

世界微生物数据中心（WDCM）隶属于世界微生物菌种保藏联合会（WFCC）和联合国教科文组织（UNESCO）下属的国际微生物资源中心（MIRCEN），2010 年落户中国科学院微生物研究所，是中国生命科学领域的第一个世界数据中心。微生物研究所以世界微生物数据中心 WDCM 为平台，倡导全球微生物菌种资源目录（Global Catalogue of Microorganisms，GCM）重大微生物信息化国际合作计划，为全世界科技界和产业界提供微生物菌种资源的信息服务。目前已经有来自美国、法国、德国、荷兰等 26 个国家 53 个国际微生物资源保藏机构正式参加这一计划。到 2016 年，GCM 已经整合了超过 20 万的微生物实物资源的详细信息，其中不乏来自特殊生态环境、具有重要的科研和工业应用价值的微生物。

◎脊髓灰质炎灭活疫苗

中国医学科学院医学生物学研究所自 2000 年以来开始自主研发 Sabin 株脊髓灰质炎灭活疫苗（Sabin IPV）。Sabin IPV 系采用减毒株制备，可以降低对生物安全的要求，确保生产的安全性，降低成本，特别适合在发展中国家生产和使用。历经 15 年，该疫苗于 2015 年 6 月 30 日获国家药监总局批准上市。S-IPV 疫苗是中国科学家首次自主研发的新药，标志着中国在使用减毒株制备脊髓灰质炎灭活疫苗研究领域的创新成果达到了世界领先水平。为此，得到了 WHO 的高度评价和重视，并在质量检定、临床研究工作等方面提供了大量的咨询服务和技术支持。

◎高通量基因测序仪系统及试剂

临床用高通量基因测序仪（型号：HYK-PSTAR-IIA），是中国首台通过 CFDA 审批的基因测序仪，实现了“中国创造，中国制造”。高通量基因测序仪及配套试剂、软件的成功研发，彻底改变了基因测序产业链上游主导权被欧美国家掌握的产业格局，完善了中国基因测序产业链上下游的完整布局。此外，还制定了全国第一项高通量基因测序国家标准《高通量基因测序技术规程》，成为中国基因测序行业的里程碑。该项国家标准作为基因测序行业的第一项基础标准，为国内的测序技术规范化迈出了重要一步。目前，该测序仪已广泛应用于 80 余家国内知名三甲医院，与上海瑞金医院、浙江省肿瘤医院、华中科技大学同济医院等多家医疗机构联合共建了临床应用示范中心。

第六节
高端装备制造与新材料产业

一、高端装备制造

◎大直径硬岩隧道掘进装备（TBM）

国产首台（套）8 m 直径级敞开式 TBM 分别在湖南长沙和河南郑州下线，结束了中国 TBM 装备长期依赖进口的历史，填补了中国自主研制硬岩 TBM 重大装备领域的空白。项目突破了高性能大直径 TBM 总体设计与技术集成技术、长距离连续掘进刀盘适应性设计与制造技术、大功率高可靠性同步驱动技术、复杂地质条件 TBM 施工综合处置技术等一批关键技术，在吉林省中部引松供水工程中的应用效果完全达到设计预期，主要技术性能达到国际领先水平。在此项目基础上，国产首台双护盾 TBM、国产单护盾 TBM、全球首台煤矿斜井双模式 TBM 等一大批 TBM 产品陆续下线，开挖直径也覆盖了 Φ4 m、Φ5 m、Φ6 m、Φ7 m 多个系列；同时，国产品牌国内新增 TBM 市场占有率超过 90%，彻底摆脱了国外品牌的市场垄断。

◎大吨位电动轮自卸车

开发了 SF35100 型 300 t 电动轮自卸车（图 8-4），攻克了整车集成优化技术、液压系统动态仿真与集成优化技术、大型承载构件拓扑结构优化与模态拓扑优化设计、大型矿用自卸车关键零部件制造工艺研究四大技术难点。填补了国内超大吨位自卸车空白，打破了中国 300 t 电动轮自卸车完全依赖进口的局面，建立了中国大吨位矿用自卸车研发平台，提升了国产矿用自卸车的研发、制造和成套能力，对中国矿山重大技术装备和能源生产安全提供了进一步的保障。更好地满足中国矿山高速发展的需求。

图 8-4　SF35100 型 300 t 电动轮自卸车矿山实景

◎精密卧式加工中心工作母机

该机型实现了在机床工具行业、航空领域、3 种关键箱体零件的高精度加工应用验证，并经用户或第三方检测，完全达到了零件的加工精度要求，具有进口 DIXI 等高精度卧式加工中心同等的加工精度；实现了多项新技术创新突破，主要包括：总体结构集成技术创新；3 点支撑技术创新；静压支撑力矩电机驱动数控转台技术创新；内装电机驱动后置式分体主轴单元技术创新；机床结构设计软件应用技术创新；热平衡设计技术创新；低应力制造技术创新；加工装配工艺数据库及管理系统创新。机床在航空应用领域得到应用验证，为中国利用自己的装备制造航空关键零件奠定了基础。

◎高速、高精数控车磨复合加工机床 μ4000TG

开发了用于汽车无级变速器（CVT）关键零件主、从动轮的生产装备高速、高精数控车磨复合加工机床 μ4000TG。该设备一次安装可以完成多道工序，集成了高速磨削、硬车削、在线测量、CBN 砂轮修整、过程监测等多项复合技术。突破的关键核心技术包括：机床高刚性、高稳定性的结构技术，高速轴的运行控制技术，直线电机的高速控制技术，高速高精的磨削技术，CBN 砂轮的精密修整技术，超硬材料的车削技术，球道磨削技术，在线测量技术，机床局部恒温环境的控制技术等。该机床拥有多件发明专利。经过用户应用验证，设备使用性能稳定，加工的零件精度和批量生产的一致性均优于国外同类产品，CPK 值达到 2.0 以上。

◎微型滚珠丝杠系列产品

微型滚珠丝杠是高精度直线运动系统中的重要传动部件。北京工研精机股份有限公司近年利用自主知识产权工艺技术开发的精密微型滚珠丝杠副，已经在中国的高技术领域发挥了重要作用，开发的微型滚珠丝杠产品以高精、高可靠性著称。微型滚珠丝杠成功应用于“天宫一号”和“天宫二号”与“神舟”系列的对接机构等高科技领域（图 8-5）。

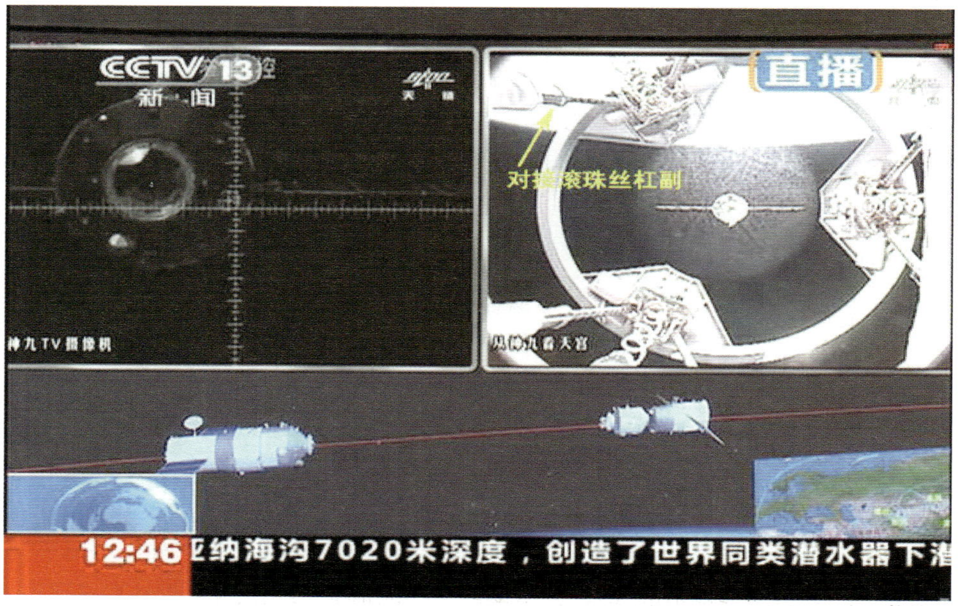

图 8-5　微型滚珠丝杠应用于“天宫一号”与“神舟”系列载人飞行器对接机构

二、新材料产业

◎第三代半导体材料

第三代半导体材料在能源、信息、交通、国防等领域具有广泛的应用前景。中国自主研发的硅衬底 GaN 基蓝光发光二极管（LED）实现了中国半导体照明技术的原始创新（图 8-6），开创了除美国碳化硅、日本蓝宝石之外的第三条 LED 照明技术路线，使中国 LED 照明技术与国外发达国家“并跑”，该技术荣获 2015 年度国家技术发明奖一等奖。2016 年，中国在硅衬底黄光 LED 方面再取得重大进展，研发出黄光（565 nm）电光转换效率达 21.5% ~ 31.6%（20 ~ 2 A/cm^2），流明效率达 130 ~ 180 lm/W，远超国外公开报道的最高水平（9.63%），“领跑”世界。

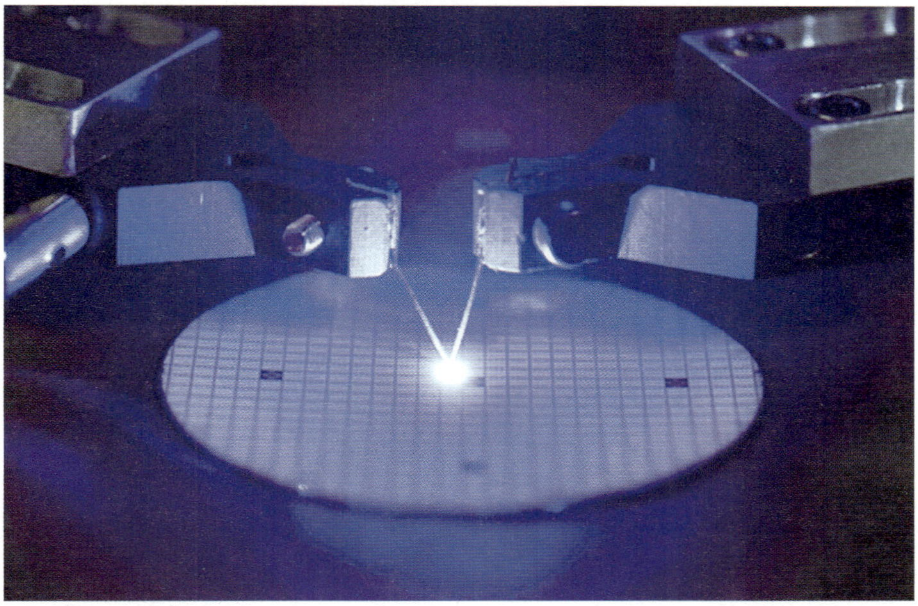

图 8-6　通电后硅衬底 LED 芯片发出蓝光

基于高光效黄光 LED 技术，南昌大学成功开发了下一代 LED 照明技术——无荧光粉 LED 照明技术已达到试用化水平，获得了高显色指数、低色温、高光效、人眼舒适的高品质白光照明光源。该技术避免使用稀土荧光粉这一稀缺资源，具有重要的现实价值和战略意义。

硅衬底 LED 技术已孵化了晶能光电等 10 家企业，形成了上游芯片制造、中游器件封装和下游产品应用产业链，产品成功应用于路灯、电动车头灯、显示屏等场合。2016 年 2 月，习近平总书记视察南昌大学国家硅基 LED 工程技术研究中心，肯定团队攻科研难题和抓成果转化决心大、目标高、工作实、成效好。8 月，李克强总理视察晶能光电时提出殷切期望：“要从中国创造发展中国品牌，要把晶能品牌在世界打响！”

◎高性能纤维及其复合材料

以碳纤维、芳香族纤维、超高分子量聚乙烯纤维等为代表的高性能纤维及其复合材料，具有明显的军民两用特征，是国防尖端装备和改造传统产业的物质基础和技术先导，将成为引领结构材料革命的典型代表。

中国已建立起国产聚丙烯腈碳纤维技术体系和研发生产平台，建立起针对国产高强碳纤维应用评价、复合材料制备与应用体系，初步建成技术链和产业链。高强型碳纤维突破百（千）吨级制备技术（图 8-7），其中 GQ4522 碳纤维产品进入国防应用验证，部分领域实现型号应用；在工业品应用领域，该产品已成为当今国产碳纤维产品占比最高的品种，在新能源汽车、轨道交通等领域实现示范应用。QZ5526 高强中模碳纤维突破百吨级制备技术，产品进入国防应用验证。基本型高模量碳纤维实现航天型号应用；更高性能的高强中模、高强高模等碳纤维取得关键技术突破，部分品种已开始国防领域应用考核。24（48）K 大丝束碳纤维工程化研制进展顺利。实现了基本型对位芳纶千吨级产业化制备，产品应用于搜排爆服并已装备部队；增强的橡胶复合材料应用于汽车领域和工业长距离输送带；突破了高模型对位芳纶的工程化技术，产品应用于国防装备；创新研发出高强高模型聚酰亚胺纤维，具有国际领先水平，形成了 30 吨级工程化制备能力。

图 8-7　国产 T700 级碳纤维千吨级生产线

◎生物医用材料

高强韧医用植入材料关键技术。重点突破了高强度聚乳酸复合材料技术，开发了 X-fiber Pin 骨折修复植入物，打破了可吸收聚乳酸材料无法应用于承重部位的骨修复技术壁垒，对于国家医疗产业的发展具有重要意义。高强韧多孔钛人工骨材料将骨修复效果提高近一倍，为解决大面积骨缺损的临床治疗难题提供新的解决途径。通过新型人体植入软组织修复材料技术开发了复合涂层新型生物型悬吊式人工韧带和新型有机无机复合涂层颈椎融合器，具有自主知识产权，填补了国内空白，这对临床膝关节前交叉韧带损伤和颈椎退变性疾病的治疗及永久植入性软组织修复用医疗器械国产化具有十分重大意义。

新型假体与内固定制品研发。在高性能氧化铝陶瓷材料、钛基钽涂层金属材料和C/C复合材料关键制备技术方面，开发出高纯氧化铝髋关节陶瓷球头、钛基钽涂层钛钽人工种植牙、C/C复合材料接骨板等样品，其中高纯氧化铝陶瓷球头材料性能指标抗弯强度＞550 MPa（在590 MPa以上），样品加工精度（球度、内锥形位公差及表面粗糙度）都已达到了ISO标准。

高塑性可控降解植入材料研发。自主开发了可注射磷酸钙基自固化生物材料，可控降解骨修复用镁合金材料，可吸收骨固定和骨修复器件，聚磷酸酯氨基酸共聚物复合骨植入材料等多种骨修复治疗用新型材料。突破了人体植入用异种脱落细胞基质材料的技术瓶颈，可适应于不同组织修复，植入产品DNA残留量低于10 ng/mg、半乳糖苷酶抗原清除率超过99%，安全性和有效性均优于进口同类产品，填补了国内的技术空白。

◎实用化超导材料

核磁共振成像仪（MRI）用超导线材（NbTi和MgB_2超导线材）制备技术取得突破。自主开发了NbTi合金熔炼、导体结构设计、高尺寸精度线材加工、磁通钉扎控制和线材绝缘等核心技术，实现1.5 T/3.0 T商用低温超导MRI用单根万米级NbTi超导线材批量化制备。研发了新型制冷机直冷MRI用MgB_2线材前驱粉末批量化制备、高电磁稳定性线材导体设计、千米级MgB_2线材的加工及热处理技术。MRI用NbTi和MgB_2超导线材实现量产，打破了发达国家的技术垄断，从源头推动了中国医疗用超导MRI研发和产业化。

高电压等级高温超导限流器研发取得重大进展。突破了500 kV高电压等级饱和铁芯型超导限流器电磁设计、大尺寸高温超导磁体制造、异型杜瓦及油箱的设计与装配、系统集成试验和控制保护策略等关键技术，研制出电抗器本体、常导中间试验励磁绕组、高温超导励磁磁体系统、直流励磁系统、监控保护系统等关键部件，完成了500 kV大容量限流器样机研制，样机在交流3150 A的额定电流下，稳态阻抗达到1.25 Ω，为超导技术在超高压电网的应用奠定了关键的技术基础。

◎纳米材料与器件

石墨烯的控制制备及其在光电领域的应用。突破了化学气相沉积方法制备石墨烯透明导电薄膜的技术瓶颈，提出了具有完全自主知识产权的电化学气体鼓泡无损转移新方法，开发出连续转移批量制备技术，实现了高性能石墨烯透明导电薄膜的低成本连续化制备，解决了光电器件应用的图形化和功函数调控问题，研制出基于石墨烯透明导电薄膜的 7.5 英寸柔性触摸屏和 4 英寸柔性 OLED 原型器件。建立了具有优异场发射性能的石墨烯分形阵列材料的批量制备技术，研制出新型分形石墨烯阵列场发射 X 射线管，具有辐射剂量低、管功耗低和响应速度快等优异的综合性能，以此为基础开发出首款商用型牙科诊断用医疗 X 射线管，现已通过临床验证，并获得了国家食品药品监督管理总局的产品注册证书。

◎高温合金

先进航空发动机低成本、高性能变形高温合金涡轮盘（图 8-8）。攻克了高合金化变形高温合金采用铸－锻工艺路线制备的技术瓶颈，开发了三联低偏析熔铸与多重循环热机械处理等新技术，研制出与粉末冶金材料性能水平相当的新一代镍基变形高温合金 GH4065 涡轮盘，使用温度比传统变形高温合金涡轮盘提高近 90 ℃、成本不足粉末冶金涡轮盘的 1/3，具有部件质量稳定可靠、全寿命成本低廉、生产效率高的优势，达到了国际先进水平。GH4065 合金拟用于中国第五代军用涡扇发动机低压涡轮盘、挡板、高压压气机整体叶盘等关键热端转动部件，可为先进航空发动机选材提供新的解决方案。

图 8-8 先进航空发动机高性能涡轮盘

重型燃机用超大型变形高温合金涡轮盘。突破了传统变形高温合金超大型涡轮盘极限制造方面的技术瓶颈，攻克了锭型极限尺寸、锻造载荷极限控制及组织性能均匀化控制等关键难题，依托先进温度控制技术与数值模拟技术，采用国际主流工艺制备出重量达到 6 t、直径超过 2000 mm 的世界最大规格高温合金 GH4706 涡轮盘整体模锻件，实现了国内特种冶金与重型锻造领域的资源整合和技术串联，推动了国内大型高温合金锻件领域的整体技术提升，为重型燃机关键热端转动部件的国产化奠定了重要的技术基础。

◎超高分辨率显示

32 英寸超高分辨率显示关键技术研发取得重大进展。突破氧化物半导体技术、超高分辨率的像素设计、8 K × 4 K 驱动解决方案、多区域动态背光扫描、液晶透镜等关键技术，成功研发出了分辨率 7680 × RGB × 4320、刷新率 60Hz、亮度＞ 400 nits、对比度 ＞ 1500 : 1、色域＞ 68%、模组功耗＜ 200 W、响应时间 8 毫秒的 32 英寸 8 K × 4 K 超高分辨率 LCD 显示屏（图 8-9）。

图 8-9　32 英寸超高分辨率专业显示屏

98 英寸超高分辨率显示关键技术研发。突破超大尺寸面板 TFT 阵列拼接曝光技术、彩色滤光膜拼接曝光技术、直下式 LED 动态背光技术，完成了高强度高散热率低成本的结构设计，实现了超大尺寸驱动解决方案，开发了 98 英寸 8 K × 4 K 分辨率（7680 × 4320）LCD 显示屏，该显示屏搭载了京东方独有的 ADSDS 宽视角技术，取得卓越展示效果。

◎阻变存储器

集成电路是现代信息技术的基石和核心，而存储器是最重要的集成电路技术；在以大数据为背景的新信息时代，存储器发展水平代表了一个国家的微电子技术水平。相比于传统的浮栅型 Flash 存储器而言，阻变存储器（RRAM）具有结构简单、集成度高、功耗低和高速等特点，是重要的新型存储技术。通过自主研发，阻变存储器研发取得重大进展。在 28 nm PolySiON 平台开发了 1 Mb RRAM Macro，验证了 RRAM 技术在嵌入式应用场景的可行性与先进性。该技术只需在标准逻辑制程上增加一块掩模即可实现 RRAM 单元的集成，具有巨大的成本优势。提出的 RRAM 单元结构具有优异的性能，特别是良好的数据保持特性和低电压操作特性，使得该技术方案具有极强的市场竞争力。

◎高品质特殊钢

AP1000 压水堆主管道材料与成形关键技术。攻克了大型控氮不锈钢锭的纯净化熔炼、电渣重熔、管坯锻造、晶粒度控制和主管道整体弯制成形等技术难题，实现了 AP1000 技术的消化、吸收与自主创新，打通了核电三代锻造主管道全流程生产工艺，建成了完整的锻造主管道专业生产线。在 AP1000 锻造主管道研制的基础上，还相继开发出 ACP1000 等“华龙一号”主管道产品，并实现了工程应用。这标志着中国继美国、法国、俄罗斯之后，成为第四个拥有独立自主三代核电技术的国家。

◎高性能粉末冶金钛基合金及其快速成形关键技术

大尺寸钛合金零件激光成形技术研究突破了大尺寸钛基合金零件激光成形和修复过程中的缺陷控制、组织控制、应力 / 应变控制等技术瓶颈，开发了具有自主知识产权的钛合金大型结构件激光增材制造装备，从根本上解决了高强高韧钛合金大型整体结构件激光增材制造稳定性可靠性难题，成功应用于 C919 大飞机翼身组合体中长度达 3 m 的钛合金上下缘条的批量制备（图 8-10），各项性能考核指标均达到设计要求。技术成果已进行了转化，并应用于欧洲空客公司某型飞机大型钛合金构件的研制。

图 8-10　首次在国产大型客机上采用西北工业大学激光成形件加工中央翼缘条

第七节 新能源与新能源汽车产业

一、新能源

◎可再生能源

晶硅、薄膜等各类太阳电池转换效率大幅提升，20% 转换效率的单晶硅电池实现产业化，建成全球首条 156 m × 156 m 大面积全背结晶体硅电池（IBC）中试生产线，高效 N 型双面电池成功应用于中国首个光伏“领跑者”示范工程。实现了大型风电机组整机及关键部件的重大技术进步，建成了国际首套百吨级生物航油中试系统，多能互补独立微网系统示范规模世界领先。在可再生能源制氢及车用燃料电池产业链技术方向取得突破，由中国节能环保集团公司负责“风电耦合制储氢燃料电池发电柔性微网系统开发及示范”项目在中国张北地区已投产制氢，建成中国第一座风电制氢示范站，既为解决中国弃风问题提供新途径又为氢能燃料电池产业提供了绿色氢源；由同济大学负责的“70 MPa 加氢站”项目已经在大连市建成，标志中国已掌握 70 MPa 级加氢站技术，为燃料电池电动车普及提供了加氢技术准备。海洋能关键技术取得重大突破，形成 50 余项海洋能新技术、新装备，部分技术达到国际先进水平，中国成为亚洲首个、世界第三个实现兆瓦级潮流能并网发电的国家，其中首个百千瓦级潮流能示范电站稳定运行，200 kW 波浪能发电装置海岛微网试运行，兆瓦级模块化潮流能机组实现并网发电。

◎核能

三代核电技术。完成了具有自主知识产权的三代核电堆型“华龙一号”攻关，2015 年“华龙一号”首台机组在福建福清开工建设。“华龙一号”示范工程的开工标志着中国已经形成了具有完整自主知识产权的三代核电品牌，在先进压水堆核电站这一高技术领域完全实现自主化，是中国自主三代核电技术首次从研发走向工程应用推广的重大里程碑，也是中国从第三代核电技术引进国向核电技术和装备出口国迈进的重大转折。目前示范工程进展顺利，并已成功出口。

AP1000 核岛建造技术。全面掌握了模块现场组装与安装技术、大型结构模块整体吊装与运输工艺、核岛主设备安装技术、叠合式穹顶施工技术等，形成了优化的模块化施工工艺，建立了 AP1000 核电建造关键施工管理体系、技术体系，为中国下一轮核电建造中全面推广 AP1000 施工技术提供了保障，为 CAP1400 示范工程自主建造奠定基础（图 8-11）。

图 8-11　自主研发的 AP1000 主管道窄间隙自动焊固定位焊接

ACP100 通过 IAEA 安全审查。2016 年 4 月，继 ACP1000 之后，中核集团又一个自主三代核电技术通过 IAEA 反应堆通用设计审查。这是中国自主小堆技术首次面向国际同行审查，标志着中核集团自主设计、自主研发的多用途模块化小型反应堆 ACP100 成为世界上首个通过 IAEA 安全审查的小堆技术，是全世界小堆发展的一个重要里程碑。

NHR200－Ⅱ型核供热堆关键技术。突破了一回路自然循环热工水力学、控制棒水力驱动系统等关键技术，为中国低温供热堆示范工程的建设提供了技术支撑，推动了非电核能技术的应用。

微堆低浓化技术。2016 年 3 月，中国首座微堆圆满完成低浓化改造，实现满功率运行，这标志着中国已完全掌握微堆低浓化技术，也是中美核安保领域的重大成果。该项目在美国能源部和国际原子能机构举办的第 37 届研究堆和实验堆低浓化国际会议上受到表彰，获“杰出成果奖”。微堆低浓化目的是在不改变堆芯几何尺寸的前提下，将高浓铀堆芯燃料替换为低浓铀堆芯燃料。基于这一成果，中国微堆技术已经被国际原子能机构定义为世界三种具有固有安全性的核能设施之一。

国际热核聚变实验堆计划关键技术。2016 年 12 月，由中核集团西南物理研究院自主研发制造的国际热核聚变核心部件——超热负荷第一壁原型件率先通过国际权威机构认证，这是中国对国际热核聚变项目的重大贡献。

◎智能电网

灵活交流输电、柔性直流输电等技术打破国外垄断，大电网安全控制和变电站智能化等关键技术和装备取得世界性突破，可再生能源并网、电动汽车换电等技术保持国际领先水平，大容量储能系统、分布式电源接入和微电网等技术也已达到国际先进水平。建成投运世界首个三端和五端柔性直流输电示范工程；建成具有国际先进水平的电动汽车充放储一体化电站示范工程；对全钒液流电池、超临界压缩空气储能、固态锂电池、锂硫电池、超级电容器等技术进行攻关，目前，这些技术在材料和器件关键指标方面已处于国际先进水平，全部实现了国产化，其中针对液流电池和超临界压缩空气储能等大规模储能技术正在建设 10–100 MW 示范工程。

二、新能源汽车

通过几个五年计划科技专项的部署，形成并不断完善“三纵三横”研发体系，坚持“纯电驱动”技术转型战略，构建了以企业为主体、产学研相结合的整车、零部件和关键技术协同发展的创新体系，建立了具有自主知识产权的电动汽车动力系统技术研发平台，整体达到国际先进水平。

◎整车技术

纯电动汽车主流车型动力性、经济性、安全性大幅提升，与国际先进水平基本同步，已能满足人民日常出行需求，社会认可度快速提升。插电式混合动力客车技术趋于成熟并实现规模化推广，已占据国内市场主导地位；插电式 / 增程式混合动力乘用车不断取得技术进步和规模化应用，已具备一定市场竞争力。新能源汽车发展带动上下游产业投资，贯通了基础材料、关键零部件、制造装备等产业链关键环节，建立了结构完整、自主可控的产业体系。

◎关键零部件技术

动力电池关键材料国产化进程加快，性能指标稳步提升，成本明显降低；单体、电池包、BMS 等方面的安全技术研究全面推进。2016 年年底，基于三元正极的能量型动力电池单体比能量最高达到 220 Wh/kg，电池系统成本最低下降至 1 元 / 瓦时，较 2012 年单体比能量提高 1.7 倍、系统价格下降 50%，产能达到 100 GWh，建成了珠三角、长三角、京津冀、中原等一批动力电池产业聚集区，成为全球最大的动力电池生产国。

驱动电机共性基础技术进一步突破，如导磁硅钢、稀土永磁材料、绝缘材料、位置传感器等；芯片集成设计及电力电子系统集成取得进展。驱动电机重量比功率超过 3.3 kW/kg，电机峰值效率≥ 97%，高效区≥ 80%，产品关键性能指标达到国际水平，系列化产品的功率范围覆盖 200 kW 以下电动汽车用电机动力需求，并成功进入跨国汽车公司的全球配套体系。

初步掌握了燃料电池关键材料、部件及电堆的关键技术，基本建立了具有自主知识产权的车用燃料电池技术平台。电堆功率密度达到 2.0 kW/L，掌握了 –20 ℃低温启动技术，燃料电池轿车道路工况运行寿命超过 2000 小时。

第八节 人工智能与机器人领域

一、智能机器人仿生技术

为了有效实现大脑运动功能障碍患者的意念—中枢反应—运动神经通道的有效康复重建，依托脑 – 机接口前沿技术，重点对机器人仿生技术中生物运动意念感知与控制进行研究，构建脑控轮椅和脑控下肢康复训练系统，引领康复工程与脑控机器人技术的创新发展。

首先，开展了脑机接口运动范式创新的研究。运动相关的视觉诱发电位对应于一种不同于光刺激的视觉刺激方式，反映了人脑对运动的感知。为此完成单环运动、往复运动、光点生物运动诱发的稳态运动视觉诱发电位创新范式研究，取得了良好的脑机交互效果，信息传输率达到 72 bit/min。其次，对运动想象的诱发范式和识别算法进行改进与创新。脑机接口技术的有效性主要依赖于单次信号识别的准确度，提出了基于信号复杂度特征规则化的运动想象识别算法，可以实现左、右手和双脚的运动想象准确识别，正确率超过 95%。最后，开发了脑控轮椅与脑控主被动协同康复训练系统。脑控轮椅采用异步 BCI 的控制策略，根据大脑的开关机制被试者可以自主切换控制态与空闲态，脑控响应时间控制在 3 秒之内，辨识准确率在 90% 以上。同时，依托人体大脑可塑性理论、大脑镜像神经元系统原理，结合虚拟现实场景诱发技术，构建了脑控主被动协同康复训练系统。

二、医疗机器人

◎人工心脏

研制成当今世界上最小的、更先进的完全磁悬浮式人工心脏 CH-VAD（图 8-12）。目前，仅美国、德国、日本研发成功用于临床的长期植入式人工心脏产品，世界最大的人工心脏企业 Thoratec 开发的超小型完全磁悬浮式人工心脏 HeartMate 3 被誉为是当今最前沿的技术。与 HeartMate 3 相比，

较低的剪应力和剪切作用时间

CH-VAD 和 HeartMate 3
在 5 L/min 流量下的对比

	CH-VAD	HeartMate 3
叶轮转速（rpm）	3300	6000
叶轮端部最大剪应力（Fa）	188	600
悬浮间隙内最大剪应力（Pa）	140	200

图 8-12　CH-VAD 血液相容性

CH-VAD 的各项关键性能指标更为先进。CH-VAD 的厚度比 HeartMate 3 减少了 20%，直径缩短了 10%，是当今世界上尺寸最小的完全磁悬浮离心式人工心脏，有助于显著降低血泵对周围组织器官的压迫。经过在美国路易斯维尔大学（University of Louisville），国内阜外医院、安贞医院、西京医院等权威实验室完成的 20 多例长期（30 天以上）动物试验显示，CH-VAD 具备完全磁悬浮式人工心脏的血液相容性优势，具有世界上各类人工心脏中导线数最少，最细、最柔软的经皮电缆，这在提高防感染性能的同时，也有助于显著改善系统的可靠性。

◎腹胸腔微创手术机器人共性关键技术

在“十二五”863 重点项目“微创医疗机器人”支持下，深入开展微创手术机器人机构、控制、手术器械、视觉临场感、临床试验、系统集成等关键技术研究，研制出具有自主知识产权的“扁鹊 2”型微创手术机器人应用示范系统（图 8-13）。突破了高刚度、高运动分辨率远心定位机

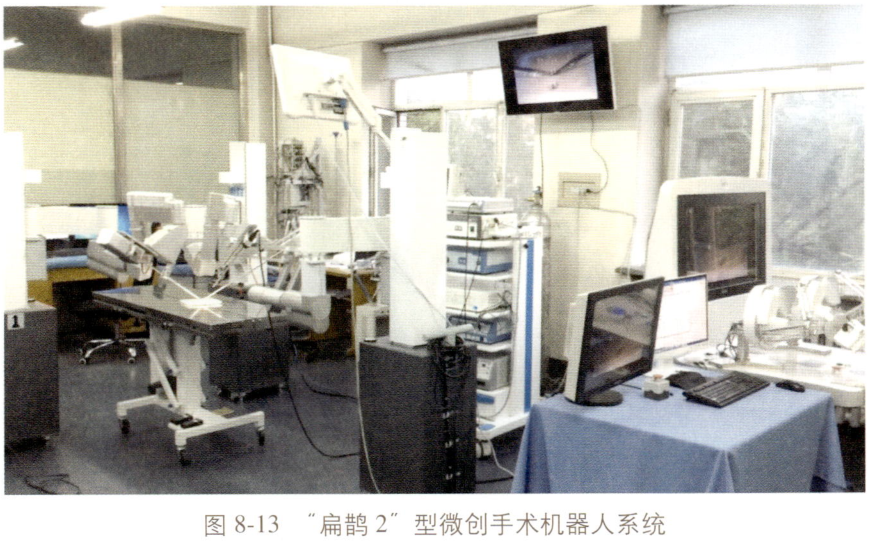

图 8-13　“扁鹊 2”型微创手术机器人系统

构设计技术，研制了一套基于三角形构型，面向多术式操作的三臂分体式从手机械臂系统，提高了从手机械臂的操作的可靠性和安全性。提出了多自由度无耦合运动微器械设计方法，提高了器械的操作精度。突破主从异构式手眼一致性主从控制方法，提出基于笛卡尔空间的主从异构微创手术机器人控制策略，解决了医生在进行手术操作时的手眼协调问题，主从控制实验验证了主从控制算法的有效性。攻克了基于柔性关节惯性力和静摩擦力精确补偿技术，在柔性关节模型参数辨识的基础上，提出了基于等效阻力矩补偿的反向驱动控制方法，实现了术前设置中对器械位姿的精确手动调整。开展了微创手术机器人风险分析及型式检验工作，在微创手术机器人风险分析、控制的基础上，研制了一套分体式微创手术机器人系统，可根据不同术式来灵活的布置持械机械臂和持镜机械臂，提高了微创手术机器人对不同术式的适用度。

第九章 国家自主创新示范区与国家高新区发展

截至 2016 年年底，中国高新技术产业开发区 146 家、国家自主创新示范区 17 家，为创新创业营造了良好的环境氛围，已经成为中国创新资源最密集、创新成果最富集、科技成果转化最顺畅的地区。国家火炬特色产业基地、国家火炬计划软件产业基地、科技企业孵化器等不断推动中国高新技术成果产业化发展，有力地促进了中国产业结构优化调整和经济发展方式转型升级。

第一节 国家自主创新示范区建设

国家自主创新示范区是经国务院批准，在推进自主创新和高新技术产业发展方面先行先试、探索创新经验、做出示范的区域。设立国家自主创新示范区的战略意义在于强化自主创新的引领示范效应，加大创新创业政策先行先试的力度，目的是把国家高新区从“一次创业”的 1.0 版、“二次创业”的 2.0 版，转型提升为“创新驱动”的 3.0 版。自 2009 年国务院批复建设中关村国家自主创新示范区以来，经过 8 年的建设发展，国家自主创新示范区数量已达到 17 个（时间截至 2016 年年底），覆盖全国 39 个城市、48 个国家高新区，形成了系统布局、多点辐射、全面带动、引领发展的良好态势，已经成为支撑引领区域发展的创新高地，培育壮大新产业、新动能的重要引擎，汇聚高端创新资源和要素的重要载体，开展国际科技竞争与创新合作的前沿阵地。

一、国家自主创新示范区发展态势

2009 年 3 月，北京中关村被批准成为第一个国家自主创新示范区。截至 2016 年 7 月，获批设立的国家自主创新示范区已经达到 17 个，包括北京中关村、武汉东湖、上海张江、深圳、苏南、天津滨海新区、湖南长株潭、成都高新区、西安高新区、杭州国家高新区、珠三角国家高新区、河南郑洛新高新区、山东半岛国家高新区、辽宁沈大国家高新区、福厦泉国家高新区、合芜蚌国家高新区和重庆高新区，平均以每年 2 ~ 3 个的规模扩容，覆盖了全国 1/2 的省份，国家自主创新示范区已经成为中国创新活动最活跃、创新投入强度最大、创新成果最丰硕的区域。

国家自主创新示范区的选择和设立经过了一定的考量和筛选，以技术创新基础、自主创新能力培育、区域创新作用发挥等为主要因素，展开合理的空间布局和区域资源协同配置，从顶层设计到操作层面都具有战略性和全局性意义。17 个国家自主创新示范区都具有一定的代表性和典型性，突出了对不同创新领域和路径探索的积极作用。其中，北京中关村、武汉东湖、上海张江国家自主创新示范区是设立最早、发展最快、政策最活的典型区域，雄厚的创新基础和在国家技术创新战略中的地位与作用，决定了其国际性、全局性和区域性的定位与使命。依据自身发展特点，其他国家自主创新示范区都明确提出了各自的战略定位，相继选择了适合自身发展的路径，意在发挥相对优势，已获批 17 个国家自主创新示范区的发展态势总结如表 9-1 所示。

表 9-1　中国 17 个国家自主创新示范区发展情况（截至 2016 年年底）

名称（批复成立时间）	发展历程	空间规模 / km^2	主要园区（片区）	战略定位
北京中关村（2009 年 3 月 13 日）	1983 年 1 月至 1988 年 4 月："电子一条街"；1988 年 5 月至 1999 年 5 月：北京市新技术产业开发试验区；1999 年 6 月至 2009 年 2 月：中关村科技园区	488	海淀园、昌平园、顺义园、大兴 - 亦庄园、房山园、通州园、东城园、西城园、朝阳园、丰台园、石景山园、门头沟园、平谷园、怀柔园、密云园、延庆园等	具有全球影响力的科技创新中心
武汉东湖（2009 年 12 月 8 日）	1984 年：东湖高新区筹建；1988 年：东湖高新区创建成立；1991 年：首批国家级高新区；2001 年：国家光电子产业基地，"武汉·中国光谷"；2006 年：全国建设世界一流科技园区试点之一	518	武汉东湖高新技术产业开发区	推动资源节约型和环境友好型社会建设、依靠创新驱动发展的典范
上海张江（2011 年 1 月 21 日）	1991 年 3 月：上海漕河泾新兴技术开发区成为首批国家级高新区之一；1992—1996 年：形成"一区六园"格局；2006 年 3 月：更名为上海张江高新技术产业开发区	470	崇明园、金山园、奉贤园、临港园、普陀园、陆家嘴园、松江园、闵行园、虹口园、徐汇园、长宁园、核心园、杨浦园、嘉定园、青浦园、闸北园、金桥园、漕河泾园	培育战略性新兴产业的核心载体和实现创新驱动、科学发展的示范区域

名称（批复成立时间）	发展历程	空间规模 / km^2	主要园区（片区）	战略定位
深圳（2014 年 5 月 13 日）	首个以城市为基本单元的国家自主创新示范区，相当于近 35 个深圳高新区，超过了原深圳经济特区面积，再造一个“科技特区”	397	南山片区、福田片区、罗湖片区、宝安片区、龙岗片区、盐田片区、光明片区、坪山片区、龙华片区、大鹏片区，覆盖全市 10 个区、新区的 66 个园区	创新驱动发展示范区、科技体制改革先行区、战略性新兴产业聚集区、开放创新引领区和创新创业生态区
苏南（2014 年 10 月 20 日）	中国首个以城市群为基本单元的国家自主创新示范区；以创新驱动为内核、以一体化发展为特色的“新苏南模式”正式开启	28 000	南京、苏州、无锡、常州、昆山、江阴、武进、镇江 8 个高新技术产业开发区和苏州工业园区	创新驱动发展引领区、深化科技体制改革试验区、区域创新一体化先行区和具有国际竞争力的创新型经济发展高地
天津滨海新区（2014 年 12 月 11 日）	1994 年 3 月：决定用 10 年左右的时间，基本建成滨海新区；2005 年：滨海新区发展写入“十一五”规划并纳入国家发展战略，成为国家重点支持开发开放的国家级新区；2006 年 5 月：成为继上海浦东新区之后的又一国家综合配套改革试验区	24 467	“一区二十一园”	创新主体集聚区、产业发展先导区、转型升级引领区、开放创新示范区
湖南长株潭（2014 年 12 月 4 日）	1991 年：长沙获批建设首批国家级高新区；1992 年：株洲建设国家高新区；2009 年：湘潭高新区被批准升级为国家级高新区	39 339	长沙、株洲、湘潭 3 个国家高新技术产业开发区	创新驱动发展引领区、科技体制改革先行区、军民融合创新示范区、中西部地区发展新的增长极
成都高新区（2015 年 6 月 11 日）	1990 年：成都高新区获准正式成立；1991 年：获批成为全国首批国家级高新区；2015 年：西部第一个国家自主创新示范区	130	高新南区 87 km^2，高新西区 43 km^2	创新驱动发展引领区、高端产业集聚区、开放创新示范区和西部地区发展新的增长极
西安高新区（2015 年 8 月 25 日）	1991 年：批准为首批国家级高新区；2005 年 6 月：“十一五”期间 5 个重点建设成世界一流的科技工业园区之一	307	“两带两城五区八园”	创新驱动发展引领区、大众创新创业生态区、军民融合创新示范区、对外开放合作先行区

续表

名称（批复成立时间）	发展历程	空间规模 / km^2	主要园区（片区）	战略定位
杭州国家高新区（2015 年 9 月 6 日）	1990 年：杭州高新区正式建设；1991 年：成为国务院批准的首批国家级高新区之一	92	杭州高新区、临江高新区	创新驱动转型升级示范区、互联网大众创业示范区、科技体制改革先行区、全球电子商务引领区、信息经济国际竞争先导区
珠三角国家高新区（2015 年 9 月 29 日）	1991 年：广州高新区获批国家级高新区；1992 年：珠海、佛山、惠州成立国家高新区；2010 年：东莞高新区被批准为国家级高新区	870.07	广州、珠海、佛山、惠州仲恺、东莞松山湖、中山火炬、江门、肇庆 8 个国家高新技术产业开发区	开放创新先行区、转型升级引领区、协同创新示范区、创新创业生态区
河南郑洛新高新区（2016 年 4 月 11 日）	1991 年：郑州高新区获批国家级高新区；1992 年：洛阳、新乡获批建设国家级高新区	219	郑州、洛阳、新乡 3 个国家高新技术产业开发区	开放创新先导区、技术转移集聚区、转型升级引领区、创新创业生态区
山东半岛国家高新区（2016 年 4 月 11 日）	1991 年：济南、威海获批建设国家级高新区；1992 年：青岛、淄博、潍坊获批建设国家级高新区；2010 年：烟台获批建设国家级高新区	525.93	济南、青岛、淄博、潍坊、烟台、威海 6 个国家高新技术产业开发区	转型升级引领区、创新创业生态区、体制机制创新试验区、开放创新先导区；打造具有全球影响力的海洋科技创新中心
辽宁沈大国家高新区（2016 年 4 月 11 日）	1988 年：沈阳高新区成立；1991 年：获批国家级高新区；1991 年：大连获批建设国家级高新区	185	沈阳、大连 2 个国家高新技术产业开发区	东北老工业基地高端装备研发制造集聚区、转型升级引领区、创新创业生态区、开放创新先导区；打造东北亚科技创新创业中心
福厦泉国家高新区（2016 年 6 月 20 日）	1991 年：福州高新区被批准为第一批国家级高新区；1990 年：厦门火炬高技术产业开发区建设国家级高新区；2010 年：泉州高新技术产业开发区获批升级为国家级高新区	74	福州、厦门、泉州 3 个国家高新技术产业开发区	科技体制改革和创新政策先行区、海上丝绸之路技术转移核心区、海峡两岸协同创新和产业转型升级示范区；打造连接海峡两岸、具有较强产业竞争力和国际影响力的科技创新中心

续表

名称（批复成立时间）	发展历程	空间规模 / km^2	主要园区（片区）	战略定位
合芜蚌国家高新区（2016 年 6 月 20 日）	1991 年：合肥高新区被批准成为国家级高新区；2010 年：芜湖高新技术产业园区获批升级为国家级高新区；1994 年：蚌埠高新区被批准成为国家级高新区	6246	合肥、芜湖、蚌埠 3 个国家高新技术产业开发区	科技体制改革和创新政策先行区、科技成果转化示范区、产业创新升级引领区、大众创新创业生态区；打造具有重要影响力的产业创新中心
重庆高新区（2016 年 7 月 26 日）	1991 年 3 月：首批 5 个国家综合改革试点开发区之一；2011 年 4 月：西南地区首个"国家高新技术产业标准化示范区"；2015 年：国家科技创新服务体系建设试点园区	74.3	东区石桥铺、二郎片区 20 km^2 西区金凤、含谷、白市驿组团 54.3 km^2	创新驱动引领区、军民融合示范区、科技体制改革试验区、内陆开放先导区；打造具有重要影响力的西部创新中心

资料来源：王双. 国家自主创新示范区演进轨迹与展望.改革，2017（5）.

二、国家自主创新示范区发展特点

国家自主创新示范区经历了 8 年的建设，在探索自主创新的道路上逐渐成长壮大，在空间分布、创新要素集聚、先行先试探索及发挥特殊窗口等方面特色明显（王双，2017）。

◎ 空间分布呈现多种战略维度叠加

当前，中国 17 个国家自主创新示范区都处于"一带一路"、长江经济带和京津冀协同发展的核心区域或直接作为区域的核心，空间叠加特征明显，17 个自创区中 8 个是上述 3 个空间的两个叠加区：武汉东湖、上海张江、湖南长株潭、成都、合芜蚌、重庆都是"一带一路"和长江经济带的叠加区域；北京中关村、天津滨海新区是"一带一路"和京津冀协同发展的叠加区域（表 9-2）。

表 9-2　中国国家自主创新示范区空间叠加特征

自创区名称	所属空间地带	所在城市在区域中的定位	叠加属性
北京中关村	"一带一路"	北京－莫斯科欧亚高速运输走廊开放窗口	√
	京津冀协同发展	一核	
武汉东湖	"一带一路"	内陆开放型经济高地	√
	长江经济带	"一轴"中的核心之一	

续表

自创区名称	所属空间地带	所在城市在区域中的定位	叠加属性
上海张江	"一带一路"	沿海港口、国际枢纽机场功能	√
	长江经济带	"一轴"中的核心之一	
深圳	"一带一路"	沿海港口、开放合作区	
苏南	长江经济带	"三极"中的长江三角洲城市群核心城市	
天津滨海新区	"一带一路"	沿海港口	√
	京津冀协同发展	双城之一	
湖南长株潭	"一带一路"	长沙：内陆开放型经济高地	√
	长江经济带	"三极"中的长江三角洲城市群核心城市	
成都高新区	"一带一路"	内陆开放型经济高地	√
	长江经济带	"三极"中的成渝城市群中心城市	
西安高新区	"一带一路"	内陆型改革开放新高地	
杭州国家高新区	"一带一路"	"三极"中的长江三角洲城市群核心城市	
珠三角国家高新区	"一带一路"	—	
河南郑洛新高新区	"一带一路"	郑州：内陆开放型经济高地	
山东半岛国家高新区	"一带一路"	青岛、烟台：沿海港口	
辽宁沈大国家高新区	"一带一路"	大连：沿海港口	
福厦泉国家高新区	"一带一路"	沿海港口	
合芜蚌国家高新区	"一带一路"	合肥：内陆开放型经济高地	√
	长江经济带		
重庆高新区	"一带一路"	西部开发开放重要支撑	√
	长江经济带	"一轴"中的核心之一	

◎ 创新要素集聚

相对于自创区规模，创新要素的集聚程度和能力意义更加重要。目前，自创区创新要素集聚呈现出以下特点：科技机构密集，创新平台建设加快，研究投入数量和质量稳步提升，创新主体不断涌现并成为创新活跃因素，创新成果加速形成，创新活动活跃度明显提升，创新引领人才和高端人才高度汇聚，使创新要素组合获得的创新能力得到巩固和提升（表 9-3）。总体来看，北京中关村在各个创新要素聚集方面都显示出强大的实力和竞争力。一方面，吸引和汇聚全国乃至全球优质创新资源并不断辐射扩散；另一方面，通过创新要素的自发组合，并与市场力量相互作用，激发创新要素的潜在增殖能量，发挥创新要素聚集对区域创新能力提升的"乘数效应"。

同时，各个自创区还有各自突出的要素凝聚力，如深圳自创区在创新平台培养方面特色突出；苏南自创区创新主体成长较为迅速；天津滨海新区科技型中小企业成为创新主力军；西安高新区创新成果数量引人瞩目；杭州自创区打造具有全球影响力的“互联网+”创新创业产业集群并呈现“井喷式”发展。这些自创区充分发挥自身要素相对优势，较为重视创新要素耦合效率，创造出要素聚合推进创新能量释放的强大增长动因。

表 9-3　中国国家自主创新示范区创新要素聚集态势

自创区名称	创新要素集聚程度	科研机构与平台	研发投入	创新主体	创新活动发生	创新人才集中
北京中关村	研发机构、研发投入、上市公司、科技人才、科技企业聚集度“五个全国第一”	206 所国家及省（市）级科研院所；国家级重点实验室 67 个，占全国的 28.4%；国家工程研究中心 27 个占全国的 21.2%	科技活动经费占全国高新区的 20% 左右，研发投入占全国高新区的 17.5%	2 万多家科技企业	创业投资机构超过 100 家，各类创业孵化服务机构 100 余家	两院院士 523 名，超过全国总数的 1/3，“千人计划”人才占北京市 85%，创业类“千人计划”人才占全国 19%
上海张江	整合全球创新资源、突破国际尖端技术、高端产业雄厚基础	50 多家国家科研院所、34 个国家重点（工程）实验室、31 个国家工程（技术）研究中心、300 多家跨国公司研发机构	“张江专项资金”每年 33 亿元	300 多家世界 500 强企业、3 万余家科技型企业	企业授权发明专利数达到 2.4 万件，有效发明专利占上海 2/3 以上	159 名院士、380 名国家“千人计划”人才、2 万多名归国海外留学人才、20 多万名科技人员
深圳	现代化、国际化创新型城市，“科技特区”	1434 家市级以上重点实验室、工程实验室、工程中心和企业技术中心	全社会研发投入 731 亿元，占 GDP 比重超过 4.05%	8000 家国家级高新技术企业	国际专利申请量居全国首位，占全国 46.9%	人才“孔雀计划”，累计引进广东省创新科研团队 24 个，居广东省第一
苏南	科教资源最丰富、经济社会最发达、现代化程度最高的地区之一	330 多家科研机构、55 个国家重点实验室和工程技术中心	苏南 5 市研发投入占 GDP 比例达 2.7%，接近发达国家和地区水平	5 万多家科技型企业，21 家国家创新型企业，293 家上市科技企业，5808 家高新技术企业	企业发明专利年申请量超过 7 万件	高层次人才 6 万多名、创新创业团队 1500 多个，国家“千人计划”人才累计 442 人

续表

自创区名称	创新要素集聚程度	科研机构与平台	研发投入	创新主体	创新活动发生	创新人才集中
天津滨海新区	全国创新型产业集群的重要高地、科技型中小企业发展最具活力的区域	134 家国家级重点实验室、工程技术研究中心、企业技术中心，108 家跨国企业研发中心	科技投入占主营业务收入比重平均达到 5.4%	6 万家科技型中小企业，3000 家科技“小巨人”企业	科技型中小企业拥有有效专利 2.9 万余件，占天津的 60%	国家“千人计划”人才 113 人，国家“973 计划”项目首席科学家 37 名
湖南长株潭	中国重要的创新创业中心之一	1000 余家省级及以上科研机构	到 2020 年，全社会研发投入占 GDP 比重将达到 4%	72 家科研院所已有 39 家转制为企业	专利申请量和授权量分别占全省 58.92% 和 60.99%	两院院士 54 名，国家“千人计划”专家 73 名，留学归国人员和海外专家 1000 多名
成都高新区	“世界一流高科技园区”6 家试点园区之一	8 家国家级孵化器、63 家科技企业孵化器	—	高新技术企业 680 家，科技型企业 6730 家，世界 500 强企业 99 家	到 2020 年，发明专利授权累计将超过 11 000 件	国家“千人计划”人才 85 人、四川“千人计划”人才 219 人
西安高新区	“一带一路”创新之都	14 家国家级科技企业孵化器，200 余个各类重点实验室、工程与技术中心，120 个国内外知名企业研发中心	—	1080 家高新技术企业，占陕西省 60%	2015 年专利申请量超过 3.2 万件，约占陕西省的 65%	1.7 万名行业专家
杭州国家高新区	具有全球影响力的创新创业中心	市级以上科技企业孵化器 18 个、众创空间 20 家	全区研究与试验经费（R&D）投入 122 亿元，占自创区 GDP 的 13.9%，占浙江省 R&D 投入的 10%	阿里巴巴、华三通信、海康威视、浙江中控、聚光科技等行业领军企业形成“互联网+”产业集群	专利申请量达到 14 245 件，总量及增幅保持杭州市第一，发明专利申请量列浙江省第一	国家“千人计划”人才 67 人、省级“千人计划”人才 123 人、留学创业人员 4900 余名
辽宁沈大国家高新区	东北亚地区科技创新创业中心	—	到 2020 年，研发经费支出占地区生产总值比重将达到 3%	—	—	—

续表

自创区名称	创新要素集聚程度	科研机构与平台	研发投入	创新主体	创新活动发生	创新人才集中
合芜蚌国家高新区	全国三大自主创新试验示范区之一	新增15家重点（工程）实验室、工程（技术）研究中心、企业技术中心等国家级研发平台	创业投资基金总规模40.2亿元	774家省级以上高新技术企业和创新型（试点）企业，占安徽省的58.1%	专利授权量8820件	累计引进高端人才1万多名，国家“千人计划”人才28人
重庆高新区	西部创新中心窗口	—	全社会研发投入占地区生产总值比重达4.4%	—	万人发明专利拥有量21.9件	—

注：武汉东湖、珠三角国家高新区、河南郑洛新高新区、山东半岛国家高新区、福厦泉国家高新区未列出。

◎ 先行先试领域多元化

最初的自创区政策示范主要集中在股权激励及科技金融改革创新方面，在科技项目费用提取和新型产业组织培育方面也被寄予厚望。随后自创区探索领域逐渐走向多元化，科技资源配置、创新主体激励、科技金融支撑体系及科技创新平台架构等现实诉求逐步进入视野，并且嵌入产业结构转型升级中，以杭州自创区为例，以互联网创新创业、跨境电子商务跨越式发展为契机和依托，进一步巩固国内行业领航者地位，通过互联网与先进制造业的泛在化融合发展，成功延伸了创新产业链条，打通了产业协同创新的内部阻隔，为探索信息化和工业化协同发展模式和更为有效的实现途径做出了有益尝试。

◎ 特殊窗口示范作用彰显

自创区不仅是区域创新活动的策源地和试验田，更是中国对外开放、与世界交流和接轨的重要门户。自创区在利用自身区位及政策优势汇聚全球创新资源、学习提升创新能力的同时，也通过各种创新要素强化与全球创新活跃区域及创新原发地的相互渗透和融合，成功对接世界先进科技发展前沿和创新活动的最前端，以创新要素的流动配置连接全球开放通道，推动中国开发开放全球大格局的加速形成。

北京中关村和天津滨海新区是京津冀协同的“创新两翼”，深圳自创区探索深港经济科技合作新机制，珠三角自创区主要面向国际级粤港澳合作，辽宁沈大国家高新区是东北亚合作创新基地，福厦泉自创区推动海峡两岸协同创新。这些自创区不仅肩负着加快建设区域创新中心的使命，更是承担着中国对外创新开放战略的特殊重要任务，在探索开放合作交流新机制体制方面具有重要的功能和意义。

第二节 国家高新技术产业开发区发展

作为实施创新驱动发展战略的前沿和主阵地，国家高新区在发展高新技术产业、构建激励创新的体制机制、引导创新要素聚集流动、拓展发展动力新空间、夯实实体经济根基方面取得了诸多成绩，已成为中国推动“双创”和高新技术产业发展最主要的战略力量。

一、国家高新区经济发展

2016 年，146 家国家高新区共实现营业收入 276 559.4 亿元、工业总产值 196 838.7 亿元、净利润 18 535.1 亿元、上缴税额 15 609.3 亿元、出口总额 29 146.1 亿元，园区生产总值（GDP）达到 87 677.3 亿元，固定资产投资 38 294.1 亿元。有 4 个高新区营业收入超过万亿元，65 个高新区营业收入超过千亿元，中关村科技园达到 4 万亿元。2016 年，146 家高新区企业的营业收入、工业总产值、净利润、上缴税额和出口总额的增速分别为 9.0%、5.8%、15.2%、9.6%、-1.2%。

146 家高新区园区生产总值占全国国内生产总值（744 127 亿元）比重达 11.8%，其中 42 家高新区的园区生产总值占所在城市 GDP 比重超过 20%；实缴税费占全国税收收入（130 354 亿元）的 12.0%；出口总额占全国外贸出口（货物及服务出口 156 648 亿元）的比重为 18.6%，较 2015 年提高 0.1 个百分点；固定资产投资占全国全社会固定资产投资的 6.3%。国家高新区的规模经济总量已经成为国民经济增长和地方区域经济发展的强有力支撑。

二、国家高新区创新成效

持续加强创新环境营造。2016 年，146 家国家高新区中有 71 家被国家知识产权局认定为试点（或示范）园区，占全部园区的 48.6%，共有 13 家高新区成为国家知识产权服务业集聚发展试验区。截至 2016 年年底，国家高新区内研究机构中，各类大学 790 所、研究院所 2600 家、博士后科研工作站 1554 个（其中国家级 928 个）；累计建设国家重点实验室 342 个、新型产业技术研发机构719所、国家工程实验室139个、国家工程研究中心111个、国家工程技术研究中心236个。国家高新区内各类产业促进机构中，科技企业孵化器1677家（其中国家级450家），众创空间1598家（其中科技部备案541家），科技企业加速器452家，生产力促进中心349个（其中国家级87个），技术转移机构976个（其中国家级281个），各类产业技术创新战略联盟1144个（其中国家级145个），具有国家相关资质产品检验检测机构614个。

吸引创新资源集聚。截至2016年年底，全国146家国家级高新区内共有人才服务机构1726个，园区企业年末从业人员1805.9万人，较上年增加86.9万人；从业人员中参加社保人数为1544.9万人，占全部从业人员的85.5%；高新区当年吸纳高校应届毕业生53.9万人，较上年增加3.2万人，对于促进就业、维护社会稳定起到了积极的推动作用。

2016年，146家国家级高新区内共拥有国家“千人计划”人才4061人，其中园区推选并入选国家“千人计划”人数为1726人；企业从事科技活动人员338.6万人，占全部从业人员总数的18.7%，较上年同比增长5.1%；R&D人员为205.6万人，折合全时当量计算为128.3万人年，分别较上年增长17.2%和13.5%；146家国家高新区每万名从业人员中R&D人员全时当量为1138.6人年。国家高新区从业人员中高学历、具有创新能力的人才增速均高于从业人员的平均增速（图9-1）。

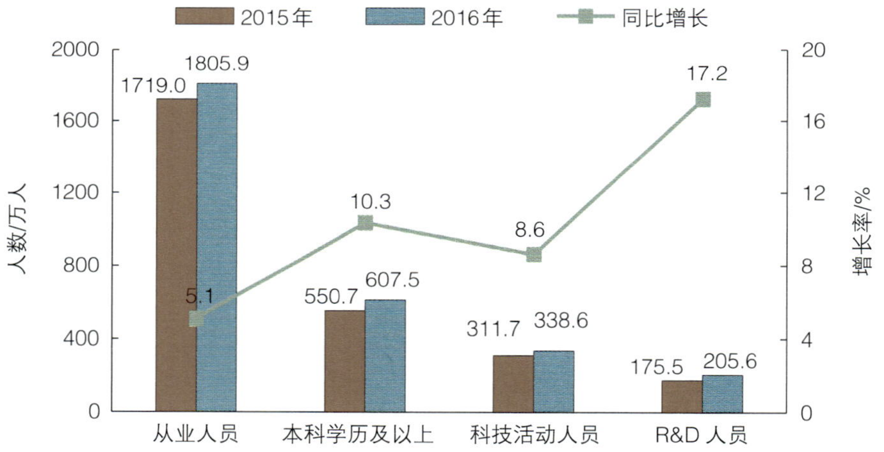

图9-1　2015—2016年国家级高新区从业人员、本科学历及以上人员、科技活动人员、R&D人员情况

2016年，146家国家高新区财政科技拨款总额达659.3亿元，占高新区财政支出比例达到13.8%。图9-2显示了2015年、2016年国家高新区企业科技活动经费内部支出、R&D经费内部支出情况。企业R&D经费内部支出占全国企业R&D经费支出的44.3%，R&D投入强度（R&D/GDP）为6.13%。

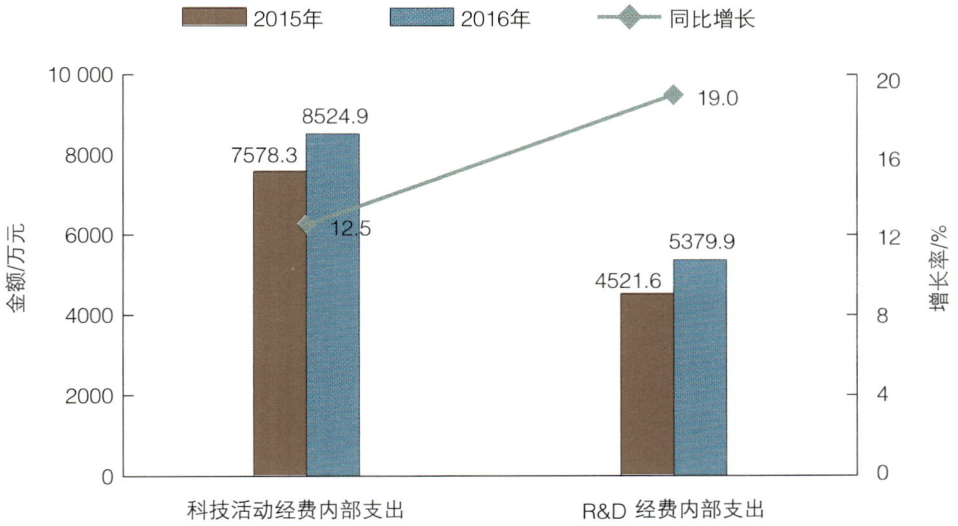

图 9-2　2015—2016 年国家高新区企业科技活动经费内部支出、R&D 经费内部支出情况

截至 2016 年年底，国家高新区集聚了 4.1 万家高新技术企业，占全国有效高企数量的 38.4%，共有 3.9 万家高企上报统计数据，占园区入统企业数量的 42.6%。区内高新技术企业创造的营业收入、工业总产值、净利润、上缴税额和出口总额分别为 117 517.9 亿元、88 862.7 亿元、9633.5 亿元、6093.0 亿元和 13 613.5 亿元，占高新区总体各项经济指标的比重除上缴税费外均超过 42%。国家高新区已经成为新兴产业和新兴业态诞生、孕育和成长的核心载体。

国家高新区上市企业实力强大，经济效益明显。据统计，截至 2016 年年底，146 家国家级高新区中有上市企业 1402 家，其中沪深两市主板上市企业 491 家，占全国主板上市企业总数的 28.2%；中小板上市企业 312 家，占全国中小板上市企业总数的 38.0%；创业板上市企业 317 家，占全国创业板上市企业总数的 55.6%；新三板挂牌企业 3748 家，占全国新三板挂牌企业总数的 36.9%；另有 1283 家企业通过区域性股权交易市场（地方四板）挂牌；各板块上市（挂牌）企业

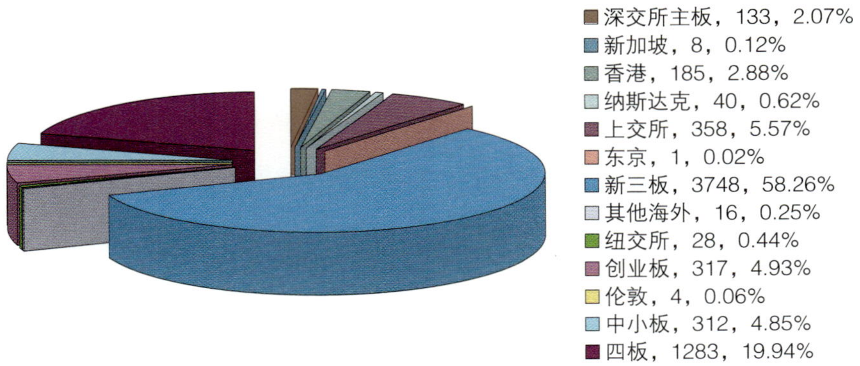

图 9-3　国家高新区各板块上市企业

如图 9-3 所示。146 家国家级高新区上市及新三板挂牌企业数量约占高新区入统企业总数的 5.7%，但各主要经济指标占高新区企业总量的比例均超过 18%。

创新成果产出硕果累累。截至 2016 年年底，高新区企业当年参与的科技项目数量达到 26.3 万项。图 9-4 分别显示了 2015 年、2016 年国家高新区企业当年申请和授权专利数量、申请和授权发明专利数量及当年拥有有效专利数量、拥有发明专利数量。2016 年，企业当年发明专利申请受理数占全国发明专利申请受理量（133.9 万件）的 16.9%，与 2015 年数据基本持平；当年发明专利授权量占全国发明专利授权总量（40.4 万件）的 22.3%，较 2015 年上升 2.5 个百分点。高新区每万名从业人员拥有的发明专利数量为 219.4 件，是全国就业人员人均水平（22.8 件 / 万人）的 9.6 倍。

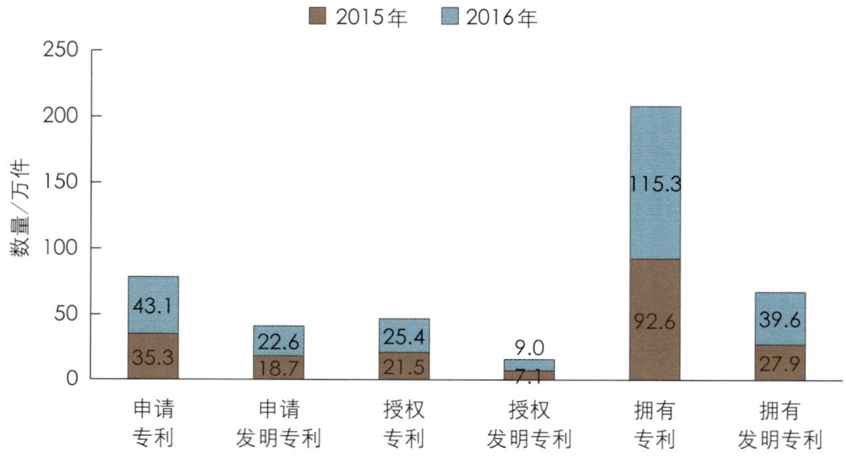

图 9-4　2015—2016 年国家高新区企业申请、授权及拥有专利情况

科技成果转化积极推进。2016 年，国家高新区企业研发的新产品产值达到 65 055.6 亿元，新产品实现的销售收入 64 640.0 亿元，与上年同期相比分别增长 10.4% 和 9.7%，新产品销售收入占产品销售收入的 31.5%；国家高新区企业技术合同交易成交总额为 3051.7 亿元，占全国技术合同成交额（11 407 亿元）的 26.4%。2016 年，国家高新区企业当年新增注册商标数为 47 686 件，当年获得软件著作权 75 110 件，当年获得集成电路布图 1286 件，当年获得植物新品种 372 件；高新区每万人拥有注册商标达到 195.6 件，每万人拥有软件著作权、集成电路布图、植物新品种分别为 190.2 件、4.0 件和 1.0 件。

第三节
促进高新技术成果转化

一、国家火炬特色产业基地

截至 2016 年年底，特色产业基地已发展到 414 家，分布在 32 个省（自治区、直辖市、计划单列市）。大多数基地已形成或正在形成当地的优势产业，对地方经济社会发展发挥着越来越重要的作用。就区域分布情况来看，东部地区是全国特色产业基地发展最早和最快的地区，414 家特色产业基地中，以江苏、山东、浙江、广东居多，东部地区特色产业基地之和占基地总量的 72.5%，发展优势明显；其他地区在政策的扶持下，也逐渐发展起来，中部地区基地数量为 54 家，占基地总数的 13.0%；西部和东北地区基地数量分别为 27 家和 33 家，分别占基地总数的 6.5% 和 8.0%。2016 年，云南省首次参加特色产业基地核定，共有 5 家基地被核定为国家火炬特色产业基地。

特色产业基地有效地带动了区域经济的发展。2016 年，共有 413 家上报统计数据的特色产业基地实现总收入 100 003.2 亿元，比上年增长 9.6%，其中 260 家基地总收入超过 100 亿元，比上年增加 12 个；实现工业总产值 102 333.4 亿元，比上年增长 10.2%；实现净利润 6439.4 亿元，比上年增长 5.3%；上缴税额 5514.6 亿元，比上年增长 12.8%；出口总额 11 414.6 亿元，比上年增长 1.3%。

特色产业基地吸引和集聚了相关企业到基地发展。截至 2016 年年底，特色产业基地内共集聚 15.1 万家企业，比上年增加了 19.1%，其中经过认定的高新技术企业 1.1 万家，比上年增加了 14.0%；国内上市企业 975 家，比上年增加了 27.1%；境外上市企业 170 家。

特色产业基地不断集聚创新要素。基地内共有从业人员 1116.1 万人，其中大专学历以上人员 351.7 万人，比上年增加了 8.5%，在这部分人员中，有博士 2.5 万人，硕士 14.8 万人，分别比上年增加 9.6% 和 15.0%；共有国家工程技术中心 256 家，国家工程研究中心 151 家，省级企业技术中心 3847 家，市级企业技术中心 7744 家，企业博士后工作站 1028 家，国家级生产力促进中心 133 家，孵化器 398 家，国家技术转移示范机构 130 家，均比上年有所增加。这些创新资源要素必将有效地促进基地的科技创新和科技成果转化工作，也进一步说明特色产业基地是推动创新创业的重要载体。

特色产业基地科技创新能力不断提升。2016 年，基地内企业研发总投入为 543.7 亿元，比上年增加 8.9%；申请国内专利 31.3 万件，其中申请发明专利 9.0 万件，实用新型专利 13.2 万件；企业获得专利授权 16.7 万件，其中发明专利 2.7 万件；申请国外专利 2406 件；软件著作权登记数为 9590 件。

二、国家火炬计划软件产业基地

截至 2016 年年底，共认定国家火炬计划软件产业基地 44 家。基地内企业总数 48 098 家，其中软件企业 37 888 家，经认定的软件企业 17 657 家，基地软件骨干企业 154 家，上市企业 769 家。基地从业人数 354.2 万人，其中大专以上人数 318.3 万人，软件从业人数 394.5 万人，其中软件研发人员 184.9 万人。

2016 年软件基地内企业营业收入达 3.3 万亿元，其中软件收入 2.4 万亿元。软件收入中自主版权软件收入达 9426.1 亿元，信息技术外包收入 1478.5 亿元，业务流程外包收入 849.5 亿元。基地内企业实现净利润 3074.2 亿元，上缴税费总额 1784.2 亿元，出口总额 2475.2 亿元，其中软件出口总额 1472.5 亿元。

2016 年基地研发支出达 1801.4 亿元，其中软件研发经费支出 1318.2 亿元。年培训费用 82.3 亿元。新增软件著作权登记 52 309 件，新增发明专利 18 344 件，新增软件产品登记 9766 件。

2016 年基地内累计通过 CMM/CMMI 5 级评估的企业有 238 家，累计通过 CMM/CMMI 2 ~ 4 级评估的企业有 2110 家。

三、科技企业孵化器

2016 年，国务院先后发布《关于加快众创空间发展服务实体经济转型升级的指导意见》（国办发〔2016〕7 号）、《关于建设大众创业万众创新示范基地的实施意见》（国办发〔2016〕35 号）、《“十三五”国家科技创新规划》（国发〔2016〕43 号），都对孵化器工作提出具体要求。

当前，“双创”工作进入提质加速期，科技企业孵化器以其完备的孵化服务体系和棋布全国省市区县的庞大规模，已成为“新常态”下发展新经济、培育新动能的重要载体和抓手。截至 2016 年年底，全国科技企业孵化器总数已达 3255 家。目前，中国孵化器在数量上已成为世界第一，在服务上覆盖了科技创业企业全要素需求，在政策上得到各级政府的大力支持，在发展上得到了社会各界广泛认知和创业者普遍认可，在创新驱动发展战略中的地位和作用也日益凸显。

2016 年，财政部、国家税务总局下发《关于科技企业孵化器税收优惠政策的通知》(财税〔2016〕89 号），对符合条件的科技企业孵化器和众创空间享受免征房产税、城镇土地使用税、增值税、所得税的优惠政策，2016 年，全国孵化器共实现四税减免 2.3 亿元。科技部火炬中心积极落实国家级科技企业孵化器的税收优惠政策，对 2015 年度 608 家国家级科技企业孵化器场地面积等基本条件进行复核，有 331 家国家级科技企业孵化器通过 2014 年度享受税收优惠政策审核。各地出台一系列政策支持孵化器发展，如“广东科技创新政策 12 条”中在孵化器建设用地政策、财政资金补助制度、风险补偿制度等方面进行大胆尝试，带动广东省实现孵化器数量倍增（2016 年达到 576 家，跃居全国第一）和全省全覆盖。江苏省人大批准实施《南京市紫金科技人才创业特别社区条例》，在全国率先将孵化器建设运行经验上升为地方性法规，同时江苏省还颁布实施了国内首个孵化器地方服务标准。

截至 2016 年年底，全国科技企业孵化器总数已达 3255 家，较上年增长 28.5%。孵化器共有孵化场地面积 1.07 亿平方米，比上年增长 23.7%。服务和管理人员队伍 5.4 万人。当年在孵企业数 13.3 万家。3255 家孵化器中企业性质孵化器 2591 家，占比 79.6%，其中民营企业性质孵化器 1574 家，越来越多的社会力量参与到孵化器建设当中。

2016 年，孵化器服务收入达 116.8 亿元，占总收入比重达到 37.9%，首次超过房租物业收入（31.6%），投资收入比重也达到 9.3%。2016 年，全国孵化器共聘请创业导师 3.2 万人，导师对接和服务在孵企业 8.1 万家，占在孵企业总数的 61%。全年开展了 38 期孵化器从业人员初中高级培训，参训人数达到 4743 人，累计参训人数已占到从业人员总数的 28%。孵化器还与 2.3 万家各类中介服务机构签约共同服务创业者，当年对在孵企业开展创业教育活动 6.7 万场，参训达 232.5 万人次。优秀孵化器的卓著业绩得到国内外的普遍认可。西安高新区创业园发展中心、上海浦东软件园孵化器获得亚洲企业孵化器协会“最佳孵化器奖”。上海杨浦创业中心获得上海质量金奖和中国质量奖，广东国际企业孵化器获得广东省科学技术进步奖一等奖。

2016 年，孵化器在孵企业研发支出 414.8 亿元，研发经费投入强度（研发经费 / 营业收入）超过 8.7%，共申请专利 13.9 万件，累计拥有有效知识产权 22.3 万项，9032 家在孵企业获得国家高新技术企业资格。截至 2016 年年底，孵化器全部在孵的科技型中小企业达到 13.3 万家，其中当年新增在孵企业 4.8 万家，累计从孵化器毕业的科技企业已达到 8.9 万家，毕业后上市和挂牌企业达到 1871 家，涌现出了软通动力、启明星辰、科大讯飞、分众传媒、美图秀秀、迅雷网络、贝达药业、天合光能、途牛旅游网、以岭药业等知名科技上市企业，其中创业板 100 家，占创业板上市企业的 1/6，新三板 1117 家，占新三板挂牌企业的 1/10。2016 年，全国孵化器吸引 5864

名高校科研院所创业者、1.4 万名大企业离职创业者、3.7 万名连续创业者在其中创新创业，共服务近 1 万家留学人员企业和 2.3 万家大学生企业，吸纳 163 万名科技人员及 2.1 万名留学归国人员和 3.7 万名博士在其中就业，引入 1790 名“千人计划”人才。

2016 年，国家级孵化器总数达 863 家，占全国孵化器数量的 26.5%，其中参与统计的国家级孵化器达 859 家。859 家国家级孵化器内有在孵企业 7.3 万家，占全部孵化器在孵企业的 54.9%；当年毕业企业 7942 家，占全部毕业企业的 52.9%。

随着中国国际地位的不断提升，越来越多的孵化器参与到国际孵化器组织的工作，率先融入全球创新创业网络。目前已有一批孵化器走出国门，在美国、加拿大、欧洲、澳大利亚、以色列、韩国等国创建海外孵化基地，也有来自美国硅谷及欧洲、以色列、韩国等国的知名孵化机构来华独资或与国内主体合作创办孵化器，通过深度合作、积极对接全球创新链，为双边孵化、项目合作、技术转移、人才交流等方面提供有力支撑。

2017
中国科学技术发展报告
2017 CHINA SCIENCE AND TECHNOLOGY DEVELOPMENT REPORT

第十章

区域科技发展与地方科技工作

党的十八大以来，区域科技工作深入贯彻党中央、国务院关于区域全局工作的战略部署，落实创新发展理念，把创新摆在区域科技工作的核心位置，以提升地方科技创新能力为主线，突出科技优势区域的领头带动作用，协同区域科技资源布局，帮穷扶弱，培育落后地区的科技能力，取得积极成效。

第一节
北京、上海科技创新中心建设

北京、上海科技创新中心，是党中央、国务院审时度势做出的一项重大决策部署，对增添中国经济发展新动力、增强国际竞争综合实力和实现世界科技强国建设“三步走”战略目标具有重大的历史意义和现实意义。习近平总书记、李克强总理等中央领导多次做出重要指示，2016 年国务院印发了《上海系统推进全面创新改革试验加快建设具有全球影响力的科技创新中心方案》（国发〔2016〕23 号）、《北京加强全国科技创新中心建设总体方案》（国发〔2016〕52 号），成立了由国务院领导任组长的建设领导小组，形成了科技创新中心建设的顶层设计和组织保障。

一、积极推进北京、上海科技创新中心建设

科技创新中心建设，不仅仅是北京、上海两市的任务，更是一项国家战略，是推动全国落实创新驱动发展战略的重大抓手，是推动中国科技事业迈上新台阶的重要举措，需要着眼于建设世界科技强国和创新型国家、支撑“两个一百年”目标的实现，从国家层面加大统筹支持力度。为此，科技部、发展改革委会同有关部门，倾力支持北京、上海科技创新中心建设，打造形成中国科学研究、产业创新发展、创新主体集聚、开放合作创新、体制机制改革的“五个高地”，树立中国科技创新发展的一面旗帜。

一是支持布局一批重大创新平台、实施一批重大科技项目。在重大创新平台布局方面，重点支持北京建设三大科学城和怀柔综合性国家科学中心，支持上海建设张江国家综合性科学中心和科技创新集聚区，政策、项目、人才等方面给予倾斜；同时，进一步整合优势力量，支持建设一批重大科研创新基地。在重大科研项目部署方面，发挥北京、上海在脑科学、纳米科学、生物医学、信息科学等领域的科研优势，国家重大科研项目给予重点支持，支持以我为主发起国际大科学计划和大科学工程，力争取得一批具有全球影响力的重大原创成果。

二是再探索一批新的突破性政策。发挥中关村、张江国家自主创新示范区改革"试验田"作用，力争在解决束缚科研人员积极性上再形成新一批政策突破。与此同时，推动北京、上海在研发费用加计扣除、高新技术企业认定、固定资产加速折旧，以及高新技术企业和科技型中小企业对科研人员科技成果转化股权激励的个人所得税递延纳税等创新政策落实方面，继续做先行者和排头兵。

三是促进人才培养引进和有序流动。支持北京、上海实施更具吸引力的海外人才集聚政策，开展外籍人才出入境管理改革试点，对符合条件的外籍人才简化永久居留、签证等办理流程，加大力度落实好高层次外籍人才申请"绿卡"等制度，建设海外人才离岸创新创业基地；探索开展事业单位担任行政领导职务的科技人员参与技术入股及分红激励试点，并根据领导干部职务明确审批程序等。

四是推进体制机制改革。在创新创业方面，建立便捷高效的商事服务机制，推动集群注册登记、"先照后证"等改革，降低企业创业门槛；深入推进国家科技服务业区域试点、服务业扩大开放试点，探索科技服务业促进创新创业的新模式和新机制；统筹建设全国知识产权运营公共服务平台，建设国家知识产权服务业集聚发展示范区等。在金融创新方面，结合国有企业改革建立国有资本创业投资基金制度，完善国有创投机构激励约束机制；对包括天使投资在内的投向种子期、初创期等创新活动的投资，研究探索相关税收支持政策；支持新三板、区域性股权市场发展，大力推动优先股、资产证券化、私募债交易等产品创新；鼓励符合条件的银行业金融机构与创业投资、股权投资机构实现投贷联动，支持科技创新创业等。在技术创新市场机制方面，深入开展药品、医疗器械等创新产品审评审批制度改革试点；探索建立符合国际规则的政府采购技术标准体系，完善新技术、新产品首购首用风险补偿机制；健全国有企业技术创新经营业绩考核制度，加大技术创新在国有企业经营业绩考核中的比重等。

二、北京、上海科技创新中心建设进展

经国务院常务会议讨论，2016 年 3 月国务院印发了《上海系统推进全面创新改革试验加快建设具有全球影响力的科技创新中心方案》（国发〔2016〕23 号）；2016 年 9 月国务院印发了《北京加强全国科技创新中心建设总体方案》（国发〔2016〕52 号）。

北京方案主要明确了 5 个方面的任务：一是强化原始创新，打造世界知名科学中心。统筹推进中关村科学城、怀柔科学城、未来科技城建设，超前部署基础前沿研究，加强基础研究人才队伍培养，建设世界一流高等学校和科研院所。二是加快技术创新，构建“高精尖”经济结构。实施技术创新跨越工程，夯实重点产业技术创新能力，发展“高精尖”经济，促进创新成果全民共享。三是推进协同创新，培育世界级创新型城市群。优化首都科技创新布局，构建京津冀协同创新共同体，引领服务全国创新发展。四是坚持开放创新，构筑开放创新高地。集聚全球高端创新资源，提升开放创新水平，使北京成为全球科技创新的引领者和创新网络的重要节点。五是推进全面创新改革，优化创新创业环境。推进人才发展体制机制改革，完善创新创业服务体系，加快国际科技金融中心建设，健全技术创新市场导向机制，推动政府创新治理现代化，加快央地协同改革创新。此外，北京方案还从组织领导、资金保障、监督评估 3 个方面提出了有关保障措施。

上海方案主要明确了 4 个方面的任务：一是建设上海张江综合性国家科学中心，提升中国基础研究水平，强化源头创新能力，攻克一批关键核心技术，增强国际科技竞争话语权。二是建设关键共性技术研发和转化平台，在信息技术、生命科学、高端装备等领域先行布局一批开放式创新平台，攻克关键共性技术，支撑战略性新兴产业实现跨越式发展。三是实施引领产业发展的重大战略项目和基础工程，充分发挥企业主体作用和科研院所、高校与企业结合的作用，解决国家战略性新兴产业发展中的瓶颈问题。四是推进张江国家自主创新示范区建设，开展全面创新改革试验，打造若干创新要素集聚、创新特色鲜明、创新功能突出、适宜创新创业、具有较强辐射带动力的创新集聚区，加快形成大众创业、万众创新的局面。

北京市编制形成了《北京加强全国科技创新中心建设重点任务实施方案（2017—2020 年）》，提出了六大方面，215 项工作任务和重点项目，提出了目标考核体系。建立了“1+7”的组织架构，“1”是指秘书处，设在市科委，承担办公室日常工作。“7”是指 7 个专项工作部门，包括重大科技计划、中关村先行先试与全面创新改革、科技人才、中关村科学城、怀柔科学城、未来科技城、创新型产业集群与亦庄示范区各专项办，作为落实任务的执行主体和责任主体。明确了以“三大科学城”建设为主平台，以高校、科研院所、创新型企业为主力军，以重大项目和工程为抓手，以深化改革为动力，实行细化、量化、具体化和项目化管理的工作思路，建立和完善了沟通协调、战略咨询、

评价监测、公众参与、组织保障等工作机制。

上海市成立了由市委主要领导担任组长的上海市推进科技创新中心建设领导小组，制定了《2016 年上海市推进科技创新中心建设重点工作安排》，提出 11 个重点专项、70 项重点工作。目前，取得初步成效，吸引人、聚集人的政策取得突破并落地实施，提出海外人才引进、户籍政策优化等 30 条政策措施，试点公安部 12 项 +10 项海外人才出入境政策，申请永久居留的外籍高层次人才比新政策实施前增加约 8 倍；促进科技成果转化，制定《上海市促进科技成果转移转化条例》，研究制定《上海市促进科技成果转移转化行动计划》，推动 11 所高校、科研院所建立科技成果转化管理新制度和新流程，成果转化的成功案例不断涌现，2016 年上海市经认定登记的技术合同成交额 822.86 亿元，同比增长 16.2%。落实研发费用加计扣除、高新技术企业认定、技术先进型服务企业认定等 3 项政策，2016 年合计为企业减免税额 269.7 亿元，同比增长 37.2%。健全企业主体创新投入制度，发挥金融财税政策对科技创新投入的放大作用，8 家银行获批在上海开展投贷联动试点，上海股权托管交易中心科技创新板正式开板，挂牌企业达到 102 家。鼓励国有企业加大创新投入，完善以创新为导向的国有企业考核、激励、评价体系，2015 年共安排 28.5 亿元国资收益支持重大战略和创新项目，国有企业 118.7 亿元创新研发投入费用视同考核利润。推进大众创业、万众创新，全市涌现出 500 余家众创空间孵化机构，其中九成以上由社会力量兴办，82 家纳入国家级孵化器体系。2016“创业在上海”国际创新创业大赛参赛队伍达到 6921 家，占全国 1/4。形成科技开放和国际合作新局面，发挥自贸试验区制度创新优势，营造更加适应创新要素跨境流动的便利环境。全市外资研发中心累计达到 411 家，全国最多。完成一批移动互联网、生物医药、集成电路等领域境外并购项目，临港集团在美国旧金山设立海外科技发展中心，张江高新区在美国设立上海张江 – 波士顿企业园。

第二节
创新型省份和创新型城市建设

为推动地方实施创新驱动发展战略，支撑创新型国家建设，聚焦在创新要素集聚能力、综合实力和产业竞争力、创新创业环境、创新支撑社会民生发展、创新政策体系和治理架构等重点方面，创新型省份和创新型城市建设取得积极进展。

一、创新型省份建设

创新型省份是对建设创新型国家发挥显著支撑作用的省份。科技创新成为区域的重要战略资源，成为产业转型和综合实力的主要支撑，成为促进经济发展和民生改善的重要手段，成为政策制定与制度安排的核心要素，成为参与全球竞争合作的关键内容。能够吸引培养国际一流的科学家和高端创新人才，培育集聚具有国际影响力的高科技创新型企业和具有持续竞争力的科技型中小微企业，形成支持大众创业、万众创新的政策环境，形成尊重知识、尊重人才、尊重创新的社会氛围。

2013 年以来，支持江苏、安徽、浙江、陕西、湖北、广东、福建 7 个省开展了创新型省份建设。创新型省份建设取得积极进展。区域创新能力调查数据显示，江苏 2015 年、2016 年连续两年排在全国第一位；浙江仅次于北京、上海、广州三地排在第 5 位；安徽始终排在中部 6 省第一位；陕西近 3 年保持快速上升势头，在西部 12 省市中仅次于重庆，排在第二位。

2016 年，7 省 R&D 经费占全国 45.13%，较 2013 年增长 2.79 个百分点。7 省 R&D 人员总数占全国 48.6%，较 2013 年增长 0.35 个百分点。发明专利拥有量占全国 43.4%，较 2013 年增长 1.91 个百分点。

产业创新为转方式调结构发挥重要作用。7 省高新技术企业达到 36 282 家，占全国 45.7%，较 2013 增长 0.4 个百分点；高技术产业增加值占全国 57.5%，较 2013 年增长 1.03 个百分点。7 省国家科技型孵化器 339 家，占全国 45.8%，比 2013 年增长 47.2%；在孵企业 2.89 万家，占全国 46.2%，比 2013 增长 31.3%；技术市场成交合同金额 3268 亿元，较 2013 年增长 34.7%。

国家自主创新示范区实现创新型省份全覆盖，2016 年 7 省国家高新区由 2013 年的 44 个增加到 66 个，占全国 42.3%。2017 年 3 月，新支持山东、四川开展创新型省份建设。

二、创新型城市建设

创新型城市是国家创新体系的主要支撑节点和骨干力量，是创新型省份的核心支点。创新型城市是以科技创新为经济社会发展的核心驱动力，拥有丰富的创新资源、充满活力的创新主体、高效的创新服务和政府治理、良好的创新创业环境，对建设创新型省份和国家发挥显著支撑引领作用的城市。建设创新型城市是加快实施创新驱动发展战略，完善国家创新体系和构建创新型国家核心支点的必然要求；是培育新动能、发展新经济，引领经济发展新常态的内在需要；是贯彻落实国家区域发展战略，推动区域协调发展的重要支撑；是破解城市经济社会发展系列问题，完善城市创新发展内涵和理念的重要举措。

2010 年以来，科技部会同发展改革委支持合肥、深圳等 61 个城市开展了创新型城市试点建设，覆盖了除西藏、拉萨以外的所有 30 个省会城市。61 个城市高新技术企业 58 146 家，占全国 76.7%；高技术产业主营业务收入 9.12 万亿元，占全国 65.1%。创新创业活力显著增强。61 个城市发明专利拥有量 733 237 件，占全国 79.5%。创新载体取得重大突破。61 个城市国家高新区达到 64 个，占全国 43.5%；营业总收入共 13.5 万亿元，占全国 53.2%。

第三节 地方科技工作

十八大以来，党中央、国务院从国家战略高度进一步谋划和推进京津冀、东北、福建等地区发展，高度重视科技创新在区域发展中的关键核心作用，强调要依靠创新驱动发展，统筹部署产业、经济、科技、社会事业各方面工作。

一、部省会商

按照“今后会商工作要更加注重国家战略的引导，区域创新的需求，深化科技体制改革的试点，促进经济社会发展的举措”的重要指示，紧密结合贯彻落实创新驱动发展战略和国家区域发展战略，围绕地方重大部署和需求，有效集聚中央和地方科技资源，对提升区域科技创新能力、深化科技体制改革、支撑引领区域经济社会发展等发挥了重要作用。

首先，有序推进与相关省市会商合作。围绕落实创新驱动发展战略，结合地方党委、政府关注的重大问题，充分发挥部省会商平台作用，集聚部省资源，共同推动地方加快落实创新驱动发展。十八大以来进一步与全国 29 个省、直辖市、自治区开展了 44 次会商。

其次，创新会商工作机制，围绕国家食品安全创新工程等举行了若干专题会商。

最后，不断完善部省会商工作服务平台，加强任务跟踪督办。进一步强化部省会商服务平台对跟踪督办会商任务落实情况的重要作用，建立会商会议前对上一次会商任务落实情况进行跟踪总结并向部长办公会报告的工作机制，强化平台跟踪督办作用，确保会商任务有效落实；按照统一部署，对平台进行升级改造，纳入部政务办公平台并实现用户单点登录，进一步方便部内各单位及人员使用和管理。

二、系统推进全面创新改革试验

系统性、整体性、协同性推进全面创新改革试验，是破解创新驱动发展瓶颈制约的关键之举。科技部与发展改革委会同有关方面，充分发挥区域在改革创新方面的示范带动作用，探索发挥市场和政府作用的有效机制、促进科技与经济深度融合的有效途径、激发创新者动力和活力的有效举措、深化开放创新的有效模式。2016 年，国务院批复同意了京津冀、上海、广东（珠三角）、安徽（合芜蚌）、四川（成德绵）、湖北武汉、陕西西安、辽宁沈阳 8 个区域改革试验方案，在市场公平竞争、知识产权保护、科技成果转化等 8 个方面开展改革探索。

2016 年，科技部会同有关方面细化任务分工、深入实地调研、开展监督评估、加强宣传总结，已经取得重要阶段性成效。形成了一批制度和政策供给，如科技部、人力资源和社会保障部牵头编制了实行以增加知识价值为导向分配政策的若干意见，财政部、科技部和国资委联合下发国有科技型企业股权和分红激励暂行办法等。

2017 年，为深入实施创新驱动发展战略，党中央、国务院确定在京津冀、上海、广东（珠三角）、安徽（合芜蚌）、四川（成德绵）、湖北武汉、陕西西安、辽宁沈阳 8 个区域开展全面创新改革试验，推进相关改革举措先行先试，着力破除制约创新发展的体制机制障碍。有关地区和部门认真落实党中央、国务院决策部署，在深化科技体制改革、提升自主创新能力、优化创新创业环境等方面进行了大胆探索，形成了一批支持创新的相关改革举措。在科技金融创新方面，推行以关联企业从产业链核心龙头企业获得的应收账款为质押的融资服务，面向中小企业的一站式投融资信息服务，贷款、保险、财政风险补偿捆绑的专利权质押融资服务。在创新创业政策环境方面，推行专利快速审查、确权、维权一站式服务，强化创新导向的国有企业考核与激励，事业单位可采取年薪制、协议工资制、项目工资等灵活多样的分配形式引进紧缺或高层次人才，事业单位编制省内统筹使用，国税地税联合办税。在外籍人才引进方面，推行鼓励引导优秀外国留学生在华就业创业，符合条件的外国留学生可直接申请工作许可和居留许可；积极引进外籍高层次人才，简化来华工作手续办理流程，新增工作居留向永久居留转换的申请渠道。在军民融合创新方面，推行军民大型国防科研仪器设备整合共享、以股权为纽带的军民两用技术联盟创新合作、民口企业配套核心军品的认定和准入标准。

三、积极推进京津冀科技创新协同发展

推动京津冀协同发展，是党中央、国务院在新的历史条件下做出的重大决策部署，是一项重大国家战略。创新驱动发展是推动京津冀协同发展的战略选择和根本动力。按照党中央、国务院

决策部署，国家有关部门及三省市从顶层设计、资源整合、加大对河北支持力度、推进产业转型升级、搭建协同创新平台载体、促进科技资源开放共享等方面开展了大量工作，积极推动构建京津冀协同创新共同体，取得显著阶段性成效。

◎加强顶层设计，建立京津冀协同创新机制

贯彻落实《京津冀协同发展规划纲要》，对推动京津冀协同创新做出总体部署和要求，明确三省市科技创新工作定位和重点任务，着力构建定位明晰、分工合理、优势互补、互利共赢、高效运行的区域协同创新体系。发挥中关村国家自主创新示范区辐射带动作用。支持中关村各类创新主体跨区域合作，加强京津冀科研技术服务机构与企业开展联合技术攻关与示范应用，引导中关村开放实验室、创业孵化、平台服务等资源向津冀辐射。推进京津冀科技园区合作共建。加快滨海－中关村科技园建设，成立科技园管委会，编制完成《天津滨海－中关村科技园共建方案》；支持宝坻京津中关村科技城取得实质性进展，宝坻区政府与中关村发展集团、北大科技园、清华紫荆创新研究院等 20 多家企业和机构签署合作协议；支持保定·中关村创新中心加快建设，已吸引 93 家企业和机构入驻；中关村各分园以品牌与管理输出、产业协同配套、利益分享等方式，与秦皇岛、保定、张家口、唐山等地开展协同创新和园区共建。中关村海淀园秦皇岛分园积极探索利益分享模式，促进 108 个项目落地。目前，河北与京津合作共建各类园区 55 个，积极探索合作园区利益共享新模式。

◎加强沟通会商，加大对河北倾斜支持力度

支持河北创建国家科技成果转移转化示范区，打造河北承接京津科技成果转移转化和产业化的重大平台，通过深化创新政策落实、开展相关政策试点，营造一流的创新创业环境，发挥京津国家自主创新示范区的优势，有效对接河北要素成本比较优势和承接产业转型升级需求，共同形成“京津研发、河北转化”的创新链条和相互融合、有效衔接的产业链条，加速构建京津冀协同创新共同体。启动实施 2000 万元的示范区科技专项，累计安排 1.6 亿元科技经费，支持廊坊新一代信息、保定高端装备制造、石家庄新能源环保等技术成果集成应用。支持河北承担重大科技项目和工程，强化创新平台基地建设。

◎加强产业技术协同创新，支撑产业转型升级

会同京津冀三地政府共同制定了《京津冀产业转移指南》，提出不断调整优化区域产业布局，构建“一个中心、五区五带五链、若干特色基地”的产业发展格局。

推动京津冀产业协同创新。科技部在京津冀遴选布局国家创新型产业集群 8 家（占全国的 11.3%），支持河北开展省级创新型产业集群试点建设，已确认 13 家省级创新型产业集群，进一

步优化京津冀火炬特色产业基地布局，支持京津冀县域经济发展。工业和信息化部在北京组建首个国家制造业创新中心——动力电池创新中心，北京工业大数据创新中心、北京石墨烯产业创新中心正式挂牌，指导河北建设固废资源利用与生态发展创新中心；支持京津冀 31 个国家新型工业化产业示范基地的交流合作；与北京、河北签署合作协议，推进基于宽带移动互联网的智能汽车与智慧交通应用示范；支持《京津冀协同推进北斗导航与位置服务产业发展行动方案》，促进京津冀北斗产业发展；联合财政部在京津冀认定 45 家技术创新示范企业（全国 425 家）。

推动京津冀加强产业对接合作。工业和信息化部牵头或指导京津冀召开多次产业协同发展专项对接会。与三省市政府共同举办了“京津冀产业转移系列对接活动”，现场签约重大产业合作项目 51 个，项目投资 2900 亿元。指导召开京津冀产业协同发展推进会、京冀产业协同发展联席会议、京津冀产业协同发展招商推介专项行动会，加强三省市产业对接合作。

加强重点领域产业协同创新。结合京津冀科技和产业特色，2016 年在电子信息、能源环保、生物医药、先进制造等重点领域累计部署国家科技重大专项课题 97 项，支持经费 61.98 亿元；国家重点研发计划部署项目 522 个，支持经费 148.2 亿元。三省市共同设立京津冀“智能制造关键技术”合作专项，引领装备制造重点领域转型升级。石家庄高新区组建医疗医药产业协同创新联盟，设立 10 亿元基金。

四、推动东北老工业基地创新发展

科技部积极贯彻党中央、国务院关于振兴东北等老工业基地决策部署，认真落实《中共中央 国务院关于全面振兴东北地区等老工业基地的若干意见》（中发〔2016〕7 号）和《关于深入推进实施新一轮东北振兴战略加快推动东北地区经济企稳向好若干重要举措的意见》（国发〔2016〕62 号）等部署要求，统筹推进创新驱动发展战略和振兴东北地区等老工业基地战略实施，加大对东北地区倾斜支持，推动东北地区创新发展。

研究制定支持东北地区产业转型升级的若干措施和具体实施方案。通过实施全面创新改革、促进科技成果转化、实现产业转型升级、推动大众创新创业、整合人才等创新资源 5 个方面共 18 项具体支持措施，以创新引领东北地区老工业基地振兴发展。力争用 10 年左右时间，建立健全支撑产业转型升级的内生动力机制、平台支持体系，构建特色鲜明的现代产业集群，再造产业竞争新优势。

坚持把专项行动作为新时期推动东北创新发展的关键标志性抓手，着眼东北创新振兴全局，以促进科技成果转移转化为主线，加快科技体制改革政策落实落地，加大科技创新投入，加快新兴产业发展，抓好创新平台建设，加强科技成果转移转化服务，坚持科技创新开放合作，加快培育经济发展新动能，推动东北地区创新驱动发展。

——支持辽宁沈阳开展全面创新改革试验。指导辽宁省编制《沈阳市系统推进全面创新改革试验方案》，2016 年 6 月正式获国务院批复。围绕推进新型工业化进程，以实现创新驱动转型发展为目标，以推动科技创新为核心，以破除体制机制障碍为主攻方向，在科技创新、转型升级、产业金融、国企改革、人才支撑、对外开放等重点领域先行先试，推动科技创新与经济社会发展深度融合。

——推动设立沈大国家自主创新示范区。推动沈阳、大连两个国家级高新技术产业开发区创建国家自主创新示范区，2016 年 4 月正式获国务院批复设立，在产业和空间布局、改革政策等方面给予了积极指导和支持。积极推动吉林长春自主创新示范区创建工作，开展实地调研，加强指导和培育，明确战略目标，示范重点和相关措施，完善建设总体方案。

——支持国家农业科技园区建设。支持东北三省建设阜新、公主岭、哈尔滨等 17 家国家农业科技园区，示范带动现代农业发展。如黑龙江哈尔滨农业科技园建设 10 个农业科技示范展示中心区，34 个县域标准化农业科技示范园，469 个乡村科技示范基地，累计培育推广农作物新品种 4.8 亿亩，形成遍布全省有机联动的农业标准化示范辐射网。

——支持打造一批创新创业载体。支持东北三省新建国家级科技企业孵化器 6 家，国家备案众创空间 53 家。推动运用“互联网 +”构建国家技术转移东北中心（吉林）；依托国家技术转移东北中心（吉林），完成 3 个培训班次，培训各级技术转移人才百余人。支持东北三省培育建设国家技术转移示范机构 32 家，支持黑龙江建设中国创新驿站 4 家，支持东北三省设立技术合同登记机构 51 家。2016 年东北三省技术合同成交额为 588 亿元，成交项数为 20 794 项，分别较 2015 年增长 32% 和 26%。

——推动科技资源开放共享。2016 年以来，按照支持东北振兴工作的有关要求，积极支持东北地区优势资源单位纳入国家科技资源共享服务平台体系，东北地区有近 70 家高校和科研院所参与了国家科技资源共享服务平台建设。整合中国农业、林业等九大领域的微生物资源，服务东北地区高校、科研院所等用户达 600 余家，在食品、医药、肥料等多个领域支撑东北地区生物产业发展和生物科研进步；开展黑土地保护利用服务，提出了肥沃耕层构建技术等“可推广、可复制、能落地、接地气”的黑土地保护利用综合技术模式和运行机制，并在黑龙江省 9 个黑土地保护试点县（市）推广应用。

第四节 基层科技工作

一、科技扶贫

2016年科技部牵头，部省市县四级科技部门积极参与，运用部门职能和行业资源做好工作，投入大量人力物力，科技扶贫精准脱贫首战告捷。在行业扶贫方面，推动国办下发《关于深入推行科技特派员制度的若干意见》(国办发〔2016〕32号)，动员支持科技特派员深入贫困地区开展创业式扶贫。指导贫困地区建设一批专业化、特色化的星创天地，支持有条件的贫困县建设农业科技园区，推动高等学校新农村发展研究院在贫困地区建设农村科技服务基地，搭建科技扶贫平台，优化科技扶贫环境，推动科技人才资源向贫困地区集聚。

在片区扶贫方面，联合国家铁路局、中国铁路总公司共同承担秦巴山片区牵头单位沟通、协调、指导、推动职责，推动片区脱贫攻坚规划实施。组织开展片区三大中心城市科技需求征集对接，发挥辐射带动作用。举办第二期秦巴山片区科技特派员农村创业骨干培训班，提高片区创业人才技能素质。

在定点扶贫方面，创新科技部4个定点扶贫县扶贫团选派模式，选优派强扶贫挂职干部，加大项目支持力度，组织编制《定点扶贫县科技扶贫规划》，推动实施“一县一策”。将定点扶贫与党群工作结合起来，千方筹措资源为定点扶贫县群众办实事办好事。

仅科技部通过“三区”人才计划、中央引导地方科技发展专项等，中央财政投入科技扶贫经费5.15亿元，实施科技扶贫项目105个，向贫困地区选派和培训2.03万人，在贫困地区建设72家星创天地。据不完全统计，国家农业科技园区培训农民超过85万人次，“三区”人才计划全年带动农民增收超过100万人，2015年秦巴山片区贫困人口降幅在14个片区中排名第二，4个定点县精准带动建档立卡贫困人口9280人增收致富。

二、国家科技进步示范县（市）建设

初步制定了国家科技进步示范县（市）的具体验收办法，加强对国家科技进步示范县（市）的管理。结合县（市）科技进步典型案例的分析，利用开展全国县（市）科技进步考核获得的数据，从财政科技投入、科技管理机构建设、科技产出等多个方面分析当前全国县（市）科技进步态势，研究加速县（市）科技进步、促进创新驱动发展战略落实到基层的具体举措。提出县（市）科技创新能力监测和评价工作方案，对监测评价的目标、指导思想、原则、任务分工、进度安排等提出建议，提出监测指标体系。

科技兴县（市）工作，特别是全国县（市）科技进步考核工作的开展，显著促进了地方党委政府更加重视依靠科技进步加速经济社会发展，县（市）科技进步明显加快。

第五节 民族边疆科技工作

一、科技援疆的主要做法和成效

认真贯彻党中央、国务院对口援疆决策部署，深入落实第二次中央新疆工作座谈会精神，不断加大政策、项目、基地、平台、人才等创新资源的支持力度，科技援疆工作取得显著成效，有力支撑新疆社会稳定和长治久安。

◎ 加强统筹部署，形成“大科技援疆”良好格局

强化科技援疆的规划部署，集聚多方科技资源，积极动员科技口部门、对口援疆省市、高校、科研院所、企业等全国科技力量，不断加大对新疆的支持和帮扶力度。加强部区战略对接、措施协同、政策衔接，及时研究解决重大问题，协同推进创新型新疆建设。

◎ 完善协同创新机制，丝绸之路经济带创新驱动发展试验区建设取得积极进展

建立了新疆维吾尔自治区、科技部、深圳市和中科院“四方”合作机制，共同推动试验区建设为中国面向中亚、西亚的创新高地，支撑丝绸之路经济带核心区建设。确定了信息、安防、先进制造等 7 个重点产业领域，提出了培育创新型企业集群、打造科技创新平台等 7 个方面的工作抓手。

◎ 推动重点领域科技创新，有力支撑经济社会跨域式发展

“十二五”以来，科技部共支持新疆承担国家各类科技计划项目 1300 多项，经费近 26 亿元，实施了一批重大科技工程，推动一批重大科技成果在新疆落地转化。对促进优势特色产业创新发展，推动农业领域科技创新，推动科技更好惠及民生发挥了重要作用。

◎ 坚持“输血”和“造血”相统一，自主创新能力进一步提升

一是加强重大创新平台基地建设。截至 2016 年年底，支持新疆建有乌鲁木齐、昌吉、石河

子3个国家高新技术产业开发区，7个高新技术产业化基地，1个国家重点实验室，6个国家工程技术研究中心，15个国家级农业科技园区，3个可持续发展实验区，3个创新型城市，12家国家级科技企业孵化器。二是支持引进和培养科技型人才。截至2016年年底，国家“千人计划”为新疆创业人才平台引进3人，为重点实验室平台引进1人；国家“万人计划”支持新疆入选人才共14人，科技创业领军人才7人；“创新人才推进计划”支持新疆入选青年领军人才8人、团队1个、创业人才14人、创新人才培养示范基地1个；“‘三区’人才支持计划科技人员专项计划”支持新疆选派3186名科技人员、支持培养本土人才521名、支持经费近7000万元，为新疆发展提供了有效的智力支撑。2006年科技部设立科技管理培训专项以来，专门针对新疆地区举办各类培训班28期，受训学员3000多人，有力提升了新疆基层科技人员管理水平。三是支持开展科技特派员农村创新创业。目前新疆共有25 000余名科技特派员长期深入农村一线，与农民结成利益共同体，推广新品种新技术，开展技术培训，为农村创新创业做出了重要贡献。

◎ 深化国际科技合作，丝绸之路经济带核心区对外影响力进一步扩大

一是支持打造国际科技合作重要平台。截至2016年年底，科技部共支持新疆建成15家国际科技合作基地，以国际科技合作基地为平台载体，推动新疆与“一带一路”沿线国家在农业、生命科学、生物医药、地球科学与能源环境等优先领域开展创新合作。二是支持参与多边科技合作。把新疆列为中方主要成员之一，支持新疆在上海合作组织科技领域合作机制、中俄哈蒙阿尔泰“四国六方”区域合作机制、中巴政府间科技合作联委会机制、中国－南亚科技伙伴计划、中国－亚欧博览会等框架下，开展园区平台联合共建、科技资源开放共享、科研任务联合攻关，以科技合作带动产业合作，推动新疆逐步建成对中亚及周边国家具有重要影响力和辐射力的区域创新高地。三是通过举办论坛，密切与中亚国家的科技联系。2016年9月，科技部主办、新疆承办的第五届中国－亚欧博览会科技合作论坛在新疆举行，来自20多个国家和国际组织的230多名中外嘉宾围绕“一带一路”沿线科技创新展开深入交流研讨，携手打造绿色、健康、智力、和平丝绸之路。

二、深入推进科技援藏工作

深入落实中央第六次西藏工作座谈会部署，结合西藏和四省藏区经济社会发展实际需求，加大创新政策、平台基地、人才引进等方面支持力度，积极提升区域科技创新能力，为西藏和四省藏区经济社会发展和长治久安总目标实现提供有力支撑。

◎ 推动形成“大科技”援藏的良好局面

加强科技援藏和援青工作顶层设计。编制完成《“十三五”全国科技援藏规划》《“十三五”

科技援青规划》。按照中央部署要求，紧密结合区域发展实际需求，对“十三五”时期动员各方力量开展科技援藏、援青的重点工作进行了全面部署。贯彻落实《中共中央关于进一步推进西藏经济社会发展和长治久安的意见》，科技部印发了贯彻落实该意见的实施方案，提出了加强创新能力建设、推动高原特色优势产业创新发展、促进民生领域科技创新等 6 个方面共 23 条措施，逐项分解到部内相关单位并积极推动落实。

◎ 提升自主创新能力

加强科技基础平台建设。通过中央引导地方科技发展专项资金，支持西藏改善科研基础条件。指导西藏培育建设青稞和牦牛种质资源与遗传改良国家重点实验室，提升高原特色学科领域和优势产业领域技术创新能力。支持西藏自治区人民医院建设了西藏首个医学数字图书馆，开通了西藏中国生物医学文献服务系统，依托各类科研平台开展西藏农牧科技资源联合专题服务，根据西藏实际发展需求，将各类优质科技资源加速向西藏开放共享。

加强科普基地建设。组织科普专家赴西藏拉萨市、阿里地区开展科普服务，培训当地科技教师和志愿者。协调上海科技馆、广东科学中心等科普场馆接待西藏相关人员参观，协助培训西藏科技馆科普讲解人员。筹集 50 万元科普物资援助西藏自然科学博物馆和 5 所中小学科技创新操作室建设。目前，西藏科技馆、自然科学博物馆已建成，即将正式向公众开放。

◎ 支撑特色优势产业发展

推动特色农牧业科技创新。进一步加强农业科技园区建设，截至 2016 年 9 月，科技部先后支持西藏和四省藏区建设了 7 个国家农业科技园区，这些园区在孵化和培育农牧业领域科技型企业、推动现代农业发展方面发挥了重要辐射带动作用。通过开展“青稞新品种培育与丰产增效栽培关键技术研究与集成示范”，在山南市扎囊县、拉萨市曲水县、日喀则市白朗县建立原种扩繁基地 3 个，繁殖新品种原种 6000 亩，建立白朗、江孜、曲水、山南贡嘎青稞示范基地共 2.45 万亩。支持藏区开展“牦牛品种改良及高效养殖技术集成”，在帕里牦牛选育基地生产选育后代 250 头，后代产肉性能提高 11.8%；斯布牦牛选育基地生产选育后代 276 头，后代产肉性能提高 13.25%。支持青海实施“天然草地合理利用及保护技术集成与示范”，已建成 4 个关键技术试验示范样地和 1 个退化草地补播技术试验示范样地，核心示范区 550 亩，一年生人工草地 170 亩，多年生优良牧草 70 亩，每年产种子 4 万公斤，为推动藏区退化草地恢复治理、提升藏区草原畜牧业可持续发展水平进行了试验示范。

支持藏语文、藏医药、矿产资源开发等产业创新发展。在藏语文信息化领域，积极支持藏区开展藏语文信息关键技术研究和应用服务建设，目前已纳入国家重点研发计划“现代服务业科技创新”重点专项实施方案中，即将启动。在藏医药领域，强化顶层设计，组织编制《“十三五”中医药科技创新专项规划》，将完善藏药材质量保障体系列为重点内容。国家重点研发计划“中医药现代化研究”重点专项已对以藏医药为代表的民族医药相关研究做了重点部署，后续将通过专项实施，支撑藏医药业创新发展。在盐湖资源综合开发利用领域，支持藏区承担“盐湖资源综合利用技术研究与示范”项目，对盐湖锂、镁资源高效资源利用开展研究示范。支持青海依托海西州国家可持续发展实验区，加快建设以盐湖资源开发为核心的产业体系。在优势矿产资源开发领域，支持西藏承担“特大型多金属矿高效开发利用关键技术研究”，建成 20 kt/d 选矿厂配套示范工程，开发出高海拔生态脆弱区铜铅锌多金属矿石的分离工艺技术，实现铜铅分离。

◎ 促进民生领域科技创新

加快生态环境领域科技创新。加强草原、森林和水土流失等生态环境监测能力建设。例如，针对青藏高原生态环境脆弱分区及典型生态系统开展监测与评估技术研究，系统分析了近 20 年间青藏高原湿地状况，研究了羌塘高原湿地生态系统格局变化特征，并在达孜县等地建立了长期固定监测样区。支持开展三江源等重点地区生态综合监测，支持青海开展“青藏高原冻土区退化草地修复技术研究与示范”项目研究，通过对青海省牧草良种繁殖场主栽的 8 种多年生矮禾草连续 4 年开展监测，初步构建了“冻土过渡带退化草地生态系统数据信息库”。

推动藏区科技精准扶贫。按照国家脱贫攻坚总体部署，积极推进科技扶贫行动在西藏的实施，指导西藏培养壮大基层科技人员队伍，大力引导科技成果转移和转化，带动农牧民增收致富。2016 年支持西藏入选中青年科技创新领军人才 1 名，科技创业领军人才 1 名。举办科技兴藏人才建设培训班，培训西藏党政干部和行业主管部门负责人近 50 名。深入推行科技特派员制度，截至 2016 年 9 月底，西藏、青海、四川、云南、甘肃共有超过 8 万名科技特派员长期深入农村一线，与农民结成利益共同体，推广新品种新技术，为农民开展技术培训，推动农村科技创新创业。通过“三区人才支持计划科技人员专项计划”，共支持西藏和四省藏区选派 5470 名科技人员，培养本土人才 713 名，中央财政支持经费 11 887 万元。

第十一章
科技对外开放与合作

2016 年，中国致力于构建以合作共赢为核心的新型国际关系，对发达国家、新兴经济体和发展中国家的政府间科技合作进行分类布局，有效加强多边科技合作，推进“一带一路”倡议，开创与沿线国家科技创新互联互通新局面，积极探索科技开放合作新模式、新路径、新体制，全方位融入全球创新网络，国际科技创新合作在国家整体外交战略中的地位日益突显。

第一节 与发达国家的双边合作

一、中美科技合作

2016 年 6 月，第八轮中美战略与经济对话在北京举行，达成 7 项科技相关成果。在同期举行的第七轮中美人文交流高层磋商中，双方代表围绕推动中美青年科研合作、大科学工程合作和抗生素耐药性合作等议题展开讨论。11 月，第十六届中美科技合作联委会会议在北京举行，双方就推进重点领域科技合作、通过科技合作实现共同的气候和环境目标等议题深入研讨，并就充分利用中美科技合作执行秘书会、中美人文交流高层磋商科技主题工作组及其他部门间双边合作机制推进科技合作达成共识。

◎ 能源领域的合作

2016 年 2 月，中美两国举行首次核安全对话。3 月，双方发表《中美核安全合作联合声明》，承诺深化核安全领域协作。5 月，中国国家能源局和美国能源部核军工管理局在美国萨凡纳河国家实验室举行第十一次中美和平利用核技术合作联委会会议，双方商定在核电站运行安全、先进反应堆和燃料循环技术等领域开展合作。7 月，中美国际热核聚变实验反应堆双边合作会议在华盛顿召开，双方表示要加强在科技和能源领域的全方位双边合作。

2016 年 4 月，中国国家发展和改革委员会与美国国务院、能源部在北京举办中美能源环境十年合作框架联合工作组第十一次会议，就召开智能电网论坛、提升工业锅炉能效标准、发展数据中心、提高能效等内容达成共识。6 月，第五届中国科学院 – 美国能源部联合协调委员会会议在上海举行，推动中美基础前沿学科领域的合作。7 月，中国科技部、国家能源局与美国能源部在北京举行中美清洁能源联合研究中心指导委员会第八次会议，签署了《关于中美清洁能源联合研究中心合作议定书的修正案》。10 月，中国国家发展和改革委员会、美国能源部在北京举行第七届中美能效论坛，两国研究机构和企业签署了 6 个能效合作项目。12 月，中国科学院与美国能源部在华盛顿举行第三十七次中美高能物理联委会会议，在大装置建设和大型物理实验等方面开展广泛合作。

◎ 农业领域的合作

2016 年 6 月，中国农业部与美国农业部在北京举行中美农业科技战略合作执行工作组首次会议，确定在植物育种、种质资源公平交换、动物疫病防控、农产品加工、农产品质量安全、农业环境可持续和数据公开等领域开展合作。8 月，中国科技部与美国农业部农业科技合作联合工作组第十四次会议在珠海召开，双方针对盐碱地改良、大学农技推广和设施农业探讨进一步合作的可行性。9 月，中国科技部与美国农业部签署《中美农业科技研究合作谅解备忘录》，继续推进农业科技优先研究领域的合作。

◎ 生物医药与健康领域的合作

2016 年 9 月，中国科技部和美国卫生与公众服务部续签《卫生健康医药科学合作谅解备忘录》，确定两国卫生科技合作优先领域和工作机制，为未来 5 年合作指明了方向。11 月，中国国家卫生和计划生育委员会、商务部与美国国际发展署、卫生与公众服务部共同签署《关于共同支持非洲疾病预防控制中心谅解备忘录》，支持非洲疾控中心建设，帮助加强非洲公共卫生安全能力。

◎ 环保领域的合作

2015 年 11 月，中美环境合作联委会第五次会议在华盛顿召开，双方在空气质量、水质量、化学品管理、固体废弃物及污染场地管理等领域的多项合作列入第八轮中美战略与经济对话成果清单。2016年第七轮中美人文交流高层磋商期间，“中美+”清洁炉灶国际发展战略论坛在北京举行，进一步推动在清洁炉灶研究领域的合作，在全球范围内为节能减排做出积极贡献。中国国家林业局与美国农业部将《林业合作谅解备忘录》延至 2020 年 4 月，继续开展森林健康经营、生物防治、入侵物种和虫害监测等方面的合作。中国国家林业局和美国内政部、国家公园管理局继续落实《中美自然保护议定书》合作计划，进一步加强在自然保护区管理、国家公园建设、湿地保护与可持续利用等领域的合作。中国国家自然科学基金委员会与美国国家科学基金会达成协议，联合资助中美两国科学家在环境可持续性研究、推进生物多样性等领域开展合作研究。

◎ 气候变化领域的合作

2015 年 9 月，首届中美气候峰会在洛杉矶举行，双方在削减氢氟碳化物方面开展对话合作。2016 年 6 月，中国国家发展和改革委员会与美国能源部在北京举办第二届中美气候智慧型 / 低碳城市峰会，深入探讨气候智慧型 / 低碳城市建设相关问题，签署了 27 项低碳发展合作协议或谅解备忘录。9 月，二十国领导人杭州峰会期间，中美两国联合发布《中美气候变化合作成果》，重申将继续采取有力的国内行动加强合作，向绿色、低碳和气候适应型经济转型。

◎ 航天领域的合作

2016 年 5 月，中美两国在华盛顿举行首次中美外空安全对话。10 月，中美民用航天政府间对话第二次会议在华盛顿召开，双方对接空间探索、空间天气、地球科学、空间科学和空间碎片等领域的合作需求，就中美两国民用航天未来合作深入交换意见。

◎ 地震地质领域的合作

2016 年 8 月，中国地质调查局与美国地质调查局就落实中美地质调查局长战略对话达成以下共识：一是继续加强在海洋地质、地球关键带、页岩气、天然气水合物、地热等非常规能源、水文地质、资源潜力评价和地质大数据等领域的国际合作；二是确定 2017 年为中美地质科技国际合作年；三是建立中美双方常态化联系机制。

◎ 海洋领域的合作

2016 年 10 月，中国国家海洋局与美国国家海洋和大气管理局在美国举行第十九次海洋与渔业科技合作联合工作组会议，审议通过了《2016—2020 年海洋与渔业科技合作框架计划》。

二、中欧科技合作

2015 年 6 月，第二次中欧创新合作对话在布鲁塞尔举行，中国科技部与欧盟科研创新总司就设立中欧科研与创新联合资助机制达成一致。10 月，中欧科技合作指导委员会第十二次会议通过了《中欧科研创新联合资助机制的指导原则（2016—2017 年）》和《科技部与欧盟主体科技计划联合路线图的要点》。中欧双方商定从 2015 年 11 月开始在农业、生物技术、信息通信技术、空间、能源、健康、交通、水资源、节能减排、先进制造、新材料、青年科学家交流等领域联合征集项目。中方为此每年出资 2 亿元人民币，欧方每年出资 1 亿欧元。中欧双方将逐步建立“共同发起、共同评审、共同验收”的全流程合作机制，落实平等参与、共享成果的机制目标。

2016 年 2 月，中国民航局和欧洲民航安全局签署了《中欧民航运输全面合作协议》，未来 5

年各出资 1000 万欧元设立共同合作基金，为双方确定的航空运输安全、节能减排环境保护、信息通信技术应用等优先行动提供资助。7 月，中国国家发展和改革委员会与欧盟能源政策和气候行动委员会签署了《中国－欧盟能源路线图（2016—2020 年）》，进一步加强可持续能源与核能领域的重点合作。10 月，中国科技部与欧盟委员会、欧洲空间局在北京召开中欧空间科技合作对话第四次会议。“龙计划”项目进入第四期合作阶段（2016—2020 年），合作内容包括全球森林监测、二氧化碳监测、遥感定标和防灾减灾。同月，中欧核聚变双边合作会议在日本京都召开，双方签署了《技术管理计划》，从技术方面进一步规范双方在核聚变领域的合作。

◎ 中国与德国的科技合作

2015 年 5 月，中国科技部与德国联邦教研部在北京举办“中德重大水专项合作启动大会”，签署了《关于就中国水体污染控制与治理科技重大专项开展科技合作的联合意向声明》。双方还在上海举办“中德未来城市大会”（图 11-1），加强以水、气候、电动交通为重点的环保科技合作和创新伙伴关系；在北京举办“中德科技管理与评估大会”，围绕两国科技创新体系、政府科研投入运行管理机制等议题展开研讨。10 月，中国科技部与德国联邦交通部召开中德电动汽车示范合作指导委员会第二次会议，推动设立“中德示范城市交流平台”，开展中德氢能和燃料电池技术合作。

图 11-1　2015 年“中德未来城市大会”

2016 年 1 月，中国科技部与德国联邦教研部签署了《关于在智能制造（“工业 4.0”）和智能服务领域通过双边科技合作开发和推广创新方案的联合意向声明》，聚焦智能物流、智能服务、能源和资源利用效率、信息物理系统、安全保障、系统集成和互联互通及标准化开展合作。4 月，第四届中德创新大会在柏林举行，双方代表围绕创新政策、能源、“工业 4.0”与数字化、电动交通、生命科学等议题深入交流。6 月，中德两国政府在北京举行第四轮政府磋商，中国科技部与德国联邦教研部签署了关于继续推进中德创新平台和青年创新创业伙伴计划的联合意向声明及在应用研究、医用生物材料领域开展“2+2”合作的联合意向声明。11 月，中德科技创新圆桌会议在柏林召开，中国科技部与德国联邦教研部签署了《中德青年创新创业伙伴计划联合意向声明》，支持两国大学生和青年科研人员开展创新创业合作；同月，中国科技部发布《科技创新共塑未来·德国战略》报告，强调中德两国应发挥“创新引擎”作用，携手推动建设创新型世界经济，推动全球包容性增长。12 月，中国工业和信息化部、科技部及德国联邦经济部、教育研究部在柏林举办首届中德智能制造及生产过程网络化大会，推进“中国制造 2025”与德国“工业 4.0”战略对接合作，标志着中德在“工业 4.0”方面的合作正式启动。

◎ 中国与英国的科技合作

2015 年 9 月，中英高级别人文交流机制第三次会议在伦敦举行，中国科技部与英国商业、创新和技能部签署了《关于研究与创新桥计划的谅解备忘录》。中方出资 8000 万元，英方匹配对等经费，采取“2+2”合作模式，在能源、农业科技、城市和城镇化、医疗健康等领域开展产业科研创新合作。10 月，习近平主席对英国进行国事访问，双方建立中英创新合作伙伴关系，同意深化双边和全球医药与卫生研究合作，共同应对抗生素耐药性的挑战。

2016 年 9 月，第八次中英科技创新合作联委会会议在上海召开，双方商定联合制定两国科技创新合作战略，签署了中国科学院与英国科技设施理事会的合作协议，上海市科委与英国创新署的合作协议，东莞材料基因高等理工研究院与英国卢瑟福实验室、公开大学的合作协议。中国国家自然科学基金委员会与英国多家研究理事会合作，共同资助两国开展联合研究，例如，与英国工程与物理科学研究理事会合作开展水工程研究；与英国科技设施理事会合作开展区域作物监测与评价研究。12 月，中英高级别人文交流机制第四次会议在上海召开，中国科技部与英国商业、能源与产业战略部共同召开中英科技创新合作战略圆桌会，签署了《关于中英研究与创新行动计划的谅解备忘录》，与英国卫生部签署了《关于中英两国抗生素耐药性科研与创新合作的谅解备忘录》。

◎ 中国与意大利的科技合作

2015 年 11 月，中意科技合作混委会第十四次会议在北京举行，双方就中意科研项目合作、中意语言培训合作等议题深入交换意见。2016 年，中意双方启动了 2016—2018 科技合作项目，围绕生物技术与医学等领域提供研究资助。10月，第七届中意科技创新周在意大利那不勒斯、博洛尼亚和贝尔加莫举行，双方代表围绕智能制造、生物医药、节能环保、航空航天、农业与食品安全、健康医疗、智慧生活、绿色化工、中医药、半导体照明等25个领域深入展开研讨。

◎ 中国与法国的科技合作

2015年5月15日，中法高级别人文交流机制第二次会议在北京举行，双方商定以人文对话为基础，进一步推动中法联合科技创新平台建设、中法创新合作及中国高新区与法国竞争力集群的合作。

◎ 中国与比利时的科技合作

2015年6月，中比科技合作联委会第十九次会议在北京召开，围绕中比科研创新合作展开讨论。2016年，中国科技部与比利时科技政策办公室、比利时弗拉芒基金会启动2016—2018中比政府间科技合作项目。中国科技部与弗拉芒基础研究基金会各出资35万欧元支持两国高校院所的合作研究项目。2016年3月，中国农业部与比利时小企业家、中小企业、自由职业者、农业及社会融合部签署了《关于加强农产品质量安全和动植物卫生领域农业合作谅解备忘录》。4月，北京先进材料测试研究所、中关村丰台科技园管委会与新鲁汶大学签署了《开展欧盟石墨烯旗舰行动产业链项目技术合作谅解备忘录》。11月，中国核工业集团公司与比利时核能研究中心签署了《MOX燃料生产技术合作框架协议》。

◎ 中国与瑞士的科技合作

2016年4月，中国国家自然科学基金委员会与瑞士国家科学基金会签署了合作备忘录，支持两国科学家开展合作研究。双方选定11个环境科学与工程材料科学领域的项目予以资助。8月，中瑞两国发布《关于建立创新战略伙伴关系的联合声明》，商定在大气污染防治、城市低碳发展和绿色消费、提高能效和推广可再生能源等领域加强合作。同月，中瑞食品药品监督部门间合作机制正式启动，《中瑞两国政府关于食品、药品、医疗器械和化妆品领域的合作协议》进入实施阶段。

◎ 中国与丹麦的科技合作

2016年1月，中国国家能源局与丹麦能源气候部签署了《关于建立中丹火电灵活性合作伙伴关系的谅解备忘录》，推动两国经济向低碳经济转型。4月，第十九届中丹科技合作联委会会议在哥本哈根召开，双方认为两国在清洁能源、生物医药、纳米技术、食品安全等领域开展了卓有成效的合作，应进一步拓展合作领域，结出更丰硕成果。中国科技部与丹麦创新基金会启动了联合资助的双边新能源研发项目。

◎ 中国与奥地利的科技合作

2016 年 9 月，中奥科技合作联委会第 11 次会议在维也纳召开，双方商讨 2016—2018 年中奥科技合作项目和工作计划，选定新材料、健康、环境领域的 11 个双边科技合作项目予以资助，并就今后在可再生能源、农业、生物技术领域开展创新合作达成共识。同月，中国国家发展和改革委员会与奥地利联邦交通创新与技术部在《关于基础设施领域技术合作谅解备忘录》合作机制下，在维也纳召开联合工作小组第五次会议，围绕智慧城市合作、交通运输安全及防灾减灾等合作事项开展深入交流。此外，中奥两国在量子通信技术领域的合作特别活跃，奥地利科研团队参加了中国 2016 年发射的全球首个量子通信卫星“墨子号”的合作研发工作。

◎ 中国与西班牙的科技合作

2015 年 10 月，中西科技合作联委会第八次会议在北京召开。双方同意在可再生能源、海洋、医疗卫生、农业食品、天文、地学等优先领域进一步开展实质性合作，进一步加强产学研协同创新。

◎ 中国与马耳他的科技合作

2015 年 8 月，中马科技合作联委会第一次会议在马耳他召开，双方签署了《关于共建海产养殖联合研究中心的谅解备忘录》。

◎ 中国与塞浦路斯的科技合作

2015 年 9 月，中国科技部与塞浦路斯能源、商工、旅游部代表两国政府签署了《科技创新合作协定》，正式建立中塞科技合作机制。

三、中俄科技合作

2015 年 10 月，在中俄总理定期会晤委员会科技合作分委会第十九届例会上，双方商定积极推动两国科研机构就重离子超导同步加速器（NICA）、先进托卡马克装置（EAST）等大科学项目开展合作，加强中俄在核聚变领域的互利合作。中国科技部、中国科学院、俄罗斯教育科学部和杜布纳联合核子研究所就中国参与实施大科学项目 NICA 签署四方协议。

2016 年 6 月，中国科技部与俄罗斯经济发展部签署了《关于在创新领域开展合作的谅解备忘录》，双方同意建立中俄创新合作对话机制，共同组织中俄创新合作论坛、中俄青年创新创业大赛，加强中俄科技产业园区间合作，促进双方创新政策交流及创新企业合作。为推动实施创新对话机制，双方成立了中俄创新合作协调委员会，负责领导和协调双边创新领域合作。

2016 年 10 月 19 日，中俄总理定期会晤委员会科技合作分委会第二十届例会在上海召开。双方确定了 2017—2018 年中俄科技交流项目计划。在本次例会框架下，双方联合举办了中俄科技合作圆桌会议。

四、与日本、韩国的科技合作

◎ 中日韩科技合作

2015 年 11 月，第六次中日韩领导人会议发表了《关于东北亚和平与合作的联合宣言》，提出为加强在科学和创新领域的合作，解决共同面临的地区和全球性问题，加强三国研发能力，继续实施联合研究计划和 A3 前瞻计划。三方将择时举行三国科技部长会议，探讨开展三国青年科学家交流项目的可能性；三方将结合中国"大众创业、万众创新"政策、韩国"创造型经济"政策和日本相关产业政策建立一个协商机构，探讨三国之间的合作措施，建立合作伙伴关系。

2016 年 4 月，第十八次中日韩环境部长会议在日本静冈举行。三方就最新环境政策、全球及区域热点环境问题、联合行动计划实施进展、2030 年可持续发展议程、以"一带一路"为代表的区域可持续发展倡议等议题交换了意见，签署了《第十八次中日韩环境部长会议联合公报》和《中日韩环境污染防治技术合作网络谅解备忘录》。7 月，中日韩三方在釜山召开 ITER 技术工作组第三次会议，加强 ITER 计划亚洲成员方之间关于 ITER 部件及采购包制造任务的技术交流和经验分享，敦促 ITER 组织推进 ITER 计划的实施。12 月，第九届中日韩卫生部长会议在韩国釜山举行。三方商定进一步加强在健康老龄化、慢性病防控、抗生素耐药等领域的交流与合作，续签了《中日韩共同应对流感大流行和新发再发传染病的合作备忘录》及联合行动计划。同月，第十六次中日韩知识产权局局长政策对话会在日本小田原召开。三方围绕专利审查、自动化、外观设计等领域的合作深入交流，共同签署了《第十六次中日韩三局局长政策对话会会谈纪要》。

◎ 中日科技合作

2015 年 4 月，中日政府间科技合作联委会第十五次会议在北京召开，双方商定将生物技术和生命科学、信息通信技术、材料、环境、能源、气候变化、社会基础技术等作为下一阶段的重点合作领域，在尖端学科、产业技术等方面加强合作。2016 年 3 月，中日农业副部级对话第七次会议在北京召开。双方就农业政策、粮食安全、合作机制、跨境动植物疫病防控等议题交换了意见，并达成广泛共识。会议期间，中国农业科学院哈尔滨、兰州兽医研究所分别与日本农业食品产业技术综合研究机构动物卫生研究所签署了《口蹄疫合作研究与禽流感合作研究备忘录》。4 月，日本科学技术振兴机构在东京举行"中日女性科学家论坛"（图 11-2），加深两国女性科学家间的相互了解。7 月，中日核聚变双边合作第九次联合工作组会议在兰州召开，双方商定加强中日在核聚变领域的科技合作，通过互派人员和加强交流，共同促进 ITER 计划的顺利实施。10 月，中国科技部主办、中国科学技术交流中心承办的“中日青年科技人员交流计划”正式启动，接收由日本政府科技管理人员及国公立研究机构和大学活跃在一线的研究人员组成的首批日本代表团访华。该计划与日本科学技术振兴机构主办的“樱花科技计划”共同成为推动中日科技人文交流的两大支柱，不断夯实两国科技创新合作的民意基础。

图 11-2 第五届中日女性科学家论坛

◎ **中韩科技合作**

2015 年 10 月，中国科技部与韩国未来创造科学部签署了《关于创新创业合作的谅解备忘录》，中方由科技部牵头，在成都建设“中韩创新创业园”。2016 年 7 月，中韩核聚变双边合作联合协调委员会第四次会议在釜山召开。双方商定加强在全钨偏滤器设计、下一步聚变示范堆设计、低混杂波加热和电流驱动、ITER 测试包层模块计划等领域的合作，共同推动亚洲核聚变能源研发，确保 ITER 计划顺利执行。11 月，第二十一届中韩环境合作联委会工作会议在首尔召开，双方商定今后加强两国在海洋环境、水质管理、空气污染和沙尘治理等领域的合作。12 月，中韩科技合作联委会第十三次会议在成都举行，双方商定加快推进“中韩创新创业园”建设，在生物、信息通信技术、新能源和可再生能源领域共同开展合作研究，扩大两国青年科学家之间的交流，共同举办创业大赛。此外，中国环境保护部与韩国环境部商定在北京设立中韩环境合作中心，共同研究细颗粒物（$PM_{2.5}$）引发的大气污染问题和环境技术领域合作事宜。韩国产业部与广东、山东、陕西等 5 个中国地方政府建立了部长级合作机制。第六届韩国－广东发展交流会在韩国举行，双方探讨在能源、环境、电子技术、机械等领域开展合作，并签署 7 项谅解备忘录。韩国京畿道与辽宁省就植树造林、防治沙漠化达成合作协议，与吉林省签署关于农业科技合作的谅解备忘录，与黑龙江省商定在机器人、汽车、信息技术等领域开展合作。

五、与其他发达国家的科技合作

◎ 中国与以色列的科技合作

中以创新合作联委会是中国首个以创新为主题的国家层面的中外合作机制。2015 年 1 月，中以创新合作联委会第一次会议（中国与外国政府共同建立的第一个副总理级创新合作机制）在北京召开，标志着两国创新合作进入新的历史阶段。双方签署了《中以创新合作三年行动计划(2015—2017 年)》，确定脑科学、土壤和水资源、纳米技术、3D 打印、生物医药、清洁与可再生能源、农业科技等 12 个领域作为两国创新合作优先领域，积极探索新的合作模式。10 月，上海浦江创新论坛召开，以色列作为主宾国参会，两国聚焦创新合作。2016 年 3 月，中以创新合作联委会第二次会议在以色列耶路撒冷召开，签署了科技、教育、文化、卫生、农业等领域的 13 项合作协议。

迄今，江苏、上海、山东、广东、浙江等地方政府都与以色列相关政府部门签署了合作协议。江苏省与以色列经济部已共同资助 11 批 50 多个联合研发项目，对与以色列科技合作的投入超过 1 亿元。中以常州创新园集聚各类以色列高科技企业 50 家，中外创新投资基金 23 家，引进了一批以色列高科技人才，合作项目涉及科技、教育、文化、医疗、旅游等多个领域。广东省积极推进中以东莞国际科技合作产业园、中以汕头科技创新合作区建设，重点推动联合资助项目计划的实施。山东省着力打造中以农业科技生态城，加快对以海洋领域合作研究开发。河南省支持建立河南中以科技投资基金，积极推进河南中以科技城和中以国际技术转移中心建设。

◎ 中国与加拿大的科技合作

2015 年 9 月，中加环境合作联委会第九次会议在杭州召开，双方签署了《2015—2017 年行动计划》，商定在水资源保护与管理、化学物品管理、环境应急处理、空气污染物治理、农村环保与农业污染控制等方面开展合作。同年，中加第十四届气象合作工作组会议在加拿大召开。双方签署了《2015—2017 年行动计划》，商定在中长期天气预报模型、下一代数值预报技术、遥感数据交换与质量控制、极端气候预报等领域开展合作。中国国家海洋局与加拿大渔业海洋部在渥太华召开了联委会会议，双方签署了合作协议，加强在海况预报、海上油汽开发、运输污染处理、海上遇险援救等领域的合作。

2016 年 2 月，第六届中加科技合作联委会会议在渥太华召开，双方签署了《中加清洁技术合作联合声明》和《中加科学技术和创新行动计划（2016—2018）》。双方将围绕科技伙伴关系、创新成果转化、人才能力建设三大主题，在先进制造、农业和食品、清洁技术、健康与生命科学、科技人员流动五大优先领域开展互利合作。9月，中加两国总理互访期间，两国卫生部门续签了《中加卫生合作行动计划（2017—2019）》及中加开展中医药合作研究应用合作协议。

◎ 中国与新西兰的科技合作

2015年4月，第四届中新科技合作联委会会议在新西兰召开，双方就加强合作研究项目规划和统筹、促进青年科学家交流及创新创业合作达成共识。2016年3月，中新南极合作联委会第一次会议在惠灵顿召开，双方商定在南极联合科学考察、环境保护等领域开展合作。4月，中国科技部与新西兰商业、创新与就业部签署了《关于执行战略研究联盟联合研究项目的协议》，双方将联合资助食品安全和食品保障、水资源、非传染性疾病领域的研究项目。9月，“中国－新西兰（苏州）创新中心”在苏州工业园区成立，聚焦生物医药、纳米技术和新材料、新一代信息技术等领域，促进中新两国科研机构及企业间的合作。12月，中国工业和信息化部与新西兰商业、创新与就业部签署了信息通信领域的合作协议，商定加强移动通信、宽带网络基础设施、无线电频管理、电信市场监管等领域的交流合作。

第二节
与发展中国家的合作

科技伙伴计划是中国与亚非拉发展中国家外交关系中的一面旗帜，有利于提升伙伴国的科技能力，促进中国与伙伴国利益融合和共同发展，得到了合作伙伴国政府层面及科技界的广泛关注和支持。迄今，中国与非洲、东盟、南亚、拉美、阿拉伯国家、上海合作组织国家启动的六大科技伙伴计划基本实现对发展中国家的全覆盖，先后成功举办了第二届中国－南亚技术转移与创新合作大会、第四届中国－东盟技术转移与创新合作大会、第一届中国－阿拉伯国家技术转移与创新合作大会、第五届中国－亚欧博览会科技合作论坛，持续推进中国－东盟技术转移中心、中国－南亚技术转移中心、中国－阿拉伯国家技术转移中心、中国－中亚科技合作中心等平台建设。

一、与东盟国家及其他亚洲国家的科技合作

◎ 中国与东盟科技伙伴计划关系更加紧密

2016年9月，第四届中国－东盟技术转移与创新合作大会在南宁召开。大会以现代农业、生物医药、新能源和节能环保、智慧城市等为重点领域，以服务企业需求为切入点，举办技术展、技术对接和洽谈会、园区考察等系列活动，切实推进中国和东盟企业及机构的交流与合作。同月，中国－东盟科技创新与台风灾害应对研讨会、中国－东盟防灾减灾与可持续发展专家论坛、中国－东盟气象合作论坛相继在南宁举办，与会国家在减灾防灾领域的科技合作得到加强。10月，首届中国－东盟疾病防控合作论坛在南宁召开，与会国家通过了《中国－东盟卫生合作与发展南宁宣言》，签署了共建药物植物种植基地、民族医药特色诊疗技术等6个合作文件。11月，李克强总理访问马来西亚，出席第十八次中国－东盟（10+1）领导人会议。与会各方就共建国家联合实验室、共建遥感卫星数据共享与服务平台、共建中国－东盟技术转移中心、资助东盟国家杰出青年科学家来华工作等合作内容达成共识。中国－东盟科技伙伴计划写入《中国－东盟领导人会议联合新闻公报》。此外，第十六次东盟与中日韩农林部长会议、第七届东盟与中日韩（10+3）粮食安全合作战略圆桌会等多边会议也在2016年相继召开，中国在这些多边会议中与东盟各国就各领域的科技交流与合作进行了有效沟通。

◎ 中国与南亚国家科技合作内容不断丰富

2016年6月，第二届中国－南亚技术转移与创新合作大会在昆明举行，积极服务中国与南亚国家企业、机构间交流对接，切实推进区域技术转移与创新合作。大会期间，中国－南亚技术转移中心与阿富汗信息与通信技术研究院、斯里兰卡国家工业技术研究院分别签署了中国－阿富汗技术转移中心和中国－斯里兰卡技术转移中心共建合作协议。此外，云南省科技情报研究院、天津天隆种业科技有限公司、云南金瑞种业有限公司和昆明植物研究所联合印度、巴基斯坦、孟加拉和尼泊尔4国相关机构和企业开展的“中印技术转移与产业合作平台建设”“中巴杂交水稻联合育种”“中孟高产优质杂交水稻及玉米新品种研发”“中尼国际学术交流与项目联合研发”4个重大科技合作项目成功签约。

◎ 中国与印度的科技合作

2015年5月，中印两国签署了《关于加强海洋科学、海洋技术、气候变化、极地科学与冰冻圈领域合作的谅解备忘录》，成功举办了首届中印海洋科技合作研讨会，就开展西南印度洋季风研究和预测、南北极科学考察、生物地质化学过程研究等合作达成共识。2016年5月，中印海洋科技合作联委会第一次会议在北京召开。双方商定进一步加强中印海洋科技合作规划和

指导，推动在印度洋、太平洋和南北极等更广阔海域空间开展合作，加强双方海洋管理和专家学者间的沟通与交流，定期举行中印海洋科技合作联委会会议和研讨会，成立联合指导委员会，共同参与第一次国际印度洋考察计划。10 月，第四次中印战略经济对话在新德里举行，两国政策协调、基础设施、节能环保、高技术、能源 5 个工作组进行了对口会谈。在政策协调工作组会上，双方同意成立秘书处负责推进落实在国际产能和装备制造领域的合作，在城市规划、城市环境治理、智慧城市、城乡基础设施建设等城镇化领域开展合作。在节能环保工作组会上，双方商定在火电厂烟气脱硫脱硝、生活垃圾处理、节水认证、海水淡化等领域推进两国企业务实合作。在高技术工作组会议上，两国代表围绕信息技术服务业发展，软件产业政策支持情况进行了交流；同时探讨了平板显示、固态照明与稀土工业技术合作，超级计算等信息基础设施技术特点，以及信息技术园区、软件等市场准入政策。此外，中印两国积极推动卫星遥感领域科技合作，共同支持由中国科学院发起的首届“数字一带一路”国际科学计划，加强两国在空间对地观测技术、地球大数据平台、环境变化、自然灾害、水资源与城镇化、农业与粮食安全等领域的研究合作。

◎ 中国与蒙古的科技合作

2015 年 7 月，中蒙科技合作联委会第一次会议在乌兰巴托召开。双方商定在“丝绸之路经济带”建设机遇下，继续推进中蒙科研人员及青年科学家交流，共建高水平联合实验室、中蒙技术转移中心和中蒙科技孵化器，开展中蒙联合研究项目。10 月，首届中蒙技术转移与创新合作大会在呼和浩特召开。

◎ 中国与泰国的科技合作

2015 年 3 月，中泰两国科技部在清迈举行部门间合作联委会第二次会议，围绕铁路系统联合研究中心建设、科学家交流、技术转移、空间技术、科技创新政策、新能源与可再生能源等方面的合作进展情况进行了总结和交流。2016 年，中国国家自然科学基金委员会与泰国研究基金会启动合作研究项目，聚焦气候变化领域。此外，中国科学院正式批准在泰国成立东盟（曼谷）创新中心。

◎ 中国与越南的科技合作

2016 年 4 月，中国气象局与越南资源环境部在河内举行中越气象科技合作联合工作组第十一次会议，商定 2016—2018 年在天气预报、气象通信、人力资源培训、气象鉴定技术等领域开展合作。7 月，中越科技合作联委会第九次会议在北京举行，双方商定将科技政策与管理、农业科技、生物医药与生物技术、新能源与可再生能源作为中越科技创新合作优先领域，共同举办国际科技研讨会，开展青年科学家交流，共建中越技术转移中心，共同资助两个长期合作交流项目，并选择双方有实力的科研院所和大学联合建立重点实验室。

◎ 中国与印度尼西亚的科技合作

2015 年 5 月，中国与印度尼西亚建立副总理级人文交流机制，并举行机制首次会议，中国科技部与印度尼西亚研究技术和高教部签署了共建中国－印尼技术转移中心、共同组织科学家交流计划和共建国家联合实验室等合作协议。2016 年 3 月，印度尼西亚总统佐科访华期间，两国发表了《关于加强两国全面战略伙伴关系的联合声明》，确定双方将积极推进共建中国－印尼技术转移中心、生物技术联合实验室、遥感卫星数据共享与服务平台、青年科学家交流等合作，并探讨核电技术交流、科技创新政策等方面的合作。8 月，两国召开第二届副总理级人文交流机制会议，一致同意推进教育、科技、卫生、文化等领域的合作，签署了关于共建生物技术联合实验室实施协议、共建高温气冷堆联合实验室实施协议、共同推进大熊猫保护合作的谅解备忘录及大熊猫保护研究合作技术协议。12 月，中国科学院海洋所与印尼科学院海洋研究中心签署了共建海洋生态牧场的合作协议。

◎ 中国与巴基斯坦的科技合作

2015 年 4 月，习近平主席访问巴基斯坦期间，两国领导人共同为中巴小水电联合研究中心揭牌，并见证签署了《关于共建中巴棉花生物技术联合实验室的谅解备忘录》。

二、与非洲国家的科技合作

中非科技伙伴计划在加强非洲国家科技能力建设、促进中非科技交流与合作等方面发挥着重要作用。作为未来 3 年中非合作重点方向之一，中非科技伙伴计划被正式列入《中非合作论坛第六届部长级会议行动计划（2016—2018 年）》。2016 年 7 月，中非合作论坛约翰内斯堡峰会成果落实协调人会议期间，《中非科技伙伴计划 2.0》启动实施，在新形势下，继续发挥科技创新合作在建设中非全面战略合作伙伴关系中的重要作用。

◎ 中国与南非的科技合作

2015 年 12 月，中国科技部与南非科技部共同签署了《关于科技园合作的谅解备忘录》。2016 年 7 月，中南两国科技部签署了《关于启动科技园合作的意向声明》。根据两国元首共识及双方协议，中国将与南非分享中国高新区及科技园建设经验，促进南非电子信息、生物技术、先进制造、能源技术产业的发展。2016 年 10 月，中南科技合作联委会第六次会议暨中南双边合作委员会科技分委会第六次会议在南非召开，双方就青年科学家交流、共建联合研究中心、联合研究项目、科技园区等合作达成共识。

◎ 中国与埃及的科技合作

2016 年中埃两国建交 60 周年，两国高层紧密互动。1 月，两国科技管理部门在习近平主席和塞西总统的见证下，签署了《关于科学技术合作的谅解备忘录》，确定了未来几年科技合作和交流的重点领域。3 月，两国科技管理部门签署了《关于科学园合作的谅解备忘录》和《关于建立科技合作联合资助计划的谅解备忘录》，宣布未来 5 年各出资 1000 万美元，每年遴选 5 ~ 10 个联合研究项目给予支持。8 月，中埃科技合作联委会第七次会议在北京举行，双方商定启动中埃联合研究计划，2017 年在新能源、水、农业与粮食、健康等领域共同征集联合研究项目，并就短期交流项目、联合实验室合作、科技园与孵化器合作、埃及科研人员参加“杰出青年科学家来华工作计划”等合作达成共识。

◎ **中国与埃塞俄比亚的科技合作**

2015 年 6 月，中国 – 埃塞俄比亚政府间科技合作联委会第一次会议在北京召开，双方积极评价中埃皮革工业技术联合实验室、国际科技特派员创业园等合作进展，并就进一步开展科学家交流互访、技术示范与应用及科技政策交流达成共识。

三、与拉美国家的科技合作

2015 年 1 月，中拉首届部长级会议在北京召开，科技创新合作作为重要内容列入《中国 – 拉共体论坛首届部长级会议北京宣言》和《中国与拉美和加勒比国家合作规划（2015—2019）》。9 月，首届中拉科技创新论坛在厄瓜多尔首都基多举行，启动实施“中拉科技伙伴计划”和“中拉青年科学家交流计划”，并提出共建国家联合实验室和中国 – 拉美国家技术转移中心、开展重大技术示范与推广等合作举措（图 11-3）。

图 11-3　首届中拉科技创新论坛

◎ 中国与巴西的科技合作

2015 年 6 月，中国科技部与巴西科技和创新部在巴西利亚举行第二届中巴高级别科技创新对话，双方签署了《关于科技园区领域双边科技和创新合作的谅解备忘录》，正式建立双边科技园区交流合作机制，鼓励在科技园区、企业孵化器及其他领域开展合作，建设由市场驱动的技术创新生态系统。2016 年 5 月，中国石油大学和里约热内卢联邦大学联合成立“中巴深海技术联合研究院”，加强两国在深海领域的密切合作。7 月，“中国 – 巴西科技园区论坛”在圣保罗召开。中国科技部火炬中心与巴西科技园及企业孵化器协会签订合作协议，在人员培训、信息交流、政策共享等方面深入合作。12 月，中巴空间天气联合实验室举办了第一届中巴双方空间领域合作研讨会，围绕实验室建设和后续发展，拓展合作领域等内容交换意见，并推进“中巴空间天气科学卫星项目”的科学论证。2016 年 12 月，第二届中拉科技创新与技术转移论坛在东莞举行。中拉清洁能源与气候变化联合实验室成为中国科技部支持成立的第一个中拉实验室。

◎ 中国与墨西哥的科技合作

2015 年 5 月，中国国家航天局和墨西哥航天局签署了《中墨航天合作谅解备忘录》，商定在对地观测卫星及通信广播卫星等应用卫星、发射服务、卫星数据共享、卫星地面系统、空间科学等多个领域开展合作。2016 年，中国水产科学研究院与墨西哥农业部、渔业委员会签署了《中墨渔业科技合作备忘录》，双方商定推进“中墨渔业科技合作中心”建设，加强在渔业生物资源保护和可持续利用、海水养殖生物种植改良和品质培育、生物安保技术体系等方面的合作。同年，中国水利部与墨西哥水资源委员会、能源监管委员会续签了《中墨水利合作协定》，就共建“中墨小水电联合研究中心”达成协议。

◎ 中国与智利的科技合作

2016 年 3 月，中智两国科学家合作完成了联合南极科考。11 月，中国农业部与智利农业部签署了《关于在智利建设农业科技研发中心的谅解备忘录》，双方商定依托两国农业科学院，在作物育种、果树种植、病虫害防治、精准农业等领域开展联合研发和技术示范。同月，中国科学院国家天文台与智利北方天主教大学签署了《关于联合建设和运行天文观测基地的谅解备忘录》，计划未来 5 年在“VTRS 台址”（Ventarrones）建设望远镜和天文馆等科研和科普设施，为中国望远镜落户智利奠定基础。

◎ 中国与厄瓜多尔的科技合作

2015 年 1 月，中厄两国签署了《中华人民共和国科学技术部与厄瓜多尔共和国高等教育科技创新秘书处科技合作协议》。双方商定进一步发展中厄科技合作关系，鼓励两国科技主管部门和科研机构加强交流，在科技政策与管理、人员培训、技术转移等领域开展合作。

四、与中东欧及其他独联体国家的科技合作

2012 年，总理级的中国 – 中东欧合作（“16+1 合作”）机制建立，科技创新合作成为该机制下的重要内容和亮点。2014 年和 2015 年，中国 – 中东欧国家创新技术合作和国际技术转移研讨会分别在中国上海和斯洛伐克首都布拉迪斯拉发召开，各方共同发布旨在加强技术转移合作的《合作宣言》，并一致同意创建虚拟“16+1 合作”技术转移中心。2016 年 11 月，首届中国 – 中东欧国家创新合作大会在南京召开（图 11-4），发布了《中国 – 中东欧国家创新合作南京宣言》，正式启动“中国 – 中东欧国家虚拟技术转移中心”。“16+1”机制参与国一致同意推动创新生态体系建设，促进科技成果转化与应用，开展技术转移培训，提升科技服务能力，推动建立中国 – 中东欧长效科技创新合作机制。目前，中方已与中东欧 16 国中的捷克、匈牙利、波兰、保加利亚、罗马尼亚、塞尔维亚、斯洛文尼亚、斯洛伐克、克罗地亚、马其顿、黑山 11 个国家建立了政府间科技合作委员会机制，并定期召开委员会例会。

图 11-4　首届中国 – 中东欧国家创新合作大会在南京开幕

◎ 中国与捷克的科技合作

2016 年 3 月，中国科技部与捷克教育、青年和体育部签署了《关于共同支持联合研发的谅解备忘录》，启动中捷研发合作项目征集工作，重点支持基础研究、应用研究和技术研发合作项目，优先领域包括材料科学、能源、环境、机械工程、食品科学技术、天文学、生物学和医学。12 月，中捷科技合作委员会第四十二届例会在布拉格顺利召开，双方签署了《中华人民共和国和捷克共和国科技合作委员会第四十二届例会议定书》，商定政府间首批研发合作项目计划支持清单，每个项目将得到中捷双方各 200 万元资助。

◎ 中国与匈牙利的科技合作

2016 年 2 月，中国科学院与匈牙利科学院续签了新的双边合作协议，决定在已建成所级联合实验室的基础上，启动共建院级联合实验室工作。12 月，中匈科技联委会第七届例会在布达佩斯召开，双方批准了首批产业合作研究项目和新一批人员交流项目，就进一步加强双方科技领域合作达成共识。

◎ 中国与波兰的科技合作

2015 年 6 月，中波政府间科技合作委员会第三十六届例会在华沙举行，双方签署了《中华人民共和国和波兰共和国科学技术合作委员会第三十六届例会议定书》，通过了新的双边政府间科技合作计划，决定共同资助农业、清洁能源、材料科学、电动汽车等领域的 38 个项目。2016 年 6 月，中国科技部与波兰科学和高等教育部签署了《关于共同资助联合研发项目的合作意向书》，将共同支持两国科研机构、高校、企业在更广范围、更深层次上开展科技创新合作，服务两国产业升级和经济发展的迫切需要。

◎ 中国与保加利亚的科技合作

2016 年 11 月，中保政府间科技合作委员会第十五届例会在南京举行，双方签署了《中华人民共和国和保加利亚共和国科学技术合作委员会第十五届例会议定书》，商定在促进科研成果产业化、推动开展更大规模科研项目合作、共建联合实验室或研发中心、共同举行科技研讨会等方面加强合作，讨论并通过了新的双边政府间科技交流项目计划，涉及农业、化学、医学、材料科学等领域。中保两国将建立优先领域科技“大项目”联合资助机制，支持两国农业科学院、农业大学等机构举办“中保农业合作对接会”。此外，云南农业科学院与保加利亚农业科学院签署了合作协议，未来在花卉、果树、葡萄酒、食品加工等领域开展合作。

◎ 中国与罗马尼亚的科技合作

2016 年 9 月，中罗政府间科技合作委员会第四十二届例会在北京召开（图 11-5），双方签署了《中华人民共和国和罗马尼亚科学技术合作委员会第四十二届例会议定书》，商定在共同感兴趣的优先科技领域推进“大项目”合作，讨论并通过了新的双边政府间科技交流项目计划，涉及农业与食品技术、健康与生物医学、生物技术、信息通信技术、材料科学等领域。

图 11-5　中国－罗马尼亚政府间科技合作委员会第 42 届例会在北京举行

◎ 中国与塞尔维亚的科技合作

2016 年 2 月，中国科学院高能物理研究所与塞尔维亚文卡（Vinca）核物理研究所签署了《关于高能环形正负电子对撞机（CEPC）的合作备忘录》。6 月，中国科技部与塞尔维亚教育科技发展部签署了《关于联合资助中塞科研合作项目的合作谅解备忘录》，双方各出资 100 万美元支持 5 个大型合作项目。此外，中塞双方就组织中方相关领域的科学家参加塞尔维亚 2016—2020 年及以后时期的国家科研项目评审工作达成一致。

◎ 中国与白俄罗斯的科技合作

2016 年 6 月，中白政府间合作委员会科技合作分委会第一次会议召开，双方商定共同资助两国科研机构、大学、企业及其他创新机构在双方确定的科技优先领域开展联合研发，共同促进合作成果的商业化和产业化。双方在新材料与能源、光电子、激光技术、农业与生物技术及信息技术等领域签署了 22 个合作项目，其中大部分项目将通过在“中白工业园”成立合资企业生产高技术产品。

◎ 中国与乌克兰的科技合作

2016 年 6 月，中乌政府间合作委员会第二次科技合作分委会会议在基辅召开，双方讨论中乌科技合作现状、问题和发展趋势，确定了共同资助的 23 项政府间科技合作项目。

◎ 中国与哈萨克斯坦的科技合作

2015 年 10 月，中哈合作委员会科技合作分委会第七次会议在哈萨克斯坦首都阿斯塔纳举行，双方签署了《中哈合作委员会科技合作分委会第七次会议纪要》，商定将继续深化双边科技合作，推动“丝绸之路经济带”建设和“光明之路”新经济计划的对接，全力支持两国相关科研机构与企业开展务实项目合作，积极落实两国元首达成的关于在哈萨克斯坦阿里·法拉比国立大学建立超算和云计算中心的合作意向，并以此为契机加强两国在云计算和大数据等领域的科研合作。会议期间，中国农业科学院、新疆农业大学与哈萨克斯坦赛福林农业技术大学签署了《关于建立联合实验室和促进农业科技创新合作谅解备忘录》，并宣布共同建立“中哈农业科学联合实验室”。黑龙江省对俄工业技术合作中心与哈萨克斯坦国家科学技术信息中心共同建立“丝绸之路经济带”中哈技术开发转移平台，促进双方在信息通信、新材料、新能源与节能环保、先进制造技术、现代农业、生物技术与新医药、航空航天、海洋技术等领域的交流与合作。

五、科技援外培训

据统计，2008—2016 年，中国科技部举办的发展中国家技术培训班如下：农业技术领域 135 个，信息与制造技术领域 50 个，资源环境领域 45 个，新能源领域 53 个，医疗卫生领域 36 个，科技政策与管理领域36个。2008—2016年来华参加培训学员数量前10名国家为蒙古(661人)、泰国(598人)、巴基斯坦（448 人)、印度尼西亚（305 人)、埃及（296 人)、越南（291 人)、菲律宾（241 人)、孟加拉（232 人)、尼日利亚（231 人）和马来西亚（228 人)。

2016 年，中国举办了 55 个发展中国家技术培训班，来自 71 个国家和地区的 1111 名政产学研各界学员参加了培训。根据“发展中国家杰出青年科学家来华工作计划”，印度、巴基斯坦、孟加拉、缅甸、蒙古、泰国、斯里兰卡、埃塞俄比亚、叙利亚、肯尼亚、尼泊尔 11 个国家的 61 位青年科学家到中国从事科研工作。迄今，中国对外援助立体化格局基本建成，科技援外在推动中国对发展中国家外交和科技创新合作方面的作用越来越重要。

第三节
“一带一路”创新合作与多边科技合作

一、“一带一路”创新合作

为落实“一带一路”倡议，2016 年 9 月，中国科技部、国家发展和改革委员会、外交部、商务部联合发布了《推进“一带一路”建设科技创新合作专项规划》（以下简称《规划》），切实发挥科技创新在推进“一带一路”建设中的支撑和引领作用。《规划》提出将与沿线国家共建一批研究实验室、研究中心、技术转移中心和先进技术示范与推广基地，促进科研数据和科技资源的互联互通与服务共享，在农业、能源、交通、信息通信、资源、环境、海洋、人口健康、先进制造、新材料、航空航天、防灾减灾等领域加强合作研究，强化新技术在智能电网、信息通信网络及铁路、公路检测网络等领域的应用，提高沿线国家基础设施水平，提升沿线国家创新能力，共同创造互利共赢的局面，共同打造创新共同体。

中国与“一带一路”沿线国家科技创新合作在科技人文交流、联合实验室、科技园区合作和技术转移等方面已取得一些显著成效：支持了沿线国家一大批青年科学家来华开展科研工作，广泛举办各类技术培训班；与沿线国家共建了一批联合实验室或联合研究中心；蒙古、泰国、伊朗、埃及等沿线国家相继提出科技园区合作意愿，科技园区已成为中国高技术产业发展的一张国际名片；建设了面向东盟、南亚、中亚、阿拉伯国家、中东欧等地区和国家的一系列区域和双边技术转移中心及创新合作中心，初步形成了区域技术转移协作网络。

二、多边机制下的科技合作

◎ 二十国集团首届科技创新部长会议

中国积极参与全球科技创新多边治理机制，有效提升话语权和影响力。2016 年 9 月，第十一次二十国集团（G20）杭州峰会首次将“创新增长方式”列为重要议题，通过了《2016 年二十国集团创新行动计划》。为落实峰会领导人公报，11 月，首届二十国集团科技创新部长会议在北京举行，发布了《二十国集团科技创新部长会议声明》，强调创新对推动全球经济增长、可持续发展和促进 G20 科技创新合作与对话的重要作用，商定在创新驱动增长政策和实践、创新创业、科技创新合作优先领域和模式、科技创新人才交流方面采取一致行动。本次会议由中方倡议举办，彰显了中方在 G20 科技创新领域的议程设置力和影响力。

◎ 清洁能源部长级会议（CEM）和创新使命（MI）机制

2016 年 6 月，第七届清洁能源部长级会议（CEM7）和首届创新使命部长级会议在旧金山市举行。与会代表讨论并通过了清洁能源部长级会议的框架文件，确定了秘书处由美国能源部转交到国际能源署，并启动“50 001 名节能伙伴进程”“先进制冷挑战”和“企业采购可再生能源挑战”项目。“创新使命”部长级会议上，欧盟委员会代表欧盟作为第 21 个成员加入，各成员宣布清洁能源研发投入基线、倍增计划和重点投入领域。“创新使命”21 个成员国的清洁能源研发投入年度总额为 150 亿美元，到 2020 年有望实现倍增。

◎ 金砖国家科技创新部长级会议

近几年，金砖国家合作日益深化，已形成以领导人会晤为引领、以各相关部门和领域的高层会议为辅的多领域多层次合作机制。2015 年 3 月，第二届金砖国家科技创新部长级会议在巴西利亚举行，讨论 2015—2018 年金砖国家科技创新工作计划及建立青年科学家论坛的倡议，签署了《金砖国家政府间科技创新合作谅解备忘录》，并发表了《巴西利亚宣言》。7 月，金砖国家领导人第七次会晤在俄罗斯乌法举行，发表《乌法宣言》及行动计划。该宣言提出，在联合研究、设计、开发、制造业、高科技产品等方面扩大务实合作，缩小金砖国家与发达国家的科技差距，为当前世界经济面临的挑战寻求解决方案。在此背景下，10 月，第三届金砖国家科技创新部长级会议在莫斯科举行，发表了《莫斯科宣言》，通过了《金砖国家 2015—2018 年工作计划》，确定气候变化和减轻自然灾害，水污染和污染治理，地理空间技术及其应用，新能源、可再生能源和能源效率及天文学等 19 个优先合作领域，并宣布将联合征集多边研究项目，推动优先领域的务实合作。2016 年 10 月，第四届金砖国家科技创新部长级会议在印度斋普尔举行，通过了《2016—2017 年金砖国家科技创新行动计划》，发表了《斋普尔宣言》，承诺基于《金砖国家政府间科技创新合作谅解备忘录》，促进金砖国家科技创新合作的制度化和多元化。金砖国家现已启动 10 个领域的联合研究，中国领衔新能源、可再生能源和能效，以及信息技术与高性能计算两个领域。

◎ 亚太经合组织科技创新政策伙伴关系机制

为落实亚太经合组织（APEC）领导人非正式会议宣言中关于“开展务实、高效和活跃的全方位科技创新合作，以促进可持续发展的经济增长和社会进步”的精神，2015—2016 年，中国利用当选科技创新政策伙伴关系机制（PPSTI）主席的机会，积极主导和参与 APEC 科技创新活动。2015 年 5 月和 8 月在菲律宾举办 APEC PPSTI 第五次和第六次会议（图 11-6），围绕“科技型中小企业与包容性增长”召开创新政策对话会，起草 PPSTI 年度工作计划和战略规划（2016—2025），通过《政策声明》，鼓励联合研发与科技创新活动，为 APEC 成员提供政策选择。

图 11-6 中国代表团出席亚太经合组织第 6 次科技创新政策伙伴关系机制会议

2016 年 5 月，亚太经合组织科技创新政策伙伴关系机制第七次会议在秘鲁阿雷基帕举行。本次会议以“科技创新促进有质量的增长”为主题，围绕科技创新合作项目及重点活动、独立评估报告、长效合作机制等议题展开讨论，达成重要共识，并通过了 PPSTI 2016 年度工作计划。8 月，亚太经合组织科技创新政策伙伴关系机制第八次会议在秘鲁阿雷基帕举行，商讨 PPSTI 内部建设、对外合作、重点活动成果、年度报告等议题，通过了《独立评估意见报告》和《PPSTI 年度报告》，原则通过《PPSTI 中心和长效机制指导大纲》。

三、国际大科学工程和大科学计划

◎积极参与国际热核聚变实验堆（ITER）计划

2015 年 3 月 ITER 组织第三任总干事伯纳德·比戈（Bernard Bigot）上任以来，ITER 计划各项工作进展良好。ITER 组织已累计签署 119 个采购包制造任务安排协议，占总体任务的 92%。ITER 组织总部国际职员达到 794 人，其中中方职员 76 人，占比 9.6%，超出中方的贡献比例，位居除欧盟之外的其他六方之首。各方政府批准了 ITER 组织提出的新版“项目基准”（2016 年版），确定了最新的项目总进度和总费用，预计 2025 年 12 月实现 ITER 装置放电，产生第一等离子体。截至 2016 年年底，中国已完成所有 18 个采购安排协议的签署，实物贡献额度累计 280.4 kIUA，累计完成 81 kIUA 任务量，占中方任务总量的 28%。

◎ 平方公里阵列射电望远镜（SKA）

中国通过部际协调机制，积极参与 SKA 建设准备阶段工作。2015 年，中国科技部联合外交部、财政部、中国科学院、国家自然科学基金委员会等组建联合跨部门谈判工作组，深度参与 SKA 政府间正式谈判，针对天文台公约、特权与豁免议定书、出资议定书、望远镜运行与使用、采购与知识产权协议等核心问题展开深入研究和密集磋商，已就天文台公约等第一层级文件达成共识，有望在 2018 年草签 SKA 天文台公约。2015—2017 年，中国科技部组织召开四次 SKA 数据处理与高性能计算研讨会，探讨建立中国的 SKA 数据中心及将“天河二号”“太湖之光”超级计算机应用于 SKA 数据处理的可能性。2016 年，第四次部际协调小组会议商定由中国科学院牵头提出中方参与 SKA 的科学目标、预期成果，保障措施和实施计划，统筹国内外天文学领域人才资源组建 SKA 科学团队。中国科学院已启动相关工作，中国 SKA 首席科学家武向平院士牵头编写新版《中国 SKA 科学白皮书》。

四、与国际组织的合作

◎ 国际地球观测组织（GEO）

2015 年 11 月，国际地球观测组织第十二届全会和第四次部长级峰会在墨西哥城召开，通过了 GEO 新十年（2016—2025 年）战略规划，提出建设全球综合地球观测系统（GEOSS）的框架建议。2016 年，GEO 中国秘书处组织编写了《中国全球地球观测发展战略研究报告（2016—2025 年）》，并在此基础上制定了《中国面向全球的综合地球观测系统十年执行计划（2016—2025 年）》。2016 年 9 月，中国参加 GEO 工作部际协调小组第四次会议召开，一致通过在中国参加 GEO 工作部际协调小组中增设中国科学院、中国气象局、国防科工局和国家测绘地理信息局为副组长部门，进一步增强了部际协调小组的作用，统筹全国力量实施全球综合地球观测。11 月，在 GEO 第十三届全会上，中国牵头主持的亚洲大洋洲区域全球综合地球观测系统（AOGEOSS）计划正式启动，致力于统筹协调亚大区域国家的地球观测系统数据、技术和人才资源，推进区域综合地球观测系统建设。

◎ 第四代核能系统国际论坛（GIF）

2015 年 5 月，中国出席第四代核能系统国际论坛（GIF）第三十九届政策组会议，审议《纳冷快堆安全守则》等报告，推荐中国专家参加GIF教育与培训工作组和可持续发展工作组。2016年6月，中国驻法国大使翟俊代表中国政府在巴黎签署了《第四代核能系统研究和开发（GIF）国际合作框架协议》的延期协议。

◎ 经济合作与发展组织（OECD）

中国与OECD积极开展科技创新政策领域的合作。2015年7月，李克强总理访问OECD总部期间，双方签署了合作协议文本，宣布中国加入OECD发展中心。10月，OECD科技部长级会议召开，通过了《大田宣言》。中国支持OECD《2015创新战略》，将加强研究创新政策的监督和评估，积极开展国际科技合作，让发展中国家融入全球知识网络。中国科学技术发展战略研究院同OECD专家就科技指标领域的设计与实施、国家间相互参与对方科研任务的合作机制、包容性创新等议题开展合作研究，完成了中国包容性发展政策研究国别报告。

◎ 其他国际组织

中国加强与世界知识产权组织（WIPO）、国际能源署（IEA）、联合国亚洲及太平洋经济社会委员会（ESCAP）的合作，与联合国环境规划署（UNEP）开展下一阶段合作项目，指导和支持联合国教科文组织（UNESCO）“国际科技战略研究与培训中心”开展合作研究与培训工作，继续推动与国际氢能经济和燃料电池伙伴计划（IPHE）的合作，并与发展中国家科学院（TWAS）、南方科技促进可持续发展委员会（COMSATS）、国际技术转移中心（APCTT）等发展中国家科技组织维持良好的合作关系，探讨在科技创新政策、技术转移、南南技术合作等领域的合作机会。

第四节 与港澳台地区的科技交流与合作

一、与港澳地区的科技交流与合作

为支持香港科研平台建设工作，2015年10月，国家工程技术研究中心依托香港理工大学、香港科技大学和香港城市大学3所高校成立了5家香港分中心，涉及材料、医学、工程、环保等领域。11月，内地与香港科技合作委员会第十次会议在香港召开，双方审议并通过了《2014—2015年度工作报告》和《2015—2016年度工作计划》，确定了下一年度工作重点。2016年8月，内地与香港科技合作委员会第十一次会议在贵阳召开，双方对《2015—2016 年度工作报告》和《2016—2017 年度工作计划》进行了研讨，形成多项有益建议。2006 年以来，已有 475 名香港科研人员参与了 162 项国家科技计划课题的研究工作，其中课题负责人 28 人，建立了 16 个国家重点实验室香港伙伴实验室、6 家国家工程技术研究中心香港分中心和 3 家香港国家高新技术产业化伙伴基地。

2015 年 11 月，内地与澳门科技合作委员会第九次会议在成都召开，双方交流了中医药、节能与环保、电子与信息、科普 4 个工作组的情况及国家重点实验室建设、葡语科技管理干部培训和联合科研资助工作进度，讨论通过了《2015—2016 年度工作计划》，签署了《中华人民共和国科学技术部与澳门科学技术发展基金关于开展联合资助两地合作研发项目的协议》。2016 年 10 月，内地与澳门科技合作委员会第十次会议在常州召开，为进一步深化合作，双方 2017 年共同资助两地科技合作项目，继续支持国家重点实验室澳门伙伴实验室建设，开展葡语科技管理干部培养及科技奖励领域合作，持续推动中医药、节能环保、电子信息、科普等领域的交流合作。

二、与台湾地区的科技交流与合作

2015 年 7 月，“两岸产业技术前瞻论坛”在昆明召开，探讨两岸前瞻技术交流与合作进展，进一步商讨未来合作计划，两岸生技与医药搭桥会议同期举办。8 月，第三届海峡两岸科技论坛在西安召开，双方围绕科技计划管理和科技资源共享、科技与创新创业、防灾减灾、食品安全等两岸共同关心的议题展开研讨，最终形成促进两岸科技交流与合作的 9 项共同建议：继续推动构建两岸科技交流与合作常态化机制；加强两岸在科研管理、科研诚信、学术伦理等方面的交流与合作；持续推动有助于两岸民生福祉的互补性领域开展科技合作；共同推动防灾减灾新技术、新方法在灾害防御、应对和恢复重建中的应用；加强食品安全危害因素分析与溯源、检测技术与标准及食品加工方法等方面的科技合作与交流；共同推进科技信息交流和非敏感数据共享，进一步推动两岸大型科学仪器设备设施、实验动物模型等创新资源的交流与合作；鼓励两岸科技产业界合作打造优质环境，共同促进新兴产业和新兴业态；推动大陆众创空间、科技企业孵化器和台湾育成中心的交流与合作；加强海峡两岸青年创业者的交流与合作；促进两岸科普合作与交流，拓展科普活动的合作领域与范围，用科普资源推动两岸的人文交流，推进两岸青少年夏令营等活动。

第五节 国际科技合作能力建设

一、国际科技合作项目

2016 年，落实中央财政科技计划管理改革精神，在国家重点研发计划下启动政府间国际科技创新合作 / 港澳台科技创新合作和战略性国际科技创新合作两个国家国际科技合作重点专项，与数十个国家、地区、国际组织以多边机制开展年度联合资助项目，推进共性技术合作研究、创新平台建设、科技人才交流等全方位合作布局。2016 年，政府间重点专项立项 296 个项目。战略重点专项指南面向社会公开发布。2016 年，中国科技部完成 763 个在研项目滚动拨付工作，滚动经费拨付 6.67 亿元，受理 177 个项目重大事项调整申请；组织 144 个项目的查重、经费预算申报和预算评估工作；开展 6 批次集中检查评估，对 162 个项目进行了中期检查；完成 373 个项目的验收。

二、国际科技合作基地

截至 2016 年年底，642 家国际科技合作基地获得认定，其中包括 29 家国际创新园、39 家国际技术转移中心、169 家国际联合研究中心和 405 家示范型国际科技合作基地。这些基地分布在 31 个省、自治区和直辖市，主要依托于高新区、科研院所、高校和企业。

三、国际人才引进与培养

根据中国与全球化智库（CCG）发布的国际人才蓝皮书《中国留学发展报告 2016》，1978—2015 年，中国各类出国留学人员累计达 404.21 万人，221.86 万人在完成学业后选择回国发展。调查结果显示，情感与文化因素影响是海归回国的主要因素；海归就业更看重所选城市的经济发展和公共服务；各地政府通过人才绿卡制度、提供创业资金支持等方式吸引海归人才。

◎ 国际组织人才培养

中国科技部积极落实《国家中长期人才发展规划纲要（2010—2020 年）》（中发〔2010〕6 号），扎实推进国际科技组织人才工作，为国内人员竞聘 SKA 等国际组织中高级岗位积极提供技术支撑和协调，成功向 GEO、OECD、IEA 和 WIPO 各派出 1 人，并争取到部分国际组织对我派出人员全额或部分资助费用。2016—2017 年，中国国家审计署胡学文副司长担任 ITER 财务审计委员会主席。截至 2016 年年底，ITER 组织中国职员人数增至 64 人，占比升至 8.8%，仅次于东道主欧盟。

◎ 国际合作奖

2016 年度中华人民共和国国际科学技术合作奖由 5 位外籍科学家和 1 个外国组织获得，分别是：德国燃烧学专家凯瑟琳娜 • 科瑟 • 赫英郝斯（Katharina Kohse Höinghaus）、美国气候模拟学者约翰 • 库茨巴赫（John Elmer Kutzbach）、美国水文和岩溶地质专家克里斯 • 葛立夫（Christopher Gordon Groves）、法国计算机科学家简 • 埃蒙德 • 阿布瑞尔（Jean Raymond Abrial）、德国轻量化工程科学家维尔纳 • 胡芬巴赫（Werner Alfred Hufenbach）及总部位于墨西哥的非营利国际农业研究和培训机构——国际玉米小麦改良中心（CIMMYT，图 11-7）。

图 11-7 国际玉米小麦改良中心

四、科技外交官服务行动

2016 年，科技外交官服务行动蓬勃开展：23 个驻外使领馆的 25 位科技外交官为北京、天津、福建、广西、江苏等地国际科技合作牵线搭桥，举办中国（北京）跨国技术转移大会、中国•江苏国际产学研合作论坛暨跨国技术转移大会等重大活动，此外还举办首届中美创新与投资对接大会、2016 美国先进制造及新材料创新企业对接洽谈会等活动；与北京、天津、福建、青岛等地合作建设科技外交官国际技术转移服务平台，驻外科技处（组）共向国内推荐 145 个项目，反馈比达 44.8%。

五、国际科技合作论文和专利

根据中国科学技术信息研究所发布的统计数据，2015 年，SCI 收录的中国论文中，国际合作产生的论文为 7.5 万篇，比 2014 年增加了 9872 篇，增长了 15.1%。国际合著论文占中国发表论文总数的 25.4%。2015 年，以中国作者为第一作者的国际合著论文为 52 006 篇，占中国国际合著论文总数的 69.1%，合作伙伴涉及 148 个国家（地区），其中排名前 6 位的是：美国 23 412 篇、澳大利亚 4355 篇、英国 3610 篇、加拿大 3353 篇、日本 2798 篇和德国 2524 篇；中国作为参与方，其他国家作者为第一作者的国际合著论文为 23 259 篇，涉及 177 个国家（地区），排名前 6 位的是美国 11 161 篇、英国 3290 篇、德国 2556 篇、澳大利亚 2254 篇、日本 2211 篇和加拿大 1908 篇。从学科分布来看，以中国作者为第一作者的国际合著论文主要分布在化学、生物学、临床医学、物理学、计算技术和材料科学领域；中国作为参与方，其他国家作者为第一作者的国际合著论文主要分布在生物学、临床医学、化学、物理学、基础医学和材料科学领域。

根据世界知识产权组织（WIPO）发布的《知识产权服务报告》和《PCT 年报》，2016 年中国 PCT 国际专利申请累计达 43 168 件，比 2015 年增加了 44.7%，居美国、日本之后排名世界第三。WIPO 统计数据显示，2016 年，中兴通讯公司以 4123 件已公开 PCT 申请量排名世界第一，华为公司以 3692 件专利申请紧随其后，后面依次为美国高通、日本三菱电机和韩国 LG 电子公司。另据 OECD 统计，2014 年在中国申请的 26 778 件 PCT 专利中，有国外合作者参与的专利申请为 1911 件，约占总量的 7.1%，其中，与美国合作申请 PCT 专利 1140 件，与欧盟国家合作申请 477 件，与日本合作申请 143 件。

第十二章
科普事业

党的十八大以来，科普工作全面扎实推进，科普能力建设稳步增强，科普队伍继续壮大，科普经费投入稳定增长，科普基础设施日益完善。“全国科技活动周”“全国科普日”等一系列重大科普活动得到公众广泛参与，针对农村、青少年等特定地区、特定人群的科普活动在保持原有特色的基础上不断创新，新媒体科普逐渐发展，公民科学素质水平进一步提升。

第一节
科普能力建设

一、科普队伍建设

2016 年全国共有科普人员 185.24 万人，比 2015 年减少 20.14 万人，减少 9.81%；全国每万人口拥有科普人员 13.40 人，与 2015 年的 14.94 人相比有所降低。其中，科普专职人员 22.35 万人，占科普人员总数的 12.07%，相比 2015 年，科普专职人员总数及占比均有所上升；科普兼职人员 162.88 万人，比 2015 年减少 20.35 万人，出现较大降幅。2016 年全国科普兼职人员共投入工作量 185.46 万人月，比 2015 年的 178.29 万人月有所增加；科普兼职人员人均年度投入工作量 1.14 个月，比 2015 年的 0.97 个月有所增加。

◎ 科普人员类别

2016 年全国共有农村科普人员 57.13 万人，比 2015 年减少 17.83 万人，占全国科普人员总数的 30.84%。在全国农村科普人员中，科普专职人员 6.84 万人，科普兼职人员 50.29 万人。与 2015 年相比，农村科普兼职人员明显减少，使得 2016 年全国农村科普人员总量和占比均明显下降。2016 年全国每万农村人口拥有科普人员 9.69 人[1]，比 2015 年也有所下降。

[1] 根据国家统计局数据，截至 2016 年年底中国城镇人口为 79 298 万人，农村人口为 58 973 万人。

全国中级职称及以上或大学本科及以上学历的科普人员略有下降，为99.96万人，占科普人员总数的53.96%，与2015年的49.46%相比有所上升。中级职称及以上或大学本科及以上学历的科普专职人员有13.34万人，占科普专职人员总数的59.66%，与2015年相比略有增加，占比提高0.55个百分点；中级职称及以上或大学本科及以上学历的科普兼职人员有86.62万人，占科普兼职人员总数的53.18%，与2015年相比减少了1.86万人，占比增加了4.89个百分点。总体来说，中级职称及以上或大学本科及以上学历人员在科普专职人员中所占比重继续高于同类人员在科普兼职人员中所占比重。

专职从事科普作品创作的人员有14 148人，比2015年增加811人，但总体规模仍然较小，占全国科普专职人员的6.33%，与2015年的6.02%相比略有增加。

全国共有71.50万名女性科普人员，比2015年的73.32万名减少1.82万名，占科普人员总数的38.60%，与2015年的35.70%相比有所增长。其中，女性科普专职人员8.21万人，占科普专职人员总数的36.74%，占比比2015年略有下降；女性科普兼职人员63.28万人，占科普兼职人员总数的38.85%，与2015年相比占比有所增长。

全国共有科普管理人员4.70万人，占科普专职人员总数的21.03%，占科普人员总数的2.54%，与2015年的4.66万人和2.27%的比例相比，管理人员数量及占科普人员总数比例均略有增长。全国共有注册科普志愿者231.54万人，与2015年相比减少44.08万人，科普志愿者的队伍建设和科普活动组织水平有待进一步提高。

◎ 科普人员层级分布

按照中央部门、省级、地市级和县级的科普人员分布来看，中国县级科普人员最多，而中央部门科普人员最少。2016年，全国县级科普人员共有139.55万人，与2015年的147.14万人相比减少7.59万人，占全国科普人员总量的75.33%。分布在中央部门的科普人员有5.03万人，比2015年的1.35万人大幅增加3.68万人，占全国科普人员总数的2.71%。中央部门的科普人员中，科普专职人员占9.10%，科普兼职人员占90.90%；其中，27.30%的科普专职人员是科普管理人员，这与2015年的18.57%相比有较大幅度的增长。

◎ 科普人员区域分布

2016年东部、中部和西部地区的科普人员分别为80.11万人、49.79万人和55.33万人。与2015年的统计结果相比，东部地区科普人员减少8.40万人，下降9.49%；中部地区科普人员增加3.14万人，上升6.73%；西部地区科普人员减少14.90万人，下降21.22%，降幅较大。东部地区人口占全国的41.55%，各类科普人员数占全国的43.25%；西部地区的科普人员和科普兼职人员数仍然超过中部地区，专职人员数也接近中部地区，两者差距不大。东部、中部和西部地区每万人口中的科普人员数分别为 13.97 人、11.52 人和 14.79 人，与 2015 年的 15.55 人、10.84 人和 18.91 人相比，东部和西部地区均有所下降，中部地区有所上升，依然呈现出西部地区高、东部地区较高、中部地区最低的特征。

二、科普经费投入

◎ 科普经费筹集

2016 年中国科普经费筹集额为 151.98 亿元，比 2015 年增长 7.63%。其中，各级政府财政拨款 115.75 亿元，占总筹集额的 76.16%，这一比例与 2015 年相比略有提高，说明全国科普投入主要依赖政府作为经费筹集渠道依然是中国科普经费投入的现状。在政府拨款的科普经费中，科普专项经费为 62.01 亿元，相比 2015 年略有减少。全国人均科普专项经费为 4.48 元，比 2015 年的人均 4.63 元略有下降，人均科普投入总体稳定。

科普经费筹集额中，社会捐赠 1.57 亿元，同比增长 41.49%，社会捐赠资金总额在 2015 年大幅下跌后出现回升，说明捐赠来源自身具有非稳定的特点。从占筹集总额比例来看，社会捐赠数额仍仅占总筹集额的较小比例（1.03%）；自筹资金是仅次于政府拨款的筹集来源，达 27.60 亿元，约占总筹集额的 18.16%，从金额总量上略高于 2015 年水平，占比上则略低；其他收入 7.13 亿元，占 4.69%。从科普经费筹集额构成的变化看，与 2015 年相比，经费来源中政府拨款、捐赠、自筹资金均有所增长，仅其他收入部分有所下降。增长最快的是捐赠，其次是政府拨款（表 12-1）。

表 12-1　2012—2016 年科普经费筹集额构成的变化

经费筹集构成	科普经费筹集额 / 亿元					2015—2016 年筹集额变化情况 / %
	2012 年	2013 年	2014 年	2015 年	2016 年	
政府拨款	85.04	92.25	114.04	106.66	115.75	8.52
捐赠	0.82	0.97	1.60	1.11	1.57	41.49
自筹资金	30.75	33.32	27.27	25.74	27.60	7.23
其他收入	6.26	5.77	7.10	7.72	7.13	–7.58

2016 年中央部门科普经费筹集额为 15.26 亿元，省级为 46.40 亿元，地市级为 27.75 亿元，县级为 62.47 亿元。从不同层级科普经费筹集来看，2016 年科普经费筹集额的层级构成与 2015 年相比差别不大，省级和县级的科普经费筹集额仍占全国总量的七成左右，但中央部门和省级所占份

额相对增长，地市级和县级有所下降。从增速来看，中央部门和省级科普经费筹集额均有较大幅度的增长，分别增长 44.75% 和 13.17%，地市级和县级也略有增长。

◎ 科普经费使用

2016 年全国科普经费使用额共计 152.21 亿元，同比增长 3.89%。其中，行政支出 25.03 亿元，科普活动支出 83.74 亿元，科普场馆基建支出 33.84 亿元，其他支出 9.60 亿元。从 2016 年科普经费各项支出的变化情况看，除科普活动支出略有下降外，其他各项支出较 2015 年均有所增长。科普经费的使用构成继续保持在一个稳定的水平，科普经费使用额中的近六成支出（55.01%）用于举办各种科普活动。全国科普场馆基建支出占全部科普经费支出的 22.23%，这一比例与 2015 年基本持平，在科普场馆基建支出中，来自政府的拨款支出共计 14.17 亿元，占基建总支出的 41.86%。基建支出中用于场馆建设支出共计 16.98 亿元，占基建支出总额的 50.18%。

三、科普基础设施建设

2016 年，全国共有科技馆 473 个，比 2015 年增加 29 个，增长 6.53%（表 12-2）。科技馆建筑面积合计 320.61 万平方米，比 2015 年增长 2.16%；展厅面积合计 157.22 万平方米，比 2015 年增长 1.95%；参观人数共计 5646.41 万人次，比 2015 年增长 20.26%。全国共有科学技术类博物馆 920 个，比 2015 年增加 106 个，增长 13.02%；科学技术类博物馆建筑面积合计 609.08 万平方米，比 2015 年增长 6.00%；展厅面积合计 282.49 万平方米，比 2015 年增长 4.73%；参观人数共计 1.10 亿人次，比 2015 年增长 4.80%。全国共有青少年科技馆（站）596 个，建筑面积共计 151.33 万平方米，展厅面积 49.07 万平方米，共有 1257.73 万人次参观。全国共有科普画廊 21.02 万个，比 2015 年减少 5.62%；城市社区科普（技）专用活动室 8.48 万个，比 2015 年增长 3.48%；农村科普（技）活动场地 34.66 万个，比 2015 年减少 10.39%；科普宣传专用车 1898 辆，比 2015 年增加 23 辆。

表 12-2　2012—2016 年全国各类科普场馆对比

年份 / 科普场馆 / 个	2012	2013	2014	2015	2016
科技馆	364	380	409	444	473
科学技术类博物馆	632	678	724	814	920
青少年科技馆（站）	739	779	687	592	596
合 计	1735	1837	1820	1850	1989

四、科普出版与传媒

◎ 科普出版与发行

2016 年，全国共出版科普图书 11 937 种，比 2015 年减少 4663 种，发行量达到 1.35 亿册，比 2015 年增加 129.54 万册，平均每万人拥有科普图书 975 册；出版各类科普期刊 1265 种，发行约 1.60 亿册，平均每万人拥有科普期刊 1155 册；发行科技类报纸 2.67 亿份，平均每万人每年拥有科普报纸 1934 份。全国电视台共播出科普（技）节目时间 13.54 万小时，比 2015 年降低 31.37%，全国广播电台共播出科普（技）节目 12.68 万小时，比 2015 年统计结果减少 12.58%，近几年全国电视台、广播电台的科普（技）节目播出总时长也在持续减少。全国共出版各类科普（技）音像制品 5465 种，比 2015 年增加 8.26%；光盘发行总量为 433.47 万张，比 2015 年减少 56.15%；发行录音带、录像带 35.87 万份，比 2015 年减少 77.20%。国家财政投资建设的科普网站共有 2975 个，比 2015 年减少 87 个。

◎ 优秀科普作品推介

科技部每年组织开展优秀科普作品推介活动。2016 年全国优秀科普作品推介活动总共收到推荐的 298 部、626 册图书作品。经形式审查、专家评议、社会公示，评出《十万个为什么·校园经典（第六版）》（4 册）、《爱问少年百科系列》（6 册）、《中国居民膳食指南》（2016 科普版）、《子宫情事》（上、下册）等 50 部作品作为 2016 年全国优秀科普作品，这些作品具有较强的科学性、知识性、艺术性、通俗性、趣味性，内容丰富、形式活泼、图文并茂。

第二节 科普活动

十八大以来，科普宣传和创新文化建设取得新成效。全民科学素质行动计划纲要深入实施，发布《中国公民科学素质基准》，2015 年中国公民具备科学素质的比例达到 6.2%。全国科技活动周、科普日等重大科普宣传活动影响不断扩大，国务院将每年 5 月 30 日设为“全国科技工作者日”。创新科技宣传方式，加大科技领域重大文件、重大活动、重大成就和先进人物等宣传力度，科技宣传传播力和引导力显著提升。

一、全国科技活动周

全国科技活动周自 2001 年以来已连续举办 15 届，累计参与公众超过 12 亿人次，成为一项公众参与度最高、覆盖面最广、社会影响力最大的全国性科普品牌活动。2016 年全国科技活动周以“创新引领、共享发展”为主题，于 5 月 14 日开幕，启动式及主场设在北京民族文化宫，安排了“科学重器”“新技术新产品新创业”“一带一路”科普驿站、创新梦工场等展区，集中展示了 300 余项与人民生活相关的科技创新成就、国家重大科学工程和大科学装置、科普体验展项等。中国第一位在太空授课的航天员王亚平代表科普工作者发言。

本次全国科技活动周主场的“科学重器”展区通过模型、视频等方式，展示中国散裂中子源、全超导托卡马克核聚变实验装置、500 m 口径球面射电望远镜工程（FAST）、中国西南野生生物种质资源库、暗物质粒子探测卫星、上海光源等 12 项国家重大科学工程、大科学装置，向公众展示国家重大科技创新成就，激发公众特别是青少年的科学兴趣。“创客空间 3.0”展区展出了硬创梦工场、“大唐 369”云平台、液态金属电子电路打印机等新技术、新产品、新创业成果，以及 VR 飞行战斗模拟器、航天员出仓虚拟体验等科普互动展项。“一带一路”科普驿站邀请德国和匈牙利知名科学家为公众讲解科普知识，体验“独立钻石”“魔方”、虚拟钻井平台等各种好玩的互动展项，并展示以色列、伊朗、埃及、巴基斯坦、俄罗斯、罗马尼亚等 15 个“一带一路”沿线国家青少年的科技创新作品。体重指数测量仪、VR 虚拟现实军事体验、超高清分辨率 10K 显示屏、航天员出舱虚拟体验、马来西亚虚拟钻井平台、500 m 口径球面射电望远镜、阳台菜园装备、全营养枸杞系列产品、“翩翩起舞”等 30 余个展项被评为最受公众喜爱的科普项目。

2016 年全国科技活动周从 5 月 14 日至 21 日在全国开展 2700 余项重点科普活动，包括“科技列车赤峰行”“科研机构、大学向社会开放活动”“全国科普讲解大赛”“全国科普微视频大赛”等 10 余项重大示范活动。全国科技活动周闭幕式于 21 日晚在上海以“科普艺术演出”的方式闭幕。

全国科技活动周的重要项目“科技列车赤峰行暨 2016 年内蒙古自治区科技活动周”由科技部、国家民委、中国科协等 11 个国家部委和内蒙古自治区人民政府共同主办，于 5 月 14—18 日开展活动。本次活动紧紧围绕“创新引领、共享发展”主题，组织了农业、工业、医疗卫生、科普教育等领域的 130 名行业专家组成 17 个科技特派团，分为 12 支专家服务队，深入赤峰市红山区、松山区、林西县、克什克腾旗等 11 个旗县区和赤峰市农科院、市医院、卫计委等 12 个市直部门、单位进行科技服务和科普宣传，开展丰富多彩的科技服务活动近 400 场，向赤峰地区捐赠了价值近 130 万元的科技物资，为当地引进或合作开发技术 50 项，达成合作意向或协议 57 项，近 5 万名群众直接参与“科技列车赤峰行”活动，间接参与活动人数有 10 万余人。本次活动通过开展政策解读宣讲、专家建言献策、企业技术咨询、医疗保健义诊、科学知识普及等形式，送科技进企业、进学校、进社区、进农村牧区，满足赤峰广大农牧民对科技的迫切需求。

二、全国科普日

全国科普日活动自 2003 年首创至今，已成为导向性强、受益面广、影响力大的品牌科普活动，中央领导同志每年参加全国科普日北京主场活动，对活动给予高度评价。2014—2016 年，共开展 2.8 万余项活动，参与群众逾 4 亿人次。2016 年 9 月 17 日，以“创新放飞梦想，科技引领未来”为主题，“全国科普日北京主场活动暨第六届北京科学嘉年华”17 日在中国科技馆开幕，并正式对公众开放。2016 年全国科普日围绕大力普及传播发展理念、大力倡导创新创造创业、大力促进公众理解高新科技、大力倡导科学生活方式等主题展开。

2016 年全国科普日北京主场活动以北京属地活动为基础，突出航天科技重点，集成中国科协和有关主办单位重点活动，打造重点活动圈。主场活动包括五大板块。第一，航天放飞中国梦。围绕中国航天事业创建 60 周年，通过主题展览、现场体验、专家宣讲等方式，宣传中国 60 年来航天科技发展的历程及取得的巨大成就，展示航天科技最前沿创新和民用成果，弘扬航天精神，增强民族实力，改善人民福祉，满足公众需求。第二，感触科技前沿。依托虚拟现实技术和智能终端设备等现代技术，以生动活泼、通俗易懂、现场互动的多样方式，向公众展现海洋、医学、工业、航空、城市交通、微观生物等领域前沿科技。第三，健康伴我行。借助科普信息化资源和平台优势，利用互联网、移动互联网、大数据、云计算等技术手段，组织发动网民在线浏览“科普中国”各频道健康科普内容，同时通过展览展示、互动体验充分满足公众对健康科普的需求，推动公众健康生活水平提升，倡导科学健康生活。第四，炫彩科普中国。突出“让科技知识在网上流行”的主线，充分运用互联网、移动互联网、大数据、云计算等技术手段，生动活泼地展现“科普中国”品牌，组织开展探秘科普中国服务云、走进科普中国 e 站、体验科普中国频道等系列科普活动，展示科普信息化建设成就。第五，科学嘉年华。围绕科普日主题，开展科普游园、科普论坛、科普游戏等多元化、互动性强、公众参与度高的广场式活动，突出科学与艺术、人文的结合，开展创客交流与互动，展示青少年创新创造成果，将科普活动融入公众生活。

除了主场活动外，2016 年全国科普日还重点打造了“科普中国”在线系列活动和全国科普日系列联合行动。“科普中国”在线系列活动以“科普中国”品牌为统领，发挥科普信息化资源和平台优势，通过互联网、移动终端等渠道，广泛宣传、组织发动网民参与线上科普活动。包括：“今年科普日去哪儿”、科普日在线联合应用活动、“请留下你的科普足迹”活动、科普中国在线科幻节、青少年在线科学体验活动等方面。

全国科普日系列联合行动广泛动员社会各方面和全国各地全年围绕全国科普日主题开展科普活动。在全国科普日活动期间，集中动员组织学会、企业、学校、社会机构及流动科技馆、科普大篷车拥有单位等，深入农村、社区、学校、企业等开展广覆盖、多形式的科普联合活动，向公众宣传中国科技发展成就，全面普及科学知识，激发广大公众的创新创造创业热情。包括校园科普联合行动、社区科普益民联合行动、科普惠农兴村联合行动、科技馆科普主题日联合行动、科普教育基地主题日联合行动、院士专家科学传播行动等内容。

三、农村科普

2016 年，中国科协、农业部、卫生计生委、全国妇联和共青团中央联合开展“全国农民科学素质网络知识竞赛”活动。活动以“提高科学素质、培育新型职业农民”为主题，参赛人员有农村专业技术协会会员、专业大户、农民合作社成员、家庭农场主、科技示范户、女能手、致富带头人等农业从业人员，基层卫生计生工作者、基层农技人员、大学生村干部、农村青少年和农村科普工作者，及中、高等农林院校师生等；积极鼓励和支持农村妇女参赛，可通过互联网、微信公众号参加。本次竞赛活动分为知识竞赛、互动问答、视频展播 3 个板块。知识竞赛：包括“学习区”和“答题区”，为提高参赛人员的积极性，可先学习后答题，题目从题库中随机选取；互动问答：农民可参与“我来问”，针对农业生产、生活有关问题进行提问；高、中等院校师生和农技人员可参与“我来答”，利用知识和技术支农助农；社会各界人士可参与“我来赞”，对竞赛、案例、问答等进行点赞评价；视频展播：从参加“新农民”微视频展播活动的作品中挑选有代表性的作品（按照网友点赞数排名展出）在此展播。内容包括科技致富、良种推广、实用技术、生态保护、土壤安全、土地权益、卫生健康、食品药品安全、地震灾害、应急科普等。

2016 年大学生志愿者千乡万村环保科普行动以农业可持续发展为目标，主要针对农村留守儿童、妇女、老人，开展内容丰富、形式多样的环保科普活动，普及与日常生产生活相关的环境知识，促进农民养成有益于环境保护的行为习惯和生活方式。共有 14 个省（市）环境科学学会、89 所高校组织的 693 支环保科普专项小分队深入农村，先后有 7000 多名大学生志愿者通过集市宣讲、自编环保短剧、开设小学环保课堂、入户宣传等多种形式，将环保科普知识带到农民身边，取得了良好成效。

《星火科技 30 分》节目和“农村科技口袋书”由科技部中国农村技术开发中心编辑制作，把最新、最实用的农业科学知识和技术成果以快速、简单的方式推广到农民群众中。《星火科技 30

分》是根据党员远教专题教材中有关农业技术科普类节目进行编辑加工制作成，节目分南方版、北方版，每月 4 期，每期 30 分钟，全年共播出 52 期，年总时长约 1560 分钟，参播电视台（网站）360 余家，并及时向科技部定点扶贫县 100 余家单位发放节目光盘。“农村科技口袋书”依托“杂粮高效生产关键技术研究与示范”“草业与草原可持续发展关键技术研究与示范”“海水养殖与滩涂高效开发技术研究与示范”等国家科技支撑计划项目编印了《杂粮丰产新技术》《优质牧草丰产新技术》《海水养殖与滩涂高效开发新技术》3 本口袋书，涵盖 97 个新品种，166 项新技术，15 项新装备，7 种新模式等，共编印 8000 余册。通过组织实用技术现场展示观摩、科技特派员技术培训、“科技列车行”活动、专家巡讲、第一书记到农村等多种方式，将“农村科技口袋书”发放到了科技特派员、种养大户、专业合作社、家庭农场和农民手中。

四、青少年科普

2016 年 8 月 18 日，第 31 届全国青少年科技创新大赛在上海华东师范大学圆满落幕。本届大赛终评评出青少年创新项目一等奖 56 项、二等奖 133 项、三等奖 157 项，科技辅导员创新项目一等奖 32 项、二等奖 70 项、三等奖 91 项，10 位科技辅导员获得“十佳优秀科技辅导员”奖，本届大赛最高奖“中国科协主席奖”授予湖南省长沙市第一中学谭天、天津市南开中学曹可欣和华东师范大学第二附属中学蒋嵘 3 位同学。大赛期间还组织了学生开放活动日、知识产权讲座、科技教育论坛、STEM 教育论坛、教师科学工作坊、“青少年科技创新教育资源协作网”成立仪式等多项针对学生和科技辅导员的特色活动。

2016 年 5 月 19 日，“第 11 届全国青少年未来工程师博览与竞赛总决赛”在北京开幕。比赛设有投石车、木梁承重、过山车、创意微拍 1+1、创意乐队、建筑设计、物联网创意设计、未来创客挑战赛 8 个项目。经过省市预赛，来自全国 20 多个赛区的近 400 支队伍、2000 多名师生参与了此次总决赛，再次刷新了历年参赛纪录。全国青少年未来工程师博览与竞赛以“培养学生创造性解决问题的能力”为定位，是一项公益的、大型的青少年科技创新赛事。活动每年 5 月第 3 周在全国科技活动周期间进行总决赛，目前，活动已经覆盖了北京、上海、重庆、深圳、河北、湖北、广东、新疆、内蒙古、云南、广西、太原、沈阳、青岛、苏州、无锡、南京、张家港等 20 多个省（自治区、直辖市），累计参与师生达 200 多万。

五、新媒体科普

十八大以来，随着新媒体技术的发展，新媒体科普在科学普及事业中的地位日渐上升，起到越来越重要的作用。国家科技资源共享服务平台建设，推动科技资源开放共享，数字科普资源达到 9 TB。在传统的重大科普活动中，新媒体科普已经不再是新鲜事物，而成为必要的组成部分。如在全国科技活动周、全国科普日等重大科技活动中，新媒体都已经成为不可或缺的科普形式。2016 年全国科技活动周期间，公众通过新华网、中国科技网观看主场活动直播、浏览新闻，通过“2016 北京科技周”“科技北京”“科普北京”等微博微信参与互动。新华网、中国科技网等主流新媒体开设北京科技周主场专题，进行网络直播、点播和报道，共计发稿 300 余篇，3000 万人次的浏览量创历史新高；“2016 北京科技周”“科普北京”微信公众号，8 天粉丝关注量共超过 6 万余人，还有“今日热门资讯”“吃喝玩乐在北京”等 36 家微博微信相继报道，阅读评论量达到 60 余万次；在科技周结束后，公众可以继续通过“2016 北京科技周”微信公众号的“在线展厅”感受科技周的魅力。

中国科协创立的中国科学传播品牌“科普中国”，以实施科普信息化建设专项和“互联网 + 科普”行动为抓手，建立科普传播快速响应机制，推动形成开放协作的科普信息化建设大格局，科普公共服务产品供给水平和质量大幅提升。目前，“科普中国”已建成 23 个网站（频道）、29 个移动端应用，传播矩阵囊括国内主要门户网站在内的近 60 家网络媒体传播渠道，带动全国 3000 多家科普网站的有效发展。截至 2017 年 6 月底，“科普中国”累计浏览量和传播量达 97.95 亿人次，其中移动端 70.5 亿人次。

六、特色科普活动

全国科普讲解大赛由全国科技活动周组委会主办，是全国科技活动周重大示范活动，也是目前全国范围最大、水平最高、代表性最强的科普讲解比赛。2017 年全国科普讲解大赛于 6 月 8—10 日在广州科学中心举行，总决赛特别邀请了中国科学院陈新滋、褚君浩院士担任评委。来自各省、自治区、直辖市国家各部委及澳门地区等 56 个代表队的 183 名科普精英参加了本届大赛，参赛选手来自各个领域，有专业讲解员，以及各类科技企业和社会志愿者等。网络投票人数逾 800 万。黑龙江省获得了“全国科普讲解大赛优秀组织单位”称号。同时，黑龙江省的 1 部表演秀和 1 部脱口秀作品被选参加 7 月份的全国优秀作品展演活动和 9—10 月份的港澳科普交流巡展活动。

自 2017 年起，中国科协在数百个城市、数千所学校和数万个乡村开展“科普中国 • 百城千校万村行动”，辐射带动“科普中国”落地全覆盖，推动科普工作全面创新，实现科普服务精准推送，打通科普工作“最后一公里”。2017 年，率先在全国省会城市、副省级以上城市和有条件的城市实施“百千万行动”，2018—2019 年，在全国所有县级及以上行政区域实施“百千万行动”。

七、科研诚信建设

2017 年，加快科研诚信建设，着力打造以诚信为基础的创新文化。科研诚信建设联席会议规模进一步扩大，成员单位达到 20 家；工作机制进一步健全完善，年内共召开两次大会和两次专题会议，修订了联席会议章程；严厉惩处违背科研诚信的行为，组织开展了对《肿瘤生物学》集中撤稿事件的彻查处理，获得了党中央、国务院和社会各界的认可。

第三节 科普政策

◎《全民科学素质行动计划纲要实施方案（2016—2020 年）》发布

2016 年 2 月，国务院办公厅发布《全民科学素质行动计划纲要实施方案（2016—2020 年）》（国办发〔2016〕10 号）。为实现 2020 年全民科学素质工作目标，进一步明确“十三五”期间全民科学素质工作的重点任务和保障措施。明确了 2020 年全民科学素质工作目标，到 2020 年，科技教育、传播与普及长足发展，建成适应创新型国家建设需求的现代公民科学素质组织实施、基础设施、条件保障、监测评估等体系，公民科学素质建设的公共服务能力显著增强，公民具备科学素质的比例超过 10%。在“十三五”时期重点开展实施青少年科学素质行动、实施农民科学素质行动、实施城镇劳动者科学素质行动、实施领导干部和公务员科学素质行动、实施科技教育与培训基础工程、实施社区科普益民工程、实施科普信息化工程、实施科普基础设施工程、实施科普产业助力工程、实施科普人才建设工程。

◎鼓励科普事业发展进口税收政策

2016 年 2 月，财政部、海关总署、国家税务总局发布《关于鼓励科普事业发展进口税收政策的通知》（财关税〔2016〕6 号），自 2016 年 1 月 1 日至 2020 年 12 月 31 日，对公众开放的科技馆、自然博物馆、天文馆（站、台）和气象台（站）、地震台（站）、高校和科研机构对外开放的科普基地，从境外购买自用科普影视作品播映权而进口的拷贝、工作带，免征进口关税，不征进口环节增值税，对上述科普单位以其他形式进口的自用影视作品，免征进口关税和进口环节增值税。

附　表

表1　科技人员

	2008年	2009年	2010年	2011年	2012年	2013年	2014年	2015年	2016年
R&D人员全时当量/万人年	196.5	229.1	255.4	288.3	324.7	353.3	371.1	375.9	387.8
每万就业人员中R&D人员/（人年/万人）	25	29	34	38	42	46	48	49	50
普通高等学校毕业生/万人	511.9	531.1	575.4	608.2	624.7	638.7	659.4	680.9	704.2
研究生毕业生/万人	34.5	37.1	38.4	43.0	48.6	51.4	53.6	55.2	56.4
学成回国留学人员/万人	6.9	10.8	13.5	18.6	27.3	35.4	36.5	40.9	43.3

资料来源：国家统计局、科技部《中国科技统计年鉴2017》，国家统计局《中国统计年鉴2017》。

表2　科技经费

	2008年	2009年	2010年	2011年	2012年	2013年	2014年	2015年	2016年
国家财政科技拨款/亿元	2611.0	3276.8	4196.7	4797.0	5600.1	6184.9	6454.5	7005.8	7760.7
占财政总支出的比重/%	4.17	4.29	4.67	4.39	4.45	4.41	4.25	3.98	4.13
R&D经费/亿元	4616	5802	7063	8687	10 298	11 847	13 016	14 170	15 677
与国内生产总值之比/%	1.44	1.66	1.71	1.78	1.91	1.99	2.02	2.06	2.11
基础研究经费/亿元	220.8	270.3	324.5	411.8	498.8	555.0	613.5	716.1	822.9
占R&D经费的比重/%	4.78	4.66	4.59	4.74	4.84	4.68	4.71	5.05	5.25

注：国家财政科技拨款为中央财政科技拨款与地方财政科技拨款之和。

资料来源：国家统计局、科技部《中国科技统计年鉴2017》，国家统计局《中国统计年鉴2017》。

表3　科技产出

	2009年	2010年	2011年	2012年	2013年	2014年	2015年	2016年
专利申请量/万件	97.7	122.2	163.3	205.1	237.7	236.1	279.9	346.5
发明专利申请量/万件	31.5	39.1	52.6	65.3	82.5	92.8	110.2	133.9
国内发明专利申请/万件	22.9	29.3	41.6	53.5	70.5	80.1	96.8	120.5
专利授权量/万件	58.2	81.5	96.1	125.5	131.3	130.3	171.8	175.4
发明专利授权量/万件	12.8	13.5	17.2	21.7	20.8	23.3	35.9	40.4
国内发明专利授权/万件	6.5	8.0	11.2	14.4	14.4	16.3	26.3	30.2
SCI、EI、CPCI-S系统收录的中国科技论文数/万篇	28.1	30.1	34.6	39.5	46.4	49.4	55.7	63.7
国内科技论文数/万篇	52.1	53.1	53.0	52.4	51.7	49.8	49.4	49.4

资料来源：国家知识产权局2008—2016年《专利统计年报》，中国科学技术信息研究所2008—2015年《中国科技论文统计与分析（年度研究报告）》，国家统计局、科技部《中国科技统计年鉴2017》。

表4　高技术产业

	2009年	2010年	2011年	2012年	2013年	2014年	2015年	2016年
高技术产业主营业务收入/亿元	59 567	74 483	87 527	102 284	116 049	127 368	139 969	153 796
高技术产品进出口总额/亿美元	6868	9050	10 121	11 080	12 185	12 119	12 046	11 279
高技术产品出口额/亿美元	3769	4924	5488	6012	6603	6605	6553	6042
占商品出口总额比重/%	31.4	31.2	28.9	29.3	29.9	28.2	28.8	28.8
高技术产品进口额/亿美元	3099	4127	4632	5069	5582	5514	5493	5237
占商品进口总额比重/%	30.8	29.6	26.6	27.9	28.6	28.1	32.7	33.0

资料来源：国家统计局、发展改革委、科技部2009—2016年《中国高技术产业统计年鉴》，国家统计局、科技部2009—2017年《中国科技统计年鉴》，海关总署。

表5　国家高新技术产业开发区

	2009年	2010年	2011年	2012年	2013年	2014年	2015年	2016年
区内企业数/万家	5.4	5.5	5.7	6.4	7.1	7.4	8.3	9.1
年末从业人员数/万人	811	960	1074	1270	1460	1527	1719	1806
工业总产值/万亿元	6.1	8.4	10.6	12.9	15.1	17.0	18.6	19.7
年营业总收入/万亿元	7.9	10.6	13.3	16.6	20.0	22.7	25.4	27.7
净利润/亿元	4465	6855	8484	10 243	12 444	15 053	16 095	18 535
实交税金/亿元	3995	5447	6817	9581	11 043	13 202	14 240	15 609
出口创汇/亿美元	2007	2648	3181	3760	4133	4351	4733	4389

资料来源：科技部火炬高技术产业开发中心《中国火炬统计年鉴2017》。

支持单位

国家发展和改革委员会、教育部、工业和信息化部、国家民族事务委员会、公安部、民政部、司法部、财政部、人力资源和社会保障部、国土资源部、环境保护部、住房和城乡建设部、交通运输部、水利部、农业部、商务部、文化部、国家卫生和计划生育委员会、中国人民银行、审计署、国务院国有资产监督管理委员会、海关总署、国家税务总局、国家工商行政管理总局、国家质量监督检验检疫总局、国家新闻出版广电总局、国家体育总局、国家安全生产监督管理总局、国家统计局、国家林业局、国家知识产权局、国家旅游局、国务院侨务办公室、中国科学院、中国社会科学院、中国工程院、国家行政学院、中国地震局、中国气象局、中国银行业监督管理委员会、中国证券监督管理委员会、中国保险监督管理委员会、国家自然科学基金委员会、国家档案局、国家粮食局、国家能源局、国家国防科技工业局、国家海洋局、国家测绘地理信息局、中国民用航空局、国家邮政局、国家文物局、国家食品药品监督管理总局、国家中医药管理局、国家外汇管理局、国家煤矿安全监察局、中国科学技术协会

中国煤炭工业协会、中国机械工业联合会、中国仪器仪表行业协会、中国工程机械工业协会、中国汽车工业协会、中国钢铁工业协会、中国石油和化学工业联合会、中国石油和石油化工设备工业协会、中国轻工业联合会、中国纺织工业联合会、中国建筑材料联合会、中国有色金属工业协会、中国循环经济协会、中国环境科学研究院、中国环境保护产业协会、中国节能协会

中国进出口银行、国家开发银行、中国银行、中国农业发展银行、中国铁路总公司、中国核工业建设集团公司、中国核工业集团有限公司、中国航天科技集团有限公司、中国航天科工集团有限公司、中国航空工业集团有限公司、中国船舶工业集团有限公司、中国船舶重工集团公司、中国中铁股份有限公司、国家电网有限公司、中国节能环保集团公司

图书在版编目（CIP）数据

中国科学技术发展报告. 2017 / 中华人民共和国科学技术部著. —北京：科学技术文献出版社，2018. 2
ISBN 978-7-5189-4132-2

Ⅰ. ①中… Ⅱ. ①中… Ⅲ. ①科学技术—技术发展—研究报告—中国—2017 Ⅳ. ① N120.1

中国版本图书馆 CIP 数据核字（2018）第 063484 号

中国科学技术发展报告2017

策划编辑：丁坤善　责任编辑：宋红梅　刘　亭　责任校对：文　浩　责任出版：张志平

出 版 者　科学技术文献出版社
地　　址　北京市复兴路15号　邮编　100038
编 务 部　（010）58882938，58882087（传真）
发 行 部　（010）58882868，58882874（传真）
邮 购 部　（010）58882873
官方网址　www.stdp.com.cn
发 行 者　科学技术文献出版社发行　全国各地新华书店经销
印 刷 者　北京华联印刷有限公司
版　　次　2018 年 2 月第 1 版　2018 年 2 月第 1 次印刷
开　　本　889 × 1194　1/16
字　　数　341千
印　　张　19
书　　号　ISBN 978-7-5189-4132-2
定　　价　218.00元